Michael Koch • Ökologische Stadtentwicklung

Ökologische Stadtentwicklung

Innovative Konzepte
für Städtebau, Verkehr und Infrastruktur

Michael Koch

mit Fachbeiträgen von
Jürgen Baumüller, Michael von Hauff, Olaf Hildebrandt,
Ulrich Hofmann, Christoph Mäckler, Dietmar Reinborn, Reinhard Schelkes,
Theo G. Schmitt, Hartmut Topp

Autor aller nicht namentlich gekennzeichneten Beiträge
ist Michael Koch

Verlag W. Kohlhammer

Die Deutsche Bibliothek - CIP Einheitsaufnahme

Koch, Michael:
Ökologische Stadtentwicklung :
innovative Konzepte für Städtebau, Verkehr
und Infrastruktur / Michael Koch. -
Stuttgart ; Berlin ; Köln : Kohlhammer, 2001
ISBN 3-17-014908-3

Alle Rechte vorbehalten
2001 W. Kohlhammer GmbH
Stuttgart Berlin Köln
Verlagsort: Stuttgart
Umschlag: Data Images GmbH
Layout und Satz: Büro Stockhausen, Stuttgart
Gesamtherstellung:
W. Kohlhammer Druckerei GmbH + Co. Stuttgart
Printed in Germany

Inhalt

Einleitung   8

Stadt und Raum   11

1. Die Bindung an den Naturraum   11
2. Die Lösung der Stadt von ihrem Naturraum   13

Das Wachstum der Siedlungen   13
Die Reichweite der Stadt   17
Der Verlust von Natur und Kultur   28

Ökologische Nachhaltigkeit   31

1. Funktionen des Naturhaushaltes   34

Prinzip: Vermeidung von Beeinträchtigungen durch Berücksichtigung der landschaftsökologischen Funktionen   35
Beispiel: Konstanz: Wohngebiet „Jungerhalde-Nord" in Allmannsdorf   36
Beispiel: Korntal-Münchingen: Ausweisung eines Siedlungsschwerpunktes im Regionalplan   41
Prinzip: Verminderung von Beeinträchtigungen   43
Beispiel: Münsingen: Wohnbauschwerpunkt „Ob dem Kirchtal II"   44
Exkurs: Jürgen Baumüller, Ulrich Hoffmann: Klimaschutz und Lufthygiene   49
Prinzip: Entwicklung der Landschaft   51
Beispiel: Landau in der Pfalz: Umweltvorsorge in der Flächennutzungsplanung   52
Exkurs: Michael Koch: Die Bedeutung von Landschaftsplanung und Umweltverträglichkeitsprüfung für die Bauleitplanung der Zukunft   60

2. Humanökologische Anforderungen		62

Prinzip: Trennung von belastenden
Nutzungen 63
Prinzip: Bündelung von Belastungen 64

3. Stoff- und Energieeinsatz 67

Prinzip: Reduzierung des Bedarfs an Fläche 68
Beispiel: Esslingen: Siedlung „Zaunäcker"
in Hohenkreuz 69
Exkurs: Christoph Mäckler:
Das Ende der Zersiedelung -
Plädoyer für eine Verdichtung der
Innenstadt 72
Prinzip: Rückzug aus der Fläche 73
Prinzip: Ökologisch nachhaltiger Umgang
mit der Fläche 74
Beispiel: Mosbach: „Waldsteige West II" 75
Exkurs: Theo G. Schmitt:
Regenwasserwirtschaft als Beitrag
der Siedlungswasserwirtschaft zur
ökologischen Stadtentwicklung 78
Prinzip: Begrenzung oder Reduzierung des
Bedarfs an Stoffen 88
Prinzip: Reduzierung des Bedarfs an
Energie 90
Beispiel: Donaueschingen:
Ökosiedlung „Auf der Staig" 91
Prinzip: Nutzung lokaler Potenziale 95
Beispiel: Donaueschingen: Solar-Häuser
in der Ökosiedlung
„Auf der Staig" 97
Exkurs: Europäische Charta für Solar-
energie in Architektur und
Stadtplanung 100
Prinzip: Nutzung gespeicherter Energie 104
Prinzip: Effizienzsteigerung durch
Kombination technischer Systeme 105
Beispiel: Friedrichshafen: Das Quartier
„Wiggenhausen-Süd" 106
Exkurs: Olaf Hildebrandt:
Einflussgrößen der Schadstoff-
minderung im Städtebau -
Energieeinsparung in Gebäuden 111

4. Urbanität der Zukunft 116

Prinzip: Stadt der kurzen Wege bzw. der
schnellen Erreichbarkeit 118
Beispiel: Curitiba: Synthese von Siedlungs-
nutzungen und Verkehrsplanungen 120
Exkurs: Hartmut Topp: Kürzere Wege, mehr
Mobilität, weniger Verkehr 122
Prinzip: Funktionsmischung 128
Beispiel: Freiburg: „Rieselfeld" 129
Exkurs: Reinhard Schelkes: Kultur der
Parzelle - der historische
Hintergrund, Ziele der Gegenwart,
Basis für Nachhaltigkeit 135
Prinzip: Dezentrale Konzentration 139
Beispiel: Ostfildern: Neuer Stadtteil
„Scharnhauser Park" 139
Exkurs: Michael Koch: Bestandsmanage-
ment/Chancen der Konversion 155
Prinzip: Netzwerk-Stadt 156
Beispiel: Internationale Bauausstellung
„Emscher Park" 158

Umsetzungsstrategien 165

1. Neue Instrumente 167

Exkurs: Michael von Hauff: Ansätze einer
umweltorientierten kommunalen
Wirtschaftsförderung 170

2. Neue Rollenverteilung 174

Exkurs: Dietmar Reinborn: Stadtentwicklung und Bürgerbeteiligung 175

3. Planungsprozesse 188
4. Ausblick 189

Literatur 194

Allgemein verwendete Literatur zum Thema 194
Vertiefende Literatur zu den Exkursen 199

Quellen zu den Beispielen 203

Einleitung
Ökologische Stadtentwicklung

Ökologische Stadtentwicklung ist ein umfassendes Thema, das nicht erschöpfend zwischen zwei Buchdeckeln abgehandelt werden kann. Aus der Komplexität der Fragestellung können in dem vorliegenden Buch einige Aspekte beleuchtet werden, die für die künftige Stadtentwicklung von herausragender Bedeutung sind. Dabei kommen der Landschaftsökologie, der Gebäude- und Stadtplanung, der Energietechnik oder der Verkehrsplanung wichtige Stellenwerte zu. Aus verschiedenen Blickwinkeln werden die Möglichkeiten zur Ökologisierung der Stadtentwicklung untersucht, wobei auch die Rolle der interdisziplinären Planung betrachtet wird. Ökologische Planung ist keine Aufgabe für Einzelkämpfer, sie erfordert Teamworker aus den unterschiedlichen Fachdisziplinen.

Die bisherige Stadtentwicklung hat für die Umwelt negative Wirkungen gehabt, die zu weitreichenden Veränderungen geführt haben. Die Siedlungen von heute können nicht für sich alleine, sie müssen immer im regionalen oder sogar überregionalen Kontext gesehen werden. Gerade unter dem Blickwinkel der weltweiten Verstädterung wird die Notwendigkeit einer Ökologisierung der Stadt deutlich. Die Berücksichtigung und der Schutz der landschaftsökologischen Funktionen bei der Planung ist ebenso wichtig wie die Einsparung von Material oder Energie bei der Errichtung und Benutzung von Gebäuden. Schon heute gibt es vielfältige Möglichkeiten zur Verbesserung der Umweltsituation, die sich durch die Umsetzung neuer Planungsprinzipien und die Anwendung von technischen Weiterentwicklungen ergeben. In der Auseinandersetzung um die ökologische Nachhaltigkeit der Stadt spielt die Energie eine zentrale Rolle, da der Energieverbrauch und seine Folgen zu weltweiten Veränderungen von Ökosystemen führen. Durch ausgewählte, repräsentative Beispiele soll Mut gemacht werden zur Nachahmung und Weiterentwicklung der bisher bereits in die Praxis umgesetzten Ansätze.

Die Frage nach der ökologisch orientierten Stadtentwicklung wirft auch immer die Frage nach der sinnvollen und erträglichen Dichte der Stadt auf. Die Beantwortung dieser Frage ist nur möglich im gesellschaftlichen Kontext der jeweiligen Zeit, sie wird auch die künftigen Planergenerationen beschäftigen und zu unterschiedlichen Lösungen führen. Hierbei geht es nicht nur um technische Details der Planung, sondern insbesondere um Strategien der Umsetzung, die den Planungsprozess an sich betreffen. Auf die möglichen Perspektiven der künftigen Planung wird am Schluss des Buches eingegangen.

Das Buch richtet sich an alle an der Planung Beteiligten, insbesondere an die Studierenden der Fachrichtungen Stadt- und Regionalplanung, Raum- und Umweltplanung, Landschaftsplanung und Bauingenieurwesen, in deren Händen die anstehende Ökologisierung unserer Städte liegt. In zunehmendem Maße werden sie sich dabei nicht nur mit neuen Ansiedlungen beschäftigen, sie müssen sich zunehmend auch um die Ökologisierung des vorhandenen Siedlungsbestandes kümmern. Durch die Untergliederung des Buches in Hauptkapitel, Prinzipien, Beispiele und Exkurse besteht die Möglichkeit für einen gezielten Zugriff bei konkreten Fragestellungen. Die theoretisch erläuterten Prinzipien einer ökologisch orientierten Planung werden durch ausgewählte Beispiele erläutert und durch Fachbeiträge von Experten unterschiedlicher Fachrichtungen vertieft. Durch diesen Aufbau kann ein umfassender Einblick in einzelne Fragestellungen vermittelt werden. Gleichzeitig bieten die Abbildungen und Plandarstellungen der vorgestellten Beispiele auch die Möglichkeit, sich anregen und inspirieren zu lassen. In seinem Mittelteil führt das Buch von den einzelnen, eher technischen Aspekten wie die Nutzung der Solarenergie hin zu komplexen Aufgabenstellungen wie der Funktionsmischung in der Stadt oder der Bildung von Stadtnetzen im regionalen Verbund. Der Leser kann sich so in der Aufeinanderfolge der einzelnen Kapitel die Komplexität der Materie schrittweise von vorne nach hinten erschließen. Dabei wird deutlich, dass der Weg zu einer ökologischen Stadt aus vielen Schritten besteht, die sinnvoll kombiniert werden müssen.

Der Autor ist sich dessen bewusst, dass das Buch eine Momentaufnahme der ökologischen Stadtentwicklung ist. Sie kann und will nicht vollständig sein. Die Beispiele sind zufällig gewählt und austauschbar, die dargestellten Prinzipien aber können die Grundlage für künftige, ökologisch nachhaltige Planungen bilden, an denen sich nicht nur Experten beteiligen.

Den Fachleuten, die durch ihre Exkurse zur Abrundung und Vertiefung des Themas beigetragen haben, möchte ich an dieser Stelle herzlich für ihre Unterstützung danken.

Das Wachstum der Siedlungen
Die Reichweite der Stadt
Der Verlust von Natur und Kultur

Darstellung von
Yanomami Indianern

„Die Zukunft der Menschheit entscheidet sich in den Städten"
(Klaus Töpfer)

Stadt und Raum

1. Die Bindung an den Naturraum

Städte sind die Träger der kulturellen, politischen und wirtschaftlichen Entwicklung Europas. Ihre Urbanität ist eine notwendige Voraussetzung für eine nachhaltige Lebensform: Zum einen, weil nur Urbanität höchste Erreichbarkeiten bei geringstem Energieverbrauch ermöglicht. Zum anderen, weil die Urbanität das klassische Streitfeld ist, auf dem alle historischen Konflikte Europas ausgetragen wurden.[1]

Das Leben des Menschen spiegelt sich wider in den unterschiedlichen Formen seiner Siedlungen. Diese waren seit jeher Ausdruck der Gemeinschaft ihrer Bewohner und ihres Zusammenwirkens, aber auch ihrer Beziehung zur umgebenden Umwelt, die ihre Bewohner ernährte und sie mit Wasser versorgte.

Siedlungen haben sich den Veränderungen ihrer Bewohner und der Beziehung zur Umwelt stets angepasst. Komplexer werdende Gesellschaften haben in Form der Städte komplexe Siedlungen hervorgebracht mit vielfältig differenzierten Funktionen. Die Städte haben sich im Laufe der Geschichte gewandelt, weil sich ihre inneren Funktionen und ihre Beziehungen nach außen gewandelt haben. Das Zusammenwirken von Städten untereinander hat zu wachsenden Strukturen geführt, die auch entsprechende räumliche Strukturen gebildet haben. Die Stadt von heute hat aufgrund abstrakter und immaterieller Funktionsweisen ihre äußere Form gesprengt. Sie definiert sich nicht mehr nur über den Raum und die Landschaft, sondern zunehmend über Marketingkampagnen, Handelsverflechtungen und virtuellen Informationstransfer.

Siedlungen entstanden in den einzelnen Kulturen der Welt zu unterschiedlichen Zeiten und aus unterschiedlichen Gründen. Kulturen, in denen sich bis heute keine Städte gebildet haben, geben Aufschluss über Kennzeichen von Siedlungen. Nomadisierende Stämme in den Urwäldern Brasiliens oder Neuguineas nutzen einen Siedlungsplatz nur so lange, wie er in der Lage ist, die Mitglieder eines Stammes zu ernähren. Wenn die Lebensmittelversorgung schwierig wird, zieht der Stamm weiter. Die ersten Siedlungsplätze entstanden an sogenannten natürlichen Kondensationskernen, z.B. an einem See oder in der Nähe fruchtbarer Böden, meistens nicht direkt auf ihnen, um das kostbare Gut zu schonen.

In früheren Zeiten bestand immer eine enge Verknüpfung zwischen der Siedlung und dem sie umgebenden Freiraum, der Landschaft, in der sie lag. Die Landschaft gab der Siedlung ihre Nahrung und ihre Identität. Der Mensch lebte von und mit der ihn umgebenden natürlichen Umwelt mit ihren Ressourcen.

Siedlungen konnten nur wachsen und zu Städten werden, wenn sie über entsprechende Ressourcen verfügten, über Wasser, über Lebensmittel oder über Rohstoffe, mit denen Handel getrieben wurde. Der Mangel an Ressourcen war sehr häufig ein grundlegender Hinderungsgrund für das Wachstum von Siedlungen. Erste Loslösungen der Städte vom Naturraum fanden bereits in der Römerzeit statt. Technische Möglichkeiten erlaubten Wachstum auch an Orten mit Mangel an Ressourcen. Illustre Beispiele für entsprechende Techniken der Vergangenheit sind die Aquädukte der Römer, die die Siedlungen in Wassermangelgebieten mit dem lebensnotwendigen Lebensmittel auch aus größerer Entfernung versorgten. Diese Siedlungen waren aber nicht mehr autark, sondern abhängig von einer Infrastruktur und insofern leicht verwundbar. Daher wurden diese Städte in der Vergangenheit Europas häufig Opfer von feindlichen Angriffen, viele von ihnen erlebten nur eine kurze Blütezeit. Im Laufe der Menschheitsgeschichte wurden die Funktionen von Siedlungen immer vielfältiger.

Als sich der Handel zwischen den Regionen

„Diese Yanomami-Zeichnung schildert das empfindliche, effiziente und ausbalancierte Waldsystem... Die Dörfer sind durch ein Netz von Pfaden verbunden, so dass die Gemeinschaften sich treffen und gemeinsam auf Nahrungssuche gehen können. Nach einigen Jahren zieht jede Gemeinschaft weiter, so dass die Ressourcen sich nicht erschöpfen."[2]

[1] Hans-Henning Winning, Politische Ökologie 44/96

[2] Burger, 1991, S. 106

entwickelt hatte, entstanden Siedlungen an Furten, die eine Querung der Flüsse ermöglichten, an Rastplätzen und an Wegekreuzungen oder an anderen strategisch wichtigen Punkten, die die Herrschaft über den Raum erlaubten. Die mittelalterliche Stadt in Europa war umgeben von fruchtbaren Böden, auf denen Landwirtschaft getrieben wurde. Die Landwirtschaft versorgte sie mit den im Umland produzierten Nahrungsmitteln. Im Zuge des aufkommenden Handels zwischen weiter entfernten Regionen bildeten sich Handelszentren und schließlich die Städte heraus, in denen sich allmählich Reichtum ansammelte. Die entstehenden Unsicherheiten durch unterschiedliche Territorial- und Kapitalinteressen führten zum Bedürfnis nach Schutz und Sicherung des Bestandes. In Europa entstanden die komprimierten Städte innerhalb militärischer Festungsanlagen in klarer Abgrenzung zum oft als bedrohlich empfundenen Freiraum. Aber auch in den befestigten Städten blieb eine gewisse Bindung an den Raum erhalten, da jede Stadt nur so lange uneinnehmbar war, als sie sich mit dem Lebensnotwendigsten, mit Nahrung und Wasser versorgen konnte. Das Bedürfnis nach Schutz vor Feinden führte zur Verdichtung innerhalb der Stadtmauern. Ein Wachstum war nur möglich, wenn man die Befestigungsanlagen erweitern konnte.

Die enge Bindung der Stadt an den umgebenden Naturraum bestand häufig noch bis zum Beginn des 19. Jahrhunderts, als viele Befestigungsanlagen um die Städte niedergelegt wurden. Das danach einsetzende Wachstum der Städte erfolgte auf Kosten der umgebenden Landschaft und damit unter Verzicht auf die Eigenversorgung der Stadt durch die sie umgebende natürliche Umwelt.

2. Die Lösung der Stadt von ihrem Naturraum

Die eigentliche „Befreiung" der Städte von ihren Mauern und ihre weitgehende Lösung vom Raum erfolgte während der Industrialisierung. Die Eisenbahn als neues Transportmittel machte die Stadt zusehends unabhängig von der Eigenversorgung, sie stärkte die Stadt als Handelszentrum und ließ sie Raum greifen.

Auch andere Infrastruktureinrichtungen befreiten die Siedlungen von den Zwängen des natürlichen Raumes. Die Errichtung von Fernwasserleitungen löste zu Beginn des 20. Jahrhunderts einen Siedlungsboom in jenen Dörfern aus, die sich bis dahin aufgrund des natürlichen Wassermangels (z.B. in den Karstgebieten auf der Schwäbischen Alb) oder knappen Ernährungsmöglichkeiten aufgrund karger Böden kein Wachstum leisten konnten.

Die zunehmende Unabhängigkeit der Stadt von der sie umgebenden natürlichen Umwelt, die sie bis dahin weitgehend versorgt hatte, erlaubte ein Wachstum in der Fläche. Durch die Flächenexpansion der Städte gingen unmittelbare Lebensfunktionen für den Siedlungsraum verloren. Da das direkte Umland der wachsenden Agglomerationsräume heute immer weniger in der Lage ist, die notwendige Ver- und Entsorgung der Siedlungsräume zu gewährleisten, wachsen die räumlichen Ansprüche der Siedlungen. Die Stadt erweitert ihre funktionalen Kreise weit über die kommunalen Grenzen in die Region und weit über die Regionen hinaus. Die Stadt von heute steht in einem weltweiten Kontext und kann ohne diesen nicht mehr überleben. Auch im Rohstoff- und im Abfallbereich sind die Wege der Ver- und Entsorgung inzwischen weltweit verflochten.

Das Wachstum der Siedlungen

Der größte Siedlungsschub in der Neuzeit setzte in unseren Breiten nach dem Zweiten Weltkrieg ein. Obwohl es seit dem Mittelalter mehrere Entwicklungsschübe der Siedlungen gegeben hatte - durch Neugründungen, durch den Wegfall von Befestigungs- und Verteidigungsanlagen, durch den Bau der Eisenbahnen, durch den Zuzug von Landbevölkerung -, war das Flächenwachstum der Siedlungen nach 1945 größer als alle Wachstumsschübe in der Menschheitsgeschichte zuvor.

Der Umfang der flächenhaften Ausdehnung beträgt in der Bundesrepublik seit Jahren fast unverändert ca. 300 Quadratkilometer pro Jahr, was etwas mehr als der Hälfte der Gesamtfläche des Bodensees (571,1 Quadratkilometer) entspricht. Hier ist keine Trendwende in Sicht, weder auf Bundesebene noch in den einzelnen Bundesländern.

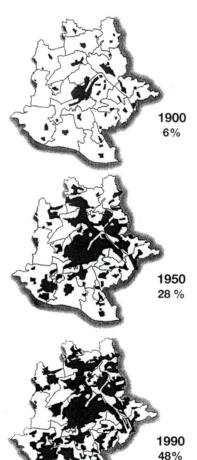

Innerhalb von weniger als 100 Jahren hat sich der Siedlungsflächenanteil auf der Gemarkung Stuttgart von 6% auf 48% verachtfacht.[3]

[3] Stadt Stuttgart, 1997, S. 16

Diese Entwicklung kann nicht auf einzelne Faktoren allein z.B. die Charta von Athen mit der in ihr propagierten Funktionstrennung, den Verkehr, den gewachsenen Flächenansprüchen der Nutzer usw. zurückgeführt werden. Sie ist vielmehr Ausdruck eines gesellschaftlichen Umbruchs, bei dem die Anforderungen und Bedingungen der Gesellschaft sich neu formiert haben und immer noch formieren. Allerdings lässt sich eine Bedingung für diese Entwicklung festhalten: die Siedlung löst sich von dem sie umgebenden Raum dank technischer Errungenschaften wie Verkehrsinfrastruktur oder Versorgungseinrichtungen - insbesondere für Wasser - und allgemein durch den weltweiten Austausch von Waren.

In Deutschland leben rund 80 Prozent der Bevölkerung in Städten. Hier konzentrieren sich die Güterproduktion, die Energie- und Stoffumsätze, die intensive Nutzung von Flächen sowie die Verkehrsleistungen. Städte sind deshalb Orte, in denen die Umweltprobleme besonders deutlich auftreten. Schaut man sich etwa die Entwicklung der Siedlungsfläche an, so kamen 1930 nur 80 Quadratmeter auf jeden Einwohner, Mitte der neunziger Jahre ist dieser Wert rund dreimal so hoch. Die versiegelte Fläche hat sich in Deutschland in nur 50 Jahren verdoppelt und das Wachstum geht weiter: Täglich werden mehr als 80 Hektar Freifläche in Siedlungs- und Verkehrsfläche umgewandelt. Noch vorhandene Freiflächen werden so in ihren ökologischen Leistungen und Funktionen empfindlich gestört...

Folgende Trends stellen - wenn man die Prognosen des Siedlungsflächenwachstums sowie der Mobilitätsentwicklung zugrunde legt - die größten Herausforderungen an eine ressourcenschonende und umweltverträgliche Stadtentwicklung dar:

- Der zunehmende Siedlungsdruck und der disperse Verstädterungsprozess, die räumliche Ausdehnung der Siedlungsfläche in das weitere Umland der Agglomerationen infolge veränderter und intensivierter Suburbanisierungsprozesse.

- Dies führt zu einer anhaltend hohen weiteren Flächeninanspruchnahme, einem verstärkten Rückgang naturnaher Flächen, einem höheren Anteil der versiegelten Flächen sowie einer Zersiedelung des Umlandes mit ökologisch gravierenden Folgen.

- Ein zunehmendes Auseinanderfallen der einst enger verflochtenen Standorte für Wohnen und Arbeiten, Versorgungs- und Freizeiteinrichtungen (Funktionstrennung).

- Dies führt mehr und mehr zu - vor allem am Stadtrand und im suburbanen Raum - von einander getrennten „monofunktionalen Nutzungseinheiten"; Wohngebiete hier, neue Standorte für Flächen für Güterproduktion, Handel, Dienstleistungen und Freizeitaktivitäten dort. Funktionstrennungen dieser Art reduzieren die Aufenthaltsqualität und die Erlebnisvielfalt städtischer Räume und vermehren das Verkehrsaufkommen.

- Ein Anstieg und eine räumliche Ausweitung des Individualverkehrs mit dem Pkw und des Wirtschaftsverkehrs mit dem Lkw.

- Dies führt zu einem Anstieg der verkehrsbedingten Emissionen und der Lärmbelastungen. Der Verbrauch nicht erneuerbarer Energiequellen, die Flächenbeanspruchung und die Zerschneidung von Naturräumen sind die wesentlichen negativen Folgen dieser Entwicklung.

Diese drei Trends - die Zersiedelung, die Entmischungsprozesse und das Verkehrswachstum - sind in den einzelnen Städten in Abhängigkeit von Lage, Größe und wirtschaftlicher Leistungskraft unterschiedlich wirksam. Sie führen zu einer „Aufwärtsspirale" von Siedlungsflächenausdehnung und Verkehrswachstum." [4]

[4] Umweltbundesamt, 1997, S. 17 ff

Die Stadt in ihrer heutigen Erscheinung stellt nicht nur ein Problem für den Naturhaushalt und seine Ökosysteme dar; die Veränderungen der Umweltbedingungen innerhalb der Stadt führen auch zu Belastungen der Lebenswelt des Menschen. Die Umwandlung einer ehemals natürlichen Landschaft mit ihren landschaftsökologischen Funktionen in eine verdichtete Siedlung oder eine steinerne Stadt führt zu einer belasteten und für seine Bewohner belastenden Umgebung.

Bestimmte Umweltbelastungen sind generell in hoch verdichteten Städten zu finden:

- Ein zentrales Problem verdichteter Siedlungsanhäufungen stellt die lufthygienische Belastung dar. Im Gegensatz zu Nahrungsmitteln und Trinkwasser kann Luft nicht importiert werden, sondern unterliegt dem Transport innerhalb der atmosphärischen Zirkulation und den regionalen und lokalen Klimasystemen. Beeinflussbar ist die Luftqualität innerhalb der Stadt lediglich durch ihren direkten räumlichen Zusammenhang mit der sie umgebenden Landschaft. Sie kann nicht raumunabhängig ersetzt werden. Die Belastungen der Luft werden in verdichteten Siedlungen zusätzlich verstärkt durch eine Behinderung des Luftaustauschs und durch fehlende Grünflächen zur Lufterneuerung.
- Das Klima in der Stadt ist durch Versiegelung des Bodens, Mangel an Vegetation, Überhitzung, Trockenheit und Schwüle, Mangel an Luftbewegung bzw. durch Böigkeit gegenüber der freien Landschaft stark verändert. Der menschliche Organismus erfährt oft nicht mehr den für den Kreislauf wichtigen Wechsel der Temperaturen im Tagesverlauf. Statt dessen wird er bioklimatischen Stress-Situationen ausgesetzt, die bei empfindlichen Menschen u.U. zu gesundheitlichen Gefährdungen führen können.
- Lärm ist ein ubiquitäres Problem. Einer der Hauptverursacher des Lärms ist der Straßenverkehr, von dem sich große Teile der Bevölkerung beeinträchtigt fühlen. Aufgrund der hohen Verkehrsdichte in der Stadt sind die in ihr lebenden Menschen besonders den verkehrsbedingten Lärmbelastungen ausgesetzt. Entlang von vielen verkehrsreichen Straßen sind die Menschen nicht nur in ihrem Wohlbefinden beeinträchtigt; sie sind dort oft sogar lärmbedingten gesundheitlichen Gefahren (z.B. bei dauerhafter Überschreitung einer Lärmimmission von 60 dB(A)) ausgesetzt.
- Hohe Dichte in den Städten führt zu einem Mangel an Freiräumen. Der Druck auf die vorhandenen, meist zu kleinen Freiflächen ist groß und gewährleistet nicht das erforderliche Maß an Bewegungsfreiheit für den Städter, das für seine Erholung und damit sein Wohlbefinden nötig wäre. Besonders problematisch ist der Mangel an Bewegungsfreiheit in den Städten für die wenig mobilen Bevölkerungsgruppen wie Kinder und alte Menschen. Bei Kindern kann das Fehlen geeigneter Erlebnis-, Bewegungs- und Gestaltungsflächen zur Beeinträchtigung ihrer körperlichen und geistigen sowie ihrer kommunikativen Entwicklungen führen.
- Mangel an Vegetation sowie das Fehlen von wildlebenden Tieren führen zu einer Verarmung der Erlebnisqualität der Stadt für ihre Bewohner. Häufig ist der Wechsel der Tageszeiten und der Jahreszeiten nicht mehr erlebbar. Der Mangel an Erlebnisqualität in der Stadt führt bei ihren Bewohnern leicht zum Wunsch nach Erlebnis, das sie in anderen Welten suchen müssen. Teilweise finden sie es in künstlichen und künstlerischen Welten, teilweise in der Konsumwelt oder aber in anderen, eher noch ursprünglich anmutenden Tourismuswelten. Fehlende Qualität an einer Stelle bewirkt eine Suche nach Qua-

lität an anderer Stelle und kann schnell zur Flucht aus unbefriedigenden Situationen und zur Belastung von landschaftlich reizvollen Räumen, die bislang nicht belastet wurden, führen.

Da die Stadt mittlerweile bereits für die Mehrzahl der Menschen auf der Erde Lebensraum ist, wirken sich die wachsenden Umweltbelastungen der Stadt direkt auf eine immer größer werdende Zahl von Menschen negativ aus. Das Wachstum der Städte führt aber auch zur Veränderung der Lebensbedingungen für alle Organismen außerhalb der Stadt. Bei der Analyse des Flächenwachstums der Siedlungen in der Vergangenheit werden nur selten die indirekten Folgen für die Ökosysteme erfasst. Dies liegt meistens daran, dass die entsprechenden Informationen über die Ökosysteme der Vergangenheit fehlen. Die Veränderung natürlicher Standortbedingungen führt manchmal schleichend zur Verarmung der biologischen Vielfalt. Das Verschwinden einzelner Arten erfolgt nicht plötzlich - wie bei der Überbauung von Flächen -, sondern u.U. über längere Zeiträume.

Aus dem Raum Böblingen - Sindelfingen liegt eine Darstellung vor, die einen Zeitraum von lediglich 60 Jahren umfasst. Trotzdem wird an diesem Beispiel die Bedeutung des Wachstums in dieser kleinen Zeitspanne deutlich. Während die Siedlungen (dunkelgraue Flächen) im Jahr 1925 noch sehr klein und die umgebenden, feuchtebeeinflussten landwirtschaftlich genutzten Flächen (schwarze Flächen) sehr ausgedehnt waren, hat sich innerhalb von 60 Jahren das Größenverhältnis umgedreht: heute sind die Siedlungsflächen sehr ausladend, während die ehemals feuchtebeeinflussten Bereiche bis auf wenige Relikte weitgehend verschwunden sind. Bei genauer Betrachtung wird deutlich, dass die Siedlungsflächen nicht direkt in die Feuchtgebiete hinein gewachsen sind, sondern sie haben sich auf den für die ackerbauliche Nutzung gut geeigneten landwirtschaftlichen Flächen ausgebreitet. Erst durch die Verdrängung der Landwirtschaft auf weniger geeignete Flächen wurden diese „melioriert" (d.h. für die Landwirtschaft z.B. durch Trockenlegung nutzbar gemacht), wodurch die Feuchtgebiete verkleinert oder vernichtet wurden.

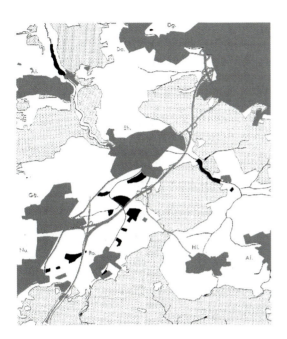

In diesem Fall kann eine direkte Folge für die Tierökologie abgelesen werden: während im Jahr 1925 noch in jedem Ort Brutpaare der Weißstörche nachgewiesen wurden, im Wald bei Gärtringen sogar ein Brutpaar des heute sehr seltenen Schwarzstorches, finden sich im Jahr 1985 keine Weißstörche und schon gar keine Schwarzstörche mehr als Brutvögel im betrachteten Raum.[5]

Die Reichweite der Stadt

Das Wachstum der Siedlungen hat zur Zurückdrängung und Verdrängung der Landwirtschaft aus ihrer unmittelbaren Umgebung geführt. Gerade die hoch produktiven, landwirtschaftlich als Äcker genutzten Flächen, die oft in ebenen Gebieten liegen, haben eine große Bedeutung für die Siedlungsexpansion. Sie liegen meist im unmittelbaren Umfeld von ehemals dörflich geprägten Siedlungen und bieten aufgrund ihrer geringen Reliefunterschiede gute Voraussetzungen für die Erschließung neuer Baugebiete, insbesondere auch für gewerbliche Nutzungen, die seltener in hängigem Gelände angesiedelt werden.

In den letzten Jahrzehnten wurden zunehmend landwirtschaftlich sehr gut geeignete Böden durch Siedlungen überbaut. Dem standen stetig sinkende Preise für landwirtschaftliche Erzeugnisse gegenüber. Die Produktion von Überschüssen innerhalb der europäischen Gemeinschaft hat zu einer Umbewertung des Bodens geführt, der immer weniger nach seiner landwirtschaftlichen Produktivität als viel mehr nach dem zu erwartenden Baulandpreis bewertet wird. Die wachsende Unabhängigkeit der Märkte vom Raum, in dem die verschiedenen Waren produziert werden, erleichtert diese Verselbständigung der Siedlungen, ermöglicht ihnen ein Wachstum, das in früheren Zeiten zum sicheren Hungertod geführt hätte. Diese Unabhängigkeit vom Raum muss kompensiert werden durch den Austausch von Waren, d.h. durch Verkehr.

Das Wachstum der Städte wird wesentlich bestimmt durch den Preis des Bodens. Der hohe Preis des Bodens in der Stadt führt zu einer hohen Ausnutzung, was zur Verdichtung innerhalb der Stadt führt. Eine hohe Ausnutzung ist bei manchen Nutzungen sinnvoll und förderlich, wie z.B. im Dienstleistungsbereich. Bei anderen Nutzungen wie z.B. dem Wohnen

[5] Hölzinger, J., Die Vögel von Baden-Württemberg, 1987, S. 811, verändert

ist eine hohe Dichte nur bis zu einem bestimmten Grad möglich. Hier kann eine zu hohe Dichte schnell zu Qualitätsverlusten führen, die einen Standort unattraktiv machen. Wohnformen, bei denen die Umweltqualität eine große Rolle spielt, geraten in Konflikt mit den hohen innerstädtischen Bodenpreisen. Menschen, die weniger dichte Wohnformen bevorzugen, sind oft gezwungen, in die Peripherie abzuwandern, wo ihnen niedrigere Bodenpreise den Kauf größerer Flächen und damit die Realisierung ihrer Vorstellungen vom weniger verdichteten Wohnen ermöglichen. Ein niedriger Bodenpreis auf dem Lande fördert die Abwanderung der städtischen Wohnbevölkerung ins Umland.

Zuzug in die Städte und Abwanderung aus den Städten wurden zu verschiedenen Zeiten in der Geschichte beobachtet. Die Wanderungsprozesse in den letzten Jahrzehnten haben sich aber gegenüber früheren Zeiten erheblich nach Dimension und Distanz vergrößert. Auch haben sich die Abstände zwischen den verschiedenen Phasen seit dem Zweiten Weltkrieg erheblich verkürzt.

Die Wanderungsprozesse haben eine Nachfrage nach verkehrlicher Infrastruktur erzeugt. Durch den Bau von Straßen und dem Ausbau von S-Bahnen wurde teilweise der motorisierte Individualverkehr reduziert, der Ausbau der Verkehrsinfrastruktur trug aber auch dazu bei, dass die Wanderungswelle von der Stadt hinaus aufs Land immer weiter in die Region und sogar über die Region hinaus getragen wurde. Die Stadt hat Teile ihrer Funktionen ausgelagert. Es wird zwar oft noch in der Stadt gearbeitet; die Funktionen Schlafen, Freizeit, Erholung, Bildung und Kommunikation finden aber in verschiedenen, oftmals unterschiedlich weit entfernten Räumen statt.

Über weiträumige funktionale Verflechtungen ist die Stadt über ihre engen politischen Grenzen weit hinaus gewachsen. Das Leben des städtisch geprägten Menschen findet nicht mehr im Raum statt, sondern zwischen Metastrukturen. Die Stadt hat ihre räumliche Identität verloren, sie funktioniert unabhängig von dem sie umgebenden Freiraum.

Wachsender Verkehr

Die Austauschbarkeit von Funktionen, Waren und Personen über große Räume hat viel Verkehr erzeugt und erzeugt immer mehr Verkehr, je größer die zu überwindenden Distanzen bzw. je differenzierter die räumlich unzusammenhängenden Funktionen und je leistungsfähiger die einzelnen Verkehrsmittel werden.

Während das Verkehrsaufkommen in den letzten 20 Jahren bereits stärker gewachsen ist, als alle Prognosen erwarten ließen, ist in den nächsten Jahren mit einem weiteren starken Verkehrszuwachs im Zuge der Öffnung des europäischen Binnenmarktes und einer möglichen Erweiterung der Europäischen Union nach Osten zu rechnen.

Aber nicht nur der Austausch von Waren lässt das Verkehrsaufkommen wachsen, auch der private Nutzer nimmt bei wachsenden Erreichbarkeiten durch höhere Geschwindigkeiten der verschiedenen Verkehrsmittel immer mehr Verkehrsleistungen in Anspruch. Die Überwindung von mehreren hundert Kilometern täglich ist für viele Pendler heute möglich und üblich. Die besseren technischen Möglichkeiten erzeugen eine Nachfrage nach Verkehrsleistungen, und wachsende Nachfrage erzeugt weiteren Bedarf für neue Verkehrsinfrastrukturen. Bei zunehmendem Komfort der Verkehrsmittel und geänderten Arbeitsweisen der Berufstätigen ist eine Trendwende derzeit nicht in Sicht.

Die Summe aller Verkehrsbewegungen einer Stadt durch Pendler, Warenaustausch und Massentransporte stellt aufgrund des Energiebedarfs und der verkehrsbedingten Emissionen von Lärm und Abgasen eine der stärksten Be-

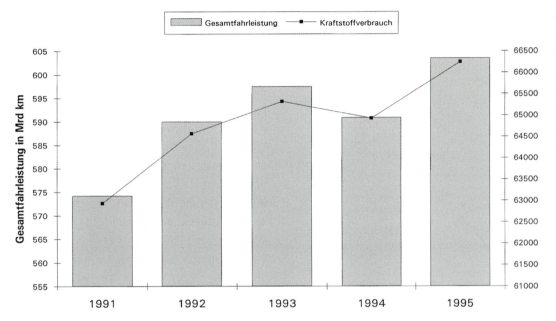

Die Gesamtfahrleistungen [6] aller Kfz-Arten nehmen ständig zu. Trotz verbesserter Motortechnik und sinkender Verbrauchszahlen weist auch der Kraftstoffverbrauch einen deutlichen Anstieg auf. [7]

lastungen der Umwelt für das „Ökosystem Stadt" dar. Größenordnungen und Reichweiten der Verkehrsverflechtungen lassen sich immer nur vereinzelt und exemplarisch darstellen. Eine Ahnung der Dimension kann man erhalten durch das Saldo, das am Ortsrand bei einer Cordonzählung ermittelt wird. Auch wenn hierbei nur der motorisierte Kfz-Verkehr erfasst wird, kann das Ausmaß der täglichen Verkehrsströme einer Stadt abgeschätzt werden. Massenverkehrsmittel, insbesondere der schienengebundene ÖPNV, haben eine hohe Effizienz und einen gegenüber dem motorisierten Individualverkehr verringerten Energiebedarf. Daher verbessert sich auch bei hohem Verkehrsaufkommen die ökologische Bilanz, sobald sich der Modalsplitt zugunsten des ÖPNV verschiebt. Trotzdem darf nicht vergessen werden, dass auch der ÖPNV einen hohen Energiebedarf hat, der in irgend einer Form gedeckt werden muss. Einen Großteil der benötigten Energie für Transportzwecke im ÖPNV stellt elektrische Energie dar, die meistens weit ab vom Bedarf erzeugt wird und in die Stadt geliefert werden muss.

Der Durst der Stadt

Der Wasserbedarf der Siedlungen ist in den letzten Jahrzehnten deutlich gestiegen. Der statistische Pro-Kopf-Bedarf beträgt in Deutschland derzeit ca. 140 Liter Wasser am Tag. Der größte Teil dieses Bedarfs wird mit Trinkwasser gedeckt, obwohl nicht für jede Nutzung (z.B. die Klosettspülung, die Gebäudereinigung oder die Gartenbewässerung) Trinkwasserqualität erforderlich ist. Der hohe Bedarf an sich führt in Verbindung mit dem Wachstum der Bevölkerung dazu, dass viele Siedlungen - insbesondere in sog. Wassermangelgebieten - heute nicht mehr in der Lage sind, ihren Wasserbedarf vor Ort, d.h. auf der eigenen Gemarkung zu decken. Um die Versorgung der Bevölkerung dennoch sicher zu stellen, wurden Wasserzweckverbände gegründet, deren Aufgabe die Lieferung von Wasser ggf. über größere Entfernungen hinweg ist. Das Wasserregime einer Großstadt führt dazu, dass das Abflussverhalten eines Gewässers stark verändert wird. Insgesamt wird dem Fluss über das Jahr hinweg mehr Wasser zugeführt, als er aus seinem natürlichen Einzugsgebiet erhalten würde.

[6] Umweltbundesamt, 1997, S. 65

[7] Umweltbundesamt, 1997, S. 63

Die Entsorgung des Wassers

Durch häuslichen Gebrauch sowie gewerbliche und industrielle Nutzung fällt zunehmend Abwasser an, das entsorgt werden muss. Vor allem die Einführung der Toilettenspülung hat zu einem hohen Anfall von Abwasser geführt. Während in früheren Siedlungen mit geringer Dichte und ohne Kanalisation eine „Entsorgung" des Abwassers vor Ort z.B. durch Versickerung, Verwendung als Dünger oder aber auch durch Direkteinleitung in Gewässer stattfand, können die Abwassermengen von heute nicht mehr mit dezentraler Kleintechnik bewältigt werden. Viele Siedlungen entsorgten noch bis in die jüngere Vergangenheit ihre Abwässer auf sog. Rieselfeldern, auf denen die Abwassermengen zur Versickerung gebracht wurden, mit den heute bekannten Folgen der Kontamination von Böden und Grundwasser. Andere Siedlungen nutzten vorhandene Gewässer als Vorflut mit den bekannten Folgen der Gewässerverschmutzung. Die Beseitigung des heutigen Abwasseranfalls erfordert in der Regel großtechnische Lösungen. Das zunehmende Umweltbewusstsein führte zur Entwicklung technischer Standards bei der Abwasserentsorgung bis hin zur mehrstufigen Kläranlage. Mit der Einführung der Kläranlagentechnik werden zwar die Standards der Abwasser- und damit der Gewässerqualität erheblich verbessert, aber sowohl qualitativ - z.B. wenn bei Starkregenereignissen ein Teil des Abwassers aus der Mischkanalisation ungeklärt an der Kläranlage vorbei ins Gewässer geleitet wird, weil die Kläranlage nur eine begrenzte Wassermenge aufnehmen kann - als auch insbesondere quantitativ erfolgen durch die Ableitung des Siedlungsabwassers in Bäche und Flüsse Beanspruchungen von immer größeren und immer weiter entfernten Räumen.
Anhand der Abwassermengen von Siedlungen lassen sich die Beeinflussungen von Ökosystemen außerhalb der Siedlungen verdeutlichen.

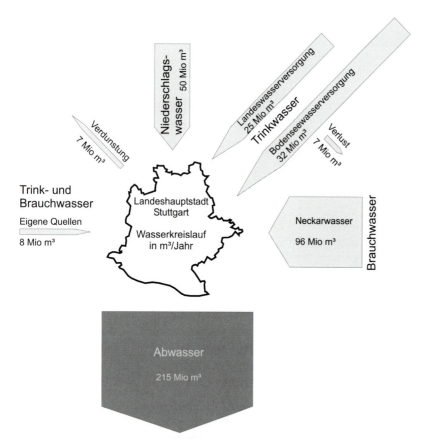

Der überwiegende Teil des Trinkwasserbedarfs von Stuttgart wird über Fernwasserleitungen aus dem Bodenseegebiet (ca. 32 Mio m³ über die Bodenseewasserversorgung) oder aus dem Donauried (ca. 25 Mio m³ über die Landeswasserversorgung) der Stadt zugeführt. Aus örtlichen Vorkommen können lediglich ca. 8 Mio m³ gefördert werden. Durch den hohen Grad an Versiegelung innerhalb der Siedlungsflächen wird ein Großteil des anfallenden Niederschlagswassers oberflächig abgeführt, wodurch die Grundwasseranreicherung verringert wird. Der Bedarf an Wasser für die industrielle Nutzung wird zu einem großen Teil aus dem Oberflächenwasser des Neckar (ca. 96 Mio m³) gedeckt. Damit beläuft sich der Gesamtbedarf an Wasser in Stuttgart auf ca. 160 Mio m³ pro Jahr.[8]

Zudem wird das Wasser in seiner Qualität (Schadstoff- und Wärmebelastung) und in seinem Abflussverhalten (hoher Anfall nach Regenereignissen aufgrund der stark versiegelten Oberfläche) stark verändert, wodurch sich die ökologischen Bedingungen der Flüsse und Meere nachhaltig verändern, die als Kläranlagen für die Abwässer der Agglomerationsräume dienen mit entsprechenden Konsequenzen für die Reproduktion der Fischbestände.

[8] Statistik von Baden-Württemberg, 1997, S. 164, 176, 189

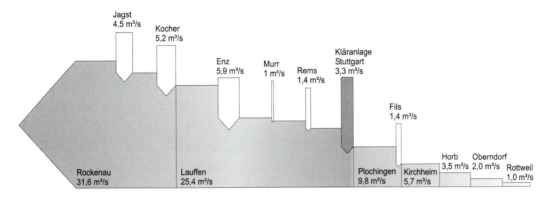

Das natürliche Abflussverhalten des Neckar wird durch künstliche Einleitungen aus Kläranlagen nicht nur qualitativ, sondern insbesondere auch quantitativ stark verändert. Die Einleitungen aus dem Hauptklärwerk der Stadt Stuttgart betragen durchschnittlich 3,3 m³/sec, wodurch die Kläranlage neben Enz, Kocher und Jagst zum viertgrößten Nebenfluss des Neckar wird. [9]

Wenn die Abwassermengen von Städten größer werden als die natürlichen Zuflüsse eines Gewässersystems, dann lässt sich daran ablesen, dass die moderne Stadt heute ihre Tentakeln weit ins Umland ausgestreckt hat. Über das Abwasser und in Verbindung mit den von versiegelten Flächen schnell abfließenden Niederschlägen und dem dadurch erzeugten bzw. verstärkten Hochwasser verändern Siedlungen die Qualität und Dynamik von Fließgewässern bis hin zum Meer, in das sie ihre Frachten entladen. Darüber hinaus erzeugt die moderne Kläranlagentechnik Klärschlamm, der zwar das Gewässer entlastet, der jedoch als Abfall über die Müllverbrennungsanlagen und damit über die Luft „entsorgt" werden muss. Auch über die Luft nimmt die Abwasser- „Entsorgung" damit weitere Flächen außerhalb der eigentlichen Stadt in Anspruch.

Der Abfall der Stadt

Das „Ökosystem Stadt" produziert Reststoffe, die es selber nicht „verarbeiten" kann. Nur ein kleiner Teil der Abfallmengen, die in einer Stadt anfallen, können vor Ort wieder verwertet oder auf Deponien entsorgt werden. Zwar wurden in den letzten Jahren Ansätze zur Verwertung von Wertstoffen ergriffen, wodurch die Gesamtmenge der Abfälle reduziert werden konnte, aber der Großteil der Abfälle muss an einem anderen Ort als dem Entstehungsort „entsorgt" werden. Dadurch vergrößern sich die Regelungskreise des „Ökosystems Stadt" u.U. erheblich. Während in einer ländlich geprägten Gemeinde, die viel Gemarkungsfläche, aber wenige Einwohner hat, nur geringe Abfallmengen anfallen, muss eine Großstadt mit großen Abfallmengen fertig werden. Eine Stadt wie Stuttgart hat im Jahr (hier auf das Jahr 1986 bezogen) eine Abfallmenge, die auf die Gemarkungsfläche umgerechnet einem Abfallaufkommen von 2.978 t pro km² entspricht, während eine ländliche Gemeinde wie die Gemeinde Wald in Baden-Württemberg lediglich ein Abfallaufkommen von 22 t je km² hat.[10] Ein Großteil des Abfallaufkommens wird seit der Einführung der Technischen Anleitung Siedlungsabfall „thermisch verwertet", was

[9] Koch, Sage, 1987, S. 30 ff verändert

[10] Koch, Sage, 1987, S. 37

Stadt und Raum

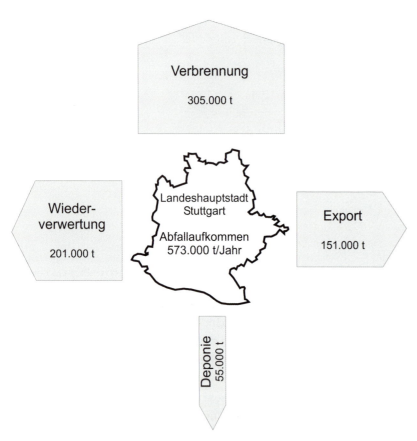

In Stuttgart entstehen Abfälle und Reststoffe unterschiedlichster Art in einer Größenordnung von 886.000 t pro Jahr. Die Abfallbeseitigung erfolgt in Stuttgart überwiegend über die Müllverbrennungsanlage bzw. durch Export in andere Gebiete. Hierdurch werden Flächen in Anspruch genommen, die teilweise weit entfernt vom Ort der Abfallentstehung liegen.[11]

[11] Statistisches Landesamt, 1997, S. 93 ff

nichts anderes bedeutet als verbrannt, d.h. über die Luft entsorgt. Dabei finden sich in den meisten Großstädten Abfallverbrennungsanlagen oder - wie sie heute genannt werden - Restmüllheizkraftwerke, die eine „Entsorgung" vor Ort ermöglichen. Als „Entsorgungsfläche" werden dabei die eigene Gemarkung und umliegende Gemarkungen genutzt, die im Einzugsbereich der Abgasfahne der Müllverbrennungsanlage liegen. Je nach Schornsteinhöhe und Windverhältnissen kann diese Fläche größer oder kleiner sein, sie ist aber immer wesentlich größer als die Gemarkungsfläche, auf der die Verbrennungsanlage steht bzw. auf denen der Abfall entsteht. Umgekehrt werden die Müllverbrennungsanlagen auch von entfernt gelegenen Gebietskörperschaften genutzt, die selber nicht über Möglichkeiten zur Müllverbrennung verfügen. Dadurch werden Flächen um die Müllverbrennungsanlagen zur Deposition von Abfällen aus anderen Regionen genutzt, die Flächen entlang der Transportwege werden durch verkehrsbedingten Lärm und Abgase belastet. In Gemeinden ohne eigene Verbrennungsanlagen werden zusätzlich räumliche Distanzen überwunden, um den Abfall zu entsprechenden Verbrennungsanlage zu transportieren. Da hierbei ökonomische Gesichtspunkte eine wesentliche Rolle spielen, werden nicht immer die nächstgelegenen Verbrennungsanlagen genutzt, sondern u.U. auch sehr weit entfernte, die weniger Gebühren verlangen. Durch diese Art des Handels werden die Entsorgungskreise einer Stadt, die zu dem Regelkreis des „Ökosystems Stadt" hinzugerechnet werden müssen, teilweise sehr groß, d.h. u.U. sogar Hunderte von Quadratkilometern groß.

Der Energiebedarf

Das zentrale ökologische Problem des Industriezeitalters liegt im Energiebedarf bzw. in der Form der Energiebedarfsdeckung und den damit einhergehenden weltweiten Veränderungen der Ökosysteme. Das Wachstum des weltweiten Energiebedarfs in der Vergangenheit war bis zum Zweiten Weltkrieg weitgehend linear ansteigend, nach 1950 stieg der Verbrauch jedoch exponentiell an.

„Von 1860 bis 1985 ist der Energiedurchsatz der Menschheit um das 60fache gestiegen. Der globale Energieverbrauch kletterte unentwegt, nicht gleichmäßig, aber unaufhaltsam trotz Kriegen, Rezessionen, Inflationen und technischem Wandel. Den größten Teil der Energie beanspruchen die Industrieregionen. Der Europäer verbraucht durchschnittlich 10- bis 30 mal mehr kommerziell gelieferte Energie als der Bewohner eines Landes der Dritten Welt. Die Nordamerikaner bringen es gar auf das 40fache. Auf der Weltenergiekonferenz 1989 wurde errechnet, dass der Energiebedarf bei einem wie bislang verlaufenden Wachstum der Bevölkerung und des Industriekapitals bis zum Jahr 2020 um weitere 75 Prozent steigen werde. Die wichtigsten Energieträger werden die fossilen Brennstoffe Kohle, Erdöl und Erdgas bleiben. Gegenwärtig decken sie 88 Prozent der kommerziell gelieferten Energie." [12]

Der Gesamtenergiebedarf für die Bundesrepublik Deutschland lag im Jahr 1995 bei 14.191 PJ im Jahr.[15] Bei der Erzeugung von Endenergie gingen ca. 28,3% (4.015 PJ) durch Umwandlung verloren. Der Anteil des Endenergieverbrauchs

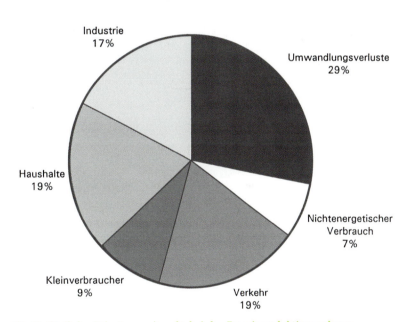

Primärenergieverbrauch in der BRD (1995)

Ein Großteil der Primärenergie geht bei der Energieproduktion verloren (Primärenergieverbrauch in der Bundesrepublik Deutschland (1995). [15]

am Primärenergieverbrauch, die sog. Energieeffizienz, ist damit relativ niedrig. Bei der Betrachtung des Energieverbrauchs über einen längeren Zeitraum zeigt sich, dass die Umwandlungsverluste rückläufig sind aufgrund neuer, effizienter Energietechnik. 65% der Primärenergie werden als Endenergie in unterschiedlichen Sektoren verbraucht, wobei Haushalte und Verkehr, also jene Bereiche, die von der Planung wesentlich beeinflusst werden können, zusammen allein über 59% des Gesamtendenergieverbrauchs ausmachen.

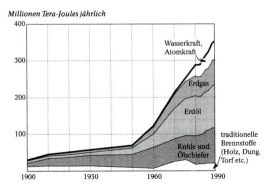

Die globalen Primärenergieverbräuche haben in kurzer Zeit derart zugenommen, dass weltweit mit Veränderungen der Ökosysteme zu rechnen ist. [13]

[12] Meadows, 1993, S. 94 f.

[13] Meadows, 1993, S. 95

[14] Umweltbundesamt, 1995, S. 51

[15] Umweltbundesamt, 1995, S. 51

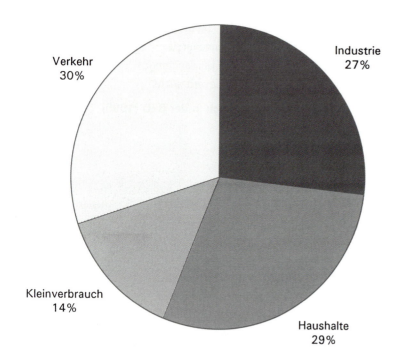

Endenergieverbrauch in der BRD nach Sektoren (1995)

- Verkehr 30%
- Industrie 27%
- Haushalte 29%
- Kleinverbrauch 14%

Der private Bereich (Haushalte und Verkehr) hat den größten Anteil am Endenergieverbrauch in der Bundesrepublik Deutschland (1995). [16]

tive Energie spielt seit Jahren eine untergeordnete Rolle für die Deckung des Energiebedarfs. Beim Gesamtenergieverbrauch ist in den letzten Jahren keine signifikante Trendwende zu erkennen. Der Anteil der erneuerbaren Energien ist kaum gestiegen, während bei den fossilen Energieträgern die Rückgänge in einzelnen Bereichen (Steinkohle, Braunkohle) durch Zuwächse in anderen Bereichen (Naturgase) ausgeglichen wurden. Von daher ist die Erschöpfung der fossilen Brennstofflagerstätten absehbar. Bei unverändertem oder teilweise sogar noch wachsendem Energiebedarf müssen ernsthafte Anstrengungen zur Erhöhung des Anteils an regenerativ gewonnener Energie unternommen werden.

Der Energiehunger der Menschen ist groß und er wächst weiter, weil die Menschheit wächst und weil die Menschen in den unterentwickelten Regionen dieser Welt noch einen großen „Nachholbedarf" an Energie haben. Daher ist

Der Gesamtenergieverbrauch ist von 1970 bis 1980 deutlich gestiegen, danach aber langsam wieder gefallen. Allerdings weisen die Verbrauchszahlen in den einzelnen Sektoren unterschiedliche Richtungen auf. Während in der Industrie, bei Kleinverbrauchern und bei Umwandlungsverlusten ein Rückgang des Energieverbrauchs festzustellen ist, stieg der Verbrauch beim Verkehr und bei den Haushalten z.T. deutlich an. Hier wird die ökologische Bedeutung der Stadtplanung für den Energiebedarf deutlich, da durch die Bauten in der Stadt und durch die stadtplanerische Zuordnung von Funktionen innerhalb der Stadt der Bedarf an Energie wesentlich bestimmt wird.

Ein Großteil der verbrauchten Energie wird aus fossilen Brennstoffen gewonnen. Die regenera-

[16] Umweltbundesamt, 1995, S. 51
[17] Umweltbundesamt, 1995, S. 51

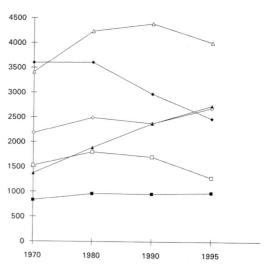

Primärenergieverbrauch nach Sektoren

Der Energieverbrauch in der Bundesrepublik Deutschland steigt weiterhin. Dabei sind die Entwicklungen in den einzelnen Sektoren sehr unterschiedlich. Während der private Verbrauch zunimmt, sinkt er in der Industrie und bei Kleinverbrauchern. [17]

in den nächsten Jahrzehnten weltweit mit einem massiven Wachstum des Energiebedarfs zu rechnen. Dabei ist eine Erschöpfung der fossilen Energieträger abzusehen. Je nach prognostizierten Wachstumsraten des Energiebedarfs und der Vorhersage von künftigen Entdeckungsraten für Lagervorräte werden diese Energieträger eines Tages verbraucht sein. Der Verbrauch der fossilen Energieträger findet in einem sehr kurzen Zeitraum statt, in dem nur ein kleiner Teil der Menschheit daran partizipieren kann. Der schnelle Verbrauch der über lange Zeiträume gespeicherten Energien und der Ausstoß von Schadstoffen durch Verbrennung belastet die Ökosysteme weltweit, wobei der Ausstoß die natürliche Kapazität zur Bindung z.B. des Kohlendioxids in Pflanzen bei Weitem übersteigt.

Schon heute ist absehbar, dass aus klimatischen Gründen eine zunehmende Nutzung fossiler Brennstoffe zu ernsthaften Problemen führen wird. Seit den ersten Klimaaufzeichnungen vor ca. 130 Jahren ist ein Anstieg der durchschnittlichen Lufttemperaturen bei steigendem CO_2-Gehalt der Atmosphäre festzustellen. Ein direkter Zusammenhang kann daher nicht ausgeschlossen werden, auch wenn Klimaveränderungen von vielen Faktoren abhängen.

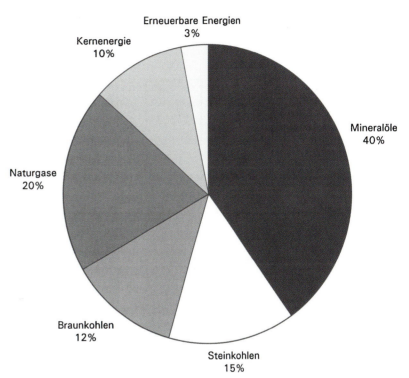

Der Primärenergiebedarf in Deutschland wird weitgehend aus nicht erneuerbaren Energieträgern gedeckt. [18]

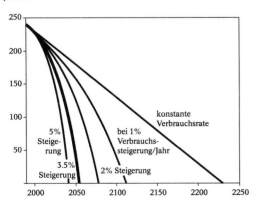

[18] Umweltbundesamt, 1995, S. 54

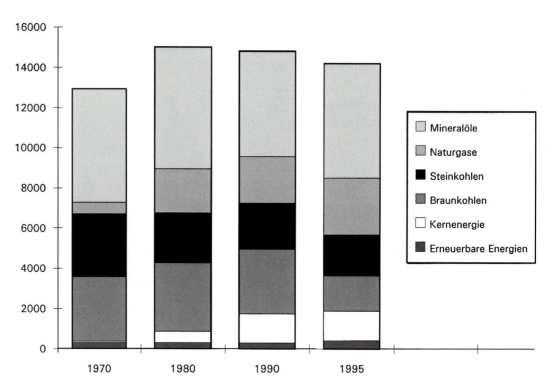

Während der Verbrauch einzelner Energieträger wie Steinkohle und Braunkohle rückläufig ist, steigt der Verbrauch an Mineralölen, Naturgasen und Kernenergie deutlich an. Der Anteil an regenerativ erzeugter Energie ist sehr gering und weist kaum Zuwachsraten auf. [19]

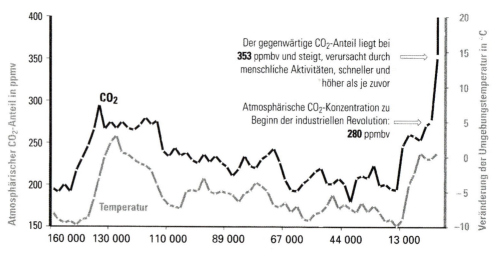

Die Korrelation von CO_2 - Anteil in der Atmosphäre und den Temperaturveränderungen im Zeitraum von 160.000 Jahren vor heute bis zum Jahr 2100 zeigt, dass mit Klimaveränderungen gerechnet werden muss. [20]

[19] Umweltbundesamt, 1995, S. 55

[20] van Dieren, 1995, S. 299

Der Rohstoffbedarf

Der Bedarf an Rohstoffen für die Ernährung und Trinkwasserversorgung, für die Produktion, das Bauen und die Energieversorgung wächst weltweit kontinuierlich an. Dabei liegen Angebot und Nachfrage räumlich häufig weit getrennt von einander. Insbesondere in den Industrieländern übersteigt der Bedarf an natürlichen Ressourcen die Versorgungskapazitäten. In Folge hat sich ein weltweit vernetztes Handels- und Transportwesen entwickelt, das in der Lage ist, die Nachfrage zu befriedigen. Gleichzeitig verursacht der Transport aber durch seinen Energiebedarf und seine räumlichen Eingriffe ökologische Probleme.

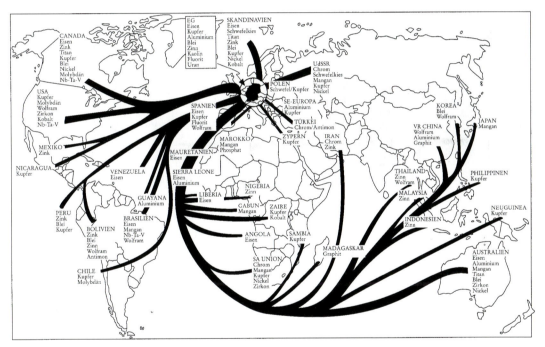

Ressourcenimporte nach Deutschland bzw. in die Länder der Europäischen Gemeinschaft verändern die Stoffströme weltweit und beeinflussen die lokalen Ökosysteme teilweise sehr stark durch Stoffentzug bzw. Stoffablagerungen. [21]

[21] Haber, 1993, S. 68

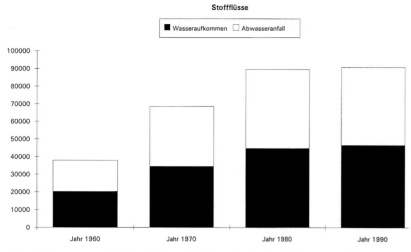

Innerhalb von ca. 30 Jahren haben sich Wasserbedarf und Abwasseranfall in Deutschland mehr als verdoppelt. [22]

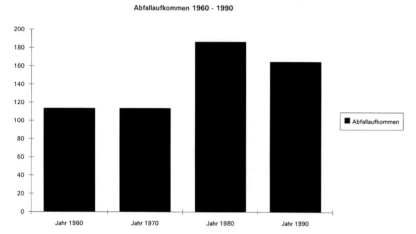

Das Abfallaufkommen ist in zwanzig Jahren erheblich gestiegen und befindet sich auf einem hohen Niveau, wenngleich in den letzten Jahren ein Rückgang aufgrund erhöhter Wiederverwertung festzustellen ist. [23]

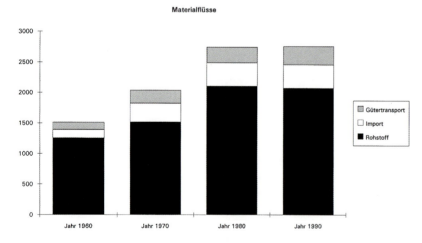

Der Verlust von Natur und Kultur

Die Ausweitung der Stadt durch ihre differenzierten Ansprüche an den Raum hat vielfältige Folgen für Landschaft und Natur. Durch die Verstädterung und die Industrialisierung der Landwirtschaft gehen unwiederbringlich Lebensräume und damit zunehmend auch die biologische Vielfalt verloren. In unseren Breiten ist der anzustrebende Schutz der Kulturlandschaft nur möglich bei Aufrechterhaltung traditioneller Bewirtschaftungsweisen, die heute nicht mehr ökonomisch effizient sind. Das Überleben der Kulturlandschaft aber ist unmittelbar verknüpft mit dem Überleben ihrer Bewirtschaftungsformen. Das Artensterben bzw. der Rückgang der biologischen Vielfalt hat in den letzten Jahrzehnten in allen Teilen der Erde dramatische Ausmaße angenommen. Durch die Verschmutzung der Meere, durch Überdüngung von Ökosystemen und insbesondere durch Abholzung und Brandrodung der Regenwälder gehen Tier- und Pflanzenarten verloren, bevor ihre Existenz vom Menschen zur Kenntnis genommen werden konnte. Die Bedeutung des Verlustes kann heute aufgrund der fehlenden Kenntnisse nicht einmal eingeschätzt werden. Die Verlagerung von Funktionen wie Rohstoffgewinnung oder Nahrungsmittelproduktion in immer weiter entfernte Räume führt zur Zerstörung der Ursprünglichkeit bislang entlegener Regionen der Welt. Von diesen Eingriffen sind nicht nur abundante Pflanzen- und Tiergesellschaften in hoch differenzierten Ökosystemen betroffen, sondern in erheblichem und wachsendem Ausmaß auch indigene Völker mit ihren spezifischen, den jeweiligen Gegebenheiten angepassten Lebensweisen.

[22] Kallen, Libbe, Becker e.a., 1999, S.34

Der Rohstoffbedarf in Deutschland steigt ständig und liegt auf einem hohen Niveau. Die Entnahme im Inland übersteigt den Import von Rohstoffen bei weitem. Allerdings verursachen die Rohstoff- und Gütertransporte einen hohen Bedarf an Energie und erhöhte Luftschadstoffbelastungen. [24]

[23] Kallen, Libbe, Becker e.a., 1999, S.34

[24] Kallen, Libbe, Becker e.a., 1999, S.34

„Bergbau ist die größte einzelne Gefahrenquelle für die Eingeborenenvölker. Er verschmutzt lebenswichtige Wasservorräte, er zwingt zur Übernahme fremder sozialer Werte, er zerstört heilige Stätten, entstellt vertraute Landschaften und trennt Menschen von ihrer Heimat, ihrer Vergangenheit und voneinander. Er verursacht tiefes Leid, kulturelle Auflösung und manchmal den Tod." [25]

„Wenn Wald für Ansiedlungen, Landwirtschaft, Viehweide und Bergbau gerodet wird oder um Staudämme zu bauen oder um Bau- und Brennholz zu gewinnen, drohen drei miteinander verknüpfte Rückwirkungen. Die Eingeborenen verlieren ihr Land und ihre Rolle als Verwalter des Waldes; das Land wird übermäßig ausgebeutet und hat kaum Gelegenheit, sich zu erholen; und unkontrollierte Waldbrände entlassen Kohlendioxyd in die Atmosphäre und bewirken den Treibhauseffekt, der die Klimaprobleme verschärft." [26]

„Das Amazonasgebiet ist Heimat für eine Million Eingeborene. Wie lange noch? Die Zahl fremder Einwanderer übertrifft die der Eingeborenen bereits im Verhältnis 16:1, und Spekulanten drohen bis zum Jahr 2010 die Hälfte des verbliebenen Waldes zu vernichten....
In wenigen Jahren werden praktisch alle Urwälder in Guatemala, Indien, auf den Philippinen, in Malaysia und Thailand verschwunden sein. Etwa sieben bis acht Millionen Eingeborene werden ihren Lebensraum im Wald verlieren." [27]

Da die Anpassung der Lebensweisen des Menschen an die verschiedenen Gegebenheiten der Natur unterschiedliche Kulturen hervorgebracht hat, bedingt der Verlust spezifischer landschaftlicher und natürlicher Eigenheiten auch den Verlust von kultureller Vielfalt. Mit dem Ausgreifen der Ansprüche der sog. zivilisierten Welt in den „Dschungel" wird die Welt ein Stück ärmer.

„Wir kämpfen für die Verteidigung des Waldes. Denn der Wald hat uns erschaffen und lässt unsere Herzen schlagen. Ohne Wald könnten wir nicht atmen, und unser Herz würde stillstehen, und wir würden sterben." [28]
Neben dem Erschießen von Eingeborenen ist der sicherste Weg, uns zu töten, uns aus der Heimat zu vertreiben. Sind wir erst von ihr getrennt, dann werden wir an Körper und Seele verkommen und unsere Herkunft leugnen, so dass wir am Ende fremde Sitten nachahmen, fremde Sprachen übernehmen, uns fremde Gedanken aneignen... Mit der Zeit verlieren wir unsere Identität... und sterben oder werden verkrüppelt, während wir unter dem Namen >Assimilation< in eine andere Gesellschaft einverleibt werden." [29]

[25] Burger, 1991, S. 102

[26] Burger, 1991, S. 90

[27] Burger, 1991, S. 88 f

[28] Paulinho Paianka, zitiert in Burger, 1991, S. 88

[29] Hayden Burgess, zitiert in: Burger, 1991, S. 122

Stadt und Raum

Funktionen des Naturhaushaltes

Humanökologische Anforderungen

Stoff- und Energieeinsatz

Urbanität der Zukunft

Ökologische Nachhaltigkeit

Das Leitbild der nachhaltigen Entwicklung wurde 1987 in dem Bericht „Unsere gemeinsame Zukunft" der Brundtland Kommission für Umwelt und Entwicklung postuliert. Darunter wurde eine Entwicklung verstanden, „die den Bedürfnissen der heutigen Generation entspricht, ohne die Möglichkeiten künftiger Generationen zu gefährden, ihre eigenen Bedürfnisse zu befriedigen und ihren Lebensstil zu wählen".[30]
Nach dem Verständnis der Uno-Konferenz von Rio im Jahre 1992 bezieht sich Nachhaltigkeit auf vier Aspekte[31]:
- die Ökonomie
- die Ökologie
- die Gesellschaft
- und die Partizipation.

Die Prinzipien der Nachhaltigkeit greifen teilweise ineinander. Ökologische Nachhaltigkeit kann nicht erreicht werden ohne ökonomische oder soziale Nachhaltigkeit und umgekehrt. Die ökologische Nachhaltigkeit bezieht sich auch auf einen anthropozentrischen Zustand der Umwelt, wonach das natürliche Kapital (Boden, Wasser, Luft, lebende Arten) langfristig erhalten werden soll, d.h. die geltenden und damit bislang für den Menschen zuträglichen Lebensbedingungen fortgeschrieben werden sollen.
Der Gedanke der Nachhaltigkeit erfordert eine differenzierte Analyse der Entwicklungsbedingungen, nur selten lassen sich allgemein formulierte Prinzipien auf unterschiedliche räumliche Situationen übertragen. Diese Einschränkung gilt in besonderem Maße für die soziale und die ökonomische Nachhaltigkeit. Anders verhält es sich mit der ökologischen Nachhaltigkeit, für die sich allgemeine Prinzipien formulieren lassen, die in verschiedenen Planungssituationen angewendet und modifiziert werden können.
Das Prinzip der Nachhaltigkeit wird häufig als neues Leitbild gesehen. Der Grundsatz der Nachhaltigkeit findet sich in der Forstwirtschaft aber bereits seit dem 19. Jahrhundert. Dabei standen sowohl ökonomische als auch ökologische Aspekte im Mittelpunkt der Bemühungen. Beim Leitbild der ökologisch orientierten Siedlungsentwicklung handelt es sich um ein Leitbild, das nun bereits seit fast einer Generation diskutiert wird.
Auf dem UNO-Kongress „Longterm Perspectives for human Settlements" im November 1983 in Budapest wurde die These diskutiert, nach der industriellen Revolution seien wir jetzt im Übergang zu einer ökologischen Revolution.[32]
Die Auseinandersetzung um Fragen der ökologisch orientierten Bau- und Siedlungsweisen wurde seitdem bei unterschiedlichen Anlässen fortgeführt.

Ökologische Nachhaltigkeit
Umweltgerechte Nachhaltigkeit wird von den Menschen benötigt und entspringt gesellschaftlicher Besorgnis; Ziel der öN ist es, das menschliche Wohlergehen zu verbessern, indem sie die Quellen der Rohstoffe, die für menschliche Bedürfnisse gebraucht werden, schützt und indem sie dafür sorgt, dass die Aufnahmekapazität der Natur für die Abfälle der Menschen nicht überfordert wird, um Schaden für den Menschen zu verhindern. Die Menschheit muss lernen, in den Grenzen zu leben, die ihre physische Umgebung ihr setzt, sowohl in der Versorgung mit Input (Quellen) als auch als „Speicher" für Abfälle, Abwasser, Abgase (Serageldin, 1993a). Dies bedeutet, dass Emissionen innerhalb der Aufnahmekapazität der Umwelt liegen, bei der diese nicht geschädigt wird. Und es bedeutet, dass die Ernteerträge natürlicher Ressourcen deren Regenerationsfähigkeit nicht überschreiten. Eine Quasi-öN kann erreicht werden, indem die Verbrauchszahlen für nichterneuerbare Energien auf einer Stufe mit den Zuwachsraten für die Entwicklung und Schaffung erneuerbarer Substitute gehalten werden (El Serafy, 1991).[33]

[30] zitiert aus Umweltbundesamt, 1997a, S. 4

[31] Meadows, 1993, S. 250 ff.

[32] Hahn, 1984, S. 11

[33] van Dieren, 1995, S. 121

Immer, wenn über Ökologie diskutiert wird, treten unterschiedliche Vorstellungen darüber auf, was ökologisch sei. Häufig wird - in Unkenntnis der Begrifflichkeiten - Ökologie mit Umwelt ganz allgemein gleichgesetzt. Die Frage für die vorsorgeorientierte Planung aber muss heißen: Welche Ökologie wollen wir?
Nach der Definition von Ernst Häckel ist die Ökologie die Wissenschaft von den Beziehungen des Organismus zur umgebenden Außenwelt. Diese Definition macht bewusst, dass es die Ökologie nicht als Zustand gibt, der gleich zu setzen ist mit der Qualität von Umwelt. Die Ökologie beschäftigt sich mit vielen unterschiedlichen Qualitäten von Umwelt, an die sich die unterschiedlichen Organismen dieser Erde in unterschiedlicher Weise angepasst haben. Die Ökologie erfasst und beschreibt den Regelungskreislauf der natürlichen Umwelt, in dem Stoffe und Energien umgesetzt werden. Dabei können die Kreisläufe der verschiedenen ökologischen Systeme unterschiedlich groß sein in Bezug auf ihre räumliche Reichweite, auf ihren stofflichen und energetischen Umsatz oder auf ihre zeitliche Umlaufgeschwindigkeit. In diesem Sinne gibt es keine unökologischen Systeme, da alle Systeme sich selbst regeln, irgendwann, manche u.U. erst in sehr weiter zeitlicher Ferne. Was innerhalb eines ökologischen Systems als Abfall oder Output produziert wird, hängt letztlich von der Verträglichkeit des Energie- und Stoffumsatzes für die beteiligten Organismen (Pflanzen, Tiere, Menschen) ab. Wenn eines Tages Pflanzen, Tiere und/oder Menschen ausgerottet sein werden, wird sich das ökologische System auf einem anderen, als dem von uns Menschen gewohnten Niveau einpendeln. Das System bleibt dabei ökologisch, wenngleich sich seine Bedingungen, die derzeit vom Menschen in starkem Maße beeinflusst werden, dann u.U. als ökologisch inhuman bzw. humanökologisch unverträglich erwiesen haben.

Jede Planung verändert die Bedingungen von Ökosystemen, das Ergebnis jeder Planung ist immer wieder ein Ökosystem, meistens ein anderes als jenes, das vor Realisierung der Planung an dem Standort zu finden war. Die Regelkreise und Wechselwirkungen im Naturhaushalt führen dazu, dass nach jeder Veränderung ein möglichst stabiler Zustand erreicht wird, in dem ein neues Ökosystem entsteht. Bei allen Veränderungen natürlicher Regelkreise bzw. Ökosysteme stellt sich die Frage, ob sie für eine bestimmte Vorstellung von Umwelt zuträglich sind. Meistens stehen hinter den Vorstellungen von Umwelt stark vom Menschen geprägte Wertmaßstäbe. Insofern muss man sich bei planungsbedingten Veränderungen der Umwelt fragen, ob es sich um humanökologisch verträgliche Änderungen handelt. Nachhaltigkeit in der Stadtentwicklung ist bislang kaum bzw. nur partiell umgesetzt. Es gibt zahlreiche Ansätze und Beispiele für ökologisch orientierte Wandlungen in den Städten, angefangen von technischen Lösungen für Teilprobleme bis hin zu integrierten Ansätzen für neue Gesamtkonzepte einschließlich partizipatorischer Planungsmodelle.
Die Konzentration auf die ökologische Nachhaltigkeit im Rahmen dieses Buches basiert auf der Erkenntnis, dass für die städtebauliche Planung bestimmte allgemein gültige Handlungsansätze formuliert werden können. Soziale und ökonomische Nachhaltigkeit erfordern eine spezifische Auseinandersetzung mit den konkreten lokalen Gegebenheiten, die oft auch nur in einem partizipatorischen Prozess beurteilt werden können (vgl. Umsetzungsstrategien). Auch bei der Anwendung der einzelnen Prinzipien in jedem Einzelfall bedarf es einer Prüfung vor Ort, welche von ihnen am besten geeignet sind zur Gewährleistung der ökologischen Nachhaltigkeit.

Die nachfolgend dargestellten Beispiele erheben weder den Anspruch auf Singularität noch auf Vollständigkeit. Sie dienen zur Illustration der erläuterten Planungsprinzipien und könnten auch durch andere Beispiele ersetzt werden. Es wäre vermessen, in einem einzigen Buch zu dem weiten Thema ökologischer Planungsansätze den Versuch einer Gesamtübersicht über ökologisch orientierte Projekte vornehmen zu wollen. Es ist aber durchaus ein Ziel des Buches, die möglichen Ansätze soweit zu systematisieren, dass eine Entscheidung im konkreten Fall für oder gegen ein bestimmtes Prinzip möglich wird. Nur aus der Kenntnis der verschiedenen Möglichkeiten heraus ist eine gezielte Entscheidung für ein wirkungsvolles Prinzip im konkreten Planungsfall möglich.

In einer groben Unterteilung der ökologisch orientierten Planungsprinzipien wird zwischen standortbezogenen und technisch-funktionalen Prinzipien unterschieden. Bei den standortbezogenen Prinzipien steht die Funktionsfähigkeit des Naturhaushaltes im jeweiligen Raum im Vordergrund, die die Grundlage jeder ökologisch orientierten Siedlungsentwicklung sein muss; bei den technisch-funktionalen Prinzipien geht es um die Optimierung des Einsatzes von Energie und um die Verringerung der Stoffumsätze bzw. der Abfälle. Wie sieht eine ökologisch nachhaltige Siedlungsentwicklung aus? Genügt es, das Flächenwachstum zu verlangsamen, wenn es schon nicht gelingt, es vollständig zu stoppen? Reicht das Recycling von Flächen aus, um eine ökologische Nachhaltigkeit zu erreichen? Oder müssen nicht stärker als bisher die Ansprüche der Siedlungen an die Landschaft überprüft werden im Hinblick auf die Reichweite der dadurch verursachten Eingriffe? Für eine ökologisch orientierte Siedlungsentwicklung ist eine neue Struktur von Räumen und Nutzungen und ihrer Interdependenzen erforderlich. Die Raumplanung kann dazu beitragen, dass Flächenentwicklung als Beitrag zur Effizienzsteigerung technischer Systeme dient. Hier stehen die technische Infrastruktur (Energie) und die Verkehrsinfrastruktur im Vordergrund der Überlegungen. Daher muss zur Erreichung von Nachhaltigkeit der Frage nach der notwendigen bzw. der ökologisch verträglichen Dichte innerhalb von Siedlungsräumen nachgegangen werden. Die Debatte über Nachhaltigkeit wird zwangsläufig zur Entwicklung von räumlich und fachlich sehr differenzierten Leitbildern führen müssen. Dabei stellt sich insbesondere die Frage nach dem Maß und der zeitlichen Dimension der räumlichen Entwicklungen. Aber auch die Richtung der Entwicklung muss diskutiert werden. Wird es neben Wachstumsregionen auch Regionen geben, die - aufgrund ihrer hohen vorhandenen Belastungen oder der Empfindlichkeit ihrer landschaftsökologischen Funktionen - saniert, d.h. zurückgebaut oder umgenutzt werden müssen? Im Rahmen einer konkreten Planung können nicht alle theoretischen Ansätze zur Ökologisierung gleichermaßen umgesetzt werden. Bei der Analyse der Bestandssituation von Städten zeigt sich, dass bestimmte Aspekte im Vordergrund stehen, die bei künftigen Planungen zu einer ökologisch orientierten Planung schwerpunktmäßig behandelt werden müssen. Neben dem Schutz von Lebensräumen und den in ihnen vorkommenden Pflanzen und Tieren haben die Aspekte zum Schutz der Böden und des Klimas, zur Reinhaltung der Luft und damit sämtliche Aspekte der Energieverwendung, die u.U. eine auch räumlich größere ökologische Bedeutung und/oder Tragweite haben, einen besonderen Stellenwert für die ökologisch nachhaltige Entwicklung unserer Siedlungen.

„Was überlebt, ist der Organismus in seiner Umwelt. Ein Organismus, der nur an das eigene Überleben denkt, wird unweigerlich seine Umwelt zerstören und damit sich selbst, wie wir heute aus bitterer Erfahrung lernen müssen." [34]

[34] Capra, 1988, S. 320

1. Funktionen des Naturhaushaltes

Funtionen der einzelnen Schutzgüter im Naturhaushalt

Schutzgut	Funktionen im Naturhaushalt
Boden	- Lebensraum für Organismen
	- Standort für natürliche Vegetation
	- Regelung und Pufferung von Stoffaustausch
	- Ausgleich des Wasserhaushaltes
	- Produktion von Nahrungsmitteln
	- historische Urkunde
Grundwasser	- Grundwasserdargebot/-höffigkeit
	- Grundwasserneubildung/-anreicherung
	- Schüttung von Quellen/Effluenz
Oberflächengewässer	- Ableitung von Niederschlägen
	- Retention von Abflüssen
	- Reinigung des Oberflächenwassers
	- Lebensraum für Pflanzen und Tiere
	- Wasserdargebot zur Trinkwassernutzung, Bewässerung und Produktion
Klima	- Lufterneuerung
	- Luftaustausch
	- Ausgleich der Strahlungsbilanz
Luft	- Versorgung mit Stoffen
	- Transport von Samen, Tieren und Duftstoffen
Landschaft	- Regelung von Wasserhaushalt, Klima und Stoffaustausch
	- Lebensraum für Pflanzen, Tiere und Menschen
Pflanzen	- Lebensraum für Tiere und andere Pflanzen
	- Nahrungsgrundlage für Tiere und Menschen
	- Regelung des Wasserhaushaltes
	- Strahlungsausgleich
	- Lufterneuerung
	- Erlebnis für den Menschen
Tiere	- Nahrungsgrundlage für Menschen und Tiere
	- Regelung von pflanzlichen und tierischen Populationen
	- Ausbreitung und Verbreitung von Samen und Stoffen
Menschen	- Regelung aller o.g. Funktionen durch Nutzungen
	- Nahrungsgrundlage für Mikroorganismen und Tiere
	- Lebensraum für Mikroorganismen

Die hier vorgenommene Darstellung der ökologischen Funktionen stellt eine problematische Reduzierung von Natur dar. Natur ist komplexer aufgrund ihrer Wechselwirkungen und Interdependenzen. Für eine ökologisch orientierte Planung wäre aber schon viel erreicht, wenn die hier genannten Funktionen im Planungsalltag Berücksichtigung fänden, was bislang nur selten der Fall ist.

In der umweltorientierten Planung hat sich - unter den Anforderungen des Gesetzes zur Prüfung der Umweltverträglichkeit bestimmter Vorhaben - eine Vorgehensweise entwickelt, mit der der Einfluss von Vorhaben auf sämtliche Schutzgüter der Umwelt systematisch geprüft wird. Jedes Schutzgut erfüllt spezifische Funktionen im Naturhaushalt, die durch menschlichen Einfluss gestört werden können.

An erster Stelle der Darstellung ökologisch orientierter Planungsprinzipien stehen die standortbezogenen Aspekte, die aufgrund ihres räumlichen Funktionszusammenhanges nicht kompensiert werden können. Die Störung standortabhängiger Faktoren führt immer zur Veränderung und damit zur Beeinträchtigung von bestehenden Ökosystemen. Die Größe der Stoff- und Energiekreisläufe in Ökosystemen hängt von den landschaftsökologischen Funktionen und ihren Vernetzungen ab. Die Kenntnis dieser Funktionen und das Verständnis für ihre oft wechselseitigen Wirkungsweisen sind die Voraussetzungen für eine ökologisch nachhaltige Planung. Alle Umweltmedien (Boden, Wasser, Luft/Klima) sowie die belebte Natur (Pflanzen, Tiere, Menschen) haben unterschiedliche und oft vielfältige Funktionen im Naturhaushalt. Im Sinne der ökologischen Nachhaltigkeit müssen Planungen auf die Reichweite der Veränderung von Funktionszusammenhängen hin überprüft werden. Bei der Vielzahl möglicher Verflechtungen in komplexen Ökosystemen kann eine solche Überprüfung aufgrund mangelnder oder gar fehlender Kenntnisse oft nur rudimentär oder sektoral erfolgen.

Prinzip: Vermeidung von Beeinträchtigungen durch Berücksichtigung der landschaftsökologischen Funktionen

Die stärkste Beeinflussung von Ökosystemen erfolgt durch vollständige Inanspruchnahme von Flächen durch Überbauung. Besonders das Wachstum von Siedlungen führt zur Inanspruchnahme von Freiräumen und geht immer auf Kosten der Landschaft; es verändert - je nach Empfindlichkeit der natürlichen Faktoren im Raum - mehr oder weniger stark die landschaftsökologischen Funktionen des Naturhaushaltes. Die Reichweite der Veränderungen hängt von der Tragfähigkeit der lokalen Ökosysteme ab und von der Einbindung der Siedlungen in diese. Zur Vermeidung von Beeinträchtigungen müssen landschaftsökologisch geeignete Standorte für die vorgesehenen Nutzungen ausgewählt werden. Eine besondere Bedeutung für die Aufrechterhaltung landschaftsökologischer Funktionen haben der Wasserhaushalt, das Klima und der Boden, die im Zusammenwirken zur Entstehung und Ausprägung spezifischer, autochthoner Lebensräume führen. Eine Inanspruchnahme von Flächen in Verbindung mit der Störung entsprechender Funktionen kann zur Veränderung der Lebensraumsituation führen. Seltenheit und Empfindlichkeit der verschiedenen Schutzgüter gegenüber Veränderungen haben Einfluss auf die Bedeutung und damit auf die planerische Bewertung.

Ökologisch verträglich können nur solche Siedlungen sein, die an Standorten errichtet werden, an denen die landschaftsökologischen Funktionen möglichst geringe räumliche Verflechtungen aufweisen und an denen die beeinträchtigten Lebensgemeinschaften entsprechende Ausweichmöglichkeiten bzw. Ersatzlebensräume finden, so dass ihre Reproduktion und Fortdauer nicht generell gefährdet werden. Die Beurteilung, ob eine geplante Siedlung entsprechende Wirkungen auf die Lebensgemeinschaften hat, hängt wesentlich von der Kenntnis der ökologischen Wirkungszusammenhänge ab. In der Planungspraxis scheitert eine sachgerechte Beurteilung der Planungsfolgen oft an den unzureichenden Kenntnissen und den mangelnden Grundlagen über die ökologischen Voraussetzungen eines Planungsraumes. Nicht immer werden für die Planung entsprechende Geldmittel und Zeiträume zur Verfügung gestellt, um die notwendigen Entscheidungsgrundlagen bzgl. der ökologischen Bedingungen beibringen zu können. Landläufig wird Ökologie als Schlagwort zur Verhinderung von Nutzungsansprüchen missdeutet. Bei anhaltend hohem Nutzungs- und Siedlungsdruck auf Freiflächen, wie er derzeit besteht, muss bedacht werden, dass jedes Projekt, das an einem bestimmten Standort verhindert wird, den Siedlungsdruck auf andere Standorte erhöht. Insofern kommt der Auswahl von - für die Umwelt - möglichst wenig schädlichen Standorten eine zentrale Bedeutung in der Planung zu.

Die Auswahl geeigneter Standorte für Siedlungsflächen sollte in der Regel auf der Ebene der vorbereitenden Bauleitplanung erfolgen. Leider ist ein Großteil der derzeit gültigen Flächennutzungspläne zu einer Zeit entstanden, als die Grundlagen und das Wissen über die Umweltsituation nicht vorhanden waren bzw. einen untergeordneten Stellenwert hatten. Da sich in der Zwischenzeit nicht nur die Kenntnisse und die gesetzlichen Bestimmungen, sondern auch die Grundlagen weitgehend verbessert haben, müssen viele geplante Gebiete, die aus alten Flächennutzungsplänen entwickelt werden, den neuesten Kenntnissen entsprechend auf ihre Umweltverträglichkeit hin überprüft werden. Dies kann auf verschiedene Weise und mit unterschiedlicher Intensität erfolgen. Als ein bewährtes, wenn auch bislang nicht gesetzlich für Baugebiete vorgeschriebenes Instrument hat sich die kommunnale Umweltverträglichkeitsprüfung erwiesen.

**Beispiel Konstanz:
Wohngebiet „Jungerhalde-Nord"
in Allmannsdorf**

Das Beispiel der geplanten Wohnsiedlung in Konstanz steht für eine Standortentscheidung aus den sechziger Jahren, die auf der übergeordneten Planungsebene des Flächennutzungsplanes aufgrund unzureichender Daten zum Naturhaushalt getroffen worden war. Es steht damit auch für ein gewandeltes Bewusstsein in der politischen Diskussion im Zusammenhang mit Umweltbelangen. Für das geplante Wohnbaugebiet Jungerhalde-Nord in Allmannsdorf in Konstanz wurde eine freiwillige, sog. kommunale Umweltverträglichkeitsprüfung [35] durchgeführt, in der die Frage der grundsätzlichen Realisierbarkeit des Vorhabens geprüft wurde.

Das geplante Baugebiet grenzt an den alten Ortskern von Allmannsdorf und an das Neubaugebiet Jungerhalde - Süd an.

[35] Planung+Umwelt, 1991

Geplantes Vorhaben
Die Stadt Konstanz beabsichtigte, im Bereich Jungerhalde-Nord ein Baugebiet auszuweisen und einen Bebauungsplan aufzustellen. Das Gebiet war im Flächennutzungsplan von 1983 als allgemeines Wohngebiet dargestellt. Die Fläche umfasste ca. 5,7 ha.

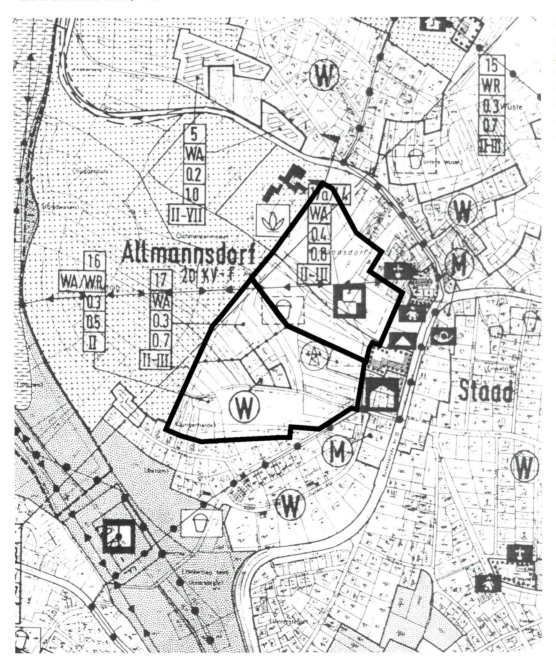

Die Abgrenzung des geplanten Wohngebietes erfolgte sehr schematisch ohne Berücksichtigung naturräumlicher Gegebenheiten (Auszug aus dem Flächennutzungsplan von 1983). [36]

[36] Planung+Umwelt, 1991, S. 9

Ökologische Nachhaltigkeit

Durch das geplante Baugebiet Jungerhalde-Nord sollte in Verbindung mit dem südlich anschließenden, im FNP ebenfalls als Wohngebiet (WA / WR) ausgewiesenen und bereits bebauten Gebiet Jungerhalde-Süd eine städtebauliche Arrondierung des Stadtteils Allmannsdorf erfolgen.

Zustand der Umwelt im Untersuchungsgebiet

Die Raumanalyse zeigte, dass den landwirtschaftlich extensiv genutzten siedlungsnahen Freiflächen des engeren Untersuchungsgebiets eine teilweise hohe Bedeutung als Lebensraum für Flora und Fauna zukommt, wenngleich in Teilbereichen (Feuchtgebiet) z.T. erhebliche Störungen (Bau des Studentenwohnheims) und Vorbelastungen (Gärtnerei, Erholungsdruck und Landwirtschaft) bestanden. Von besonderer Bedeutung im Naturraum Bodanrück sind die hydrogeologischen Verhältnisse, die im Planungsgebiet zur Ausbildung des Feuchtgebietes „Schmerzenmösle" geführt hatten.

Durch die Bebauung des Wohngebietes Jungerhalde-Süd wurden landschaftsökologische Funktionen z.T. stark beeinträchtigt.

Planungsvarianten

Zur Erschließung des Gebietes waren von Seiten der Stadtplanung verschiedene Varianten der Bebauung entwickelt worden, die sich aber in Bezug auf Dichte, Erschließung und Grünstruktur nur unwesentlich voneinander unterschieden.

Bei der Konkretisierung von Bebauungsvorschlägen wurde das Baugebiet mittels einer Grünfläche unterteilt (Bebauungsvorschlag). [37]

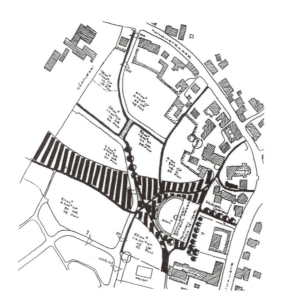

Für die Prüfung der Umweltverträglichkeit wurde ein Untersuchungsgebiet abgegrenzt, das über den Geltungsbereich des Bebauungsplanes hinausgeht. Dadurch konnten auch Wirkungen auf die Umgebung sowie mögliche Varianten der Bebauung berücksichtigt werden. [38]

[37] Planung+Umwelt, 1991, S. 11

[38] Planung+Umwelt, 1991, Karte 5

Das geplante Wohngebiet liegt in einem Bereich mit unterschiedlichen Biotopstrukturen, die insbesondere für die Tierwelt wertvolle Lebensräume bieten. Bei der Bewertung des Baugebietes und seiner Umgebung nach Gesichtspunkten des Arten- und Biotopschutzes wurden große Bereiche so hoch bewertet, dass sie für eine Bebauung nicht in Frage kommen.

Darüber hinaus kommt dem Planungsgebiet eine erhöhte Bedeutung für die wohnungsnahe Kurzzeiterholung zu.

Ziele für den Untersuchungsraum

Die vorhandenen allgemeinen planerischen Ziele wurden aus Umweltsicht ergänzt und konkretisiert. Dabei wurden folgende Schwerpunkte gesetzt:
- Schutz des Grundwassers bei gleichzeitiger Verringerung der Belastungen
- Erhaltung der Gräben im engeren Untersuchungsgebiet
- Verbesserung der klimatischen und lufthygienischen Verhältnisse
- Schutz der Lebensräume von gefährdeten Pflanzen und Tieren (Rote-Liste-Arten) wie Feuchtgebiet, Gräben, Bachsysteme, Wiesen, Wald und Ruderal-Flächen
- Erhaltung bzw. Ausformung von landschaftstypischen Siedlungsrändern
- Erhaltung der Erholungsfunktion
- Aufrechterhaltung der landwirtschaftlichen Nutzung.

Aufgrund der möglichen Entwicklungen im untersuchten Gebiet besteht ein vorrangiges Planungsziel in der Sicherung der vorhandenen Qualitäten sowie in der Entwicklung der natürlichen Potenziale. Diese Aussagen beziehen sich insbesondere auf die Erhaltung des tierökologischen Potenzials des Feuchtgebietes „Schmerzenmösle", der extensiv genutzten Freiflächen und der Streuobstbereiche.

Ergebnis der Umweltverträglichkeitsstudie

Die Prüfung der Umweltverträglichkeit einer Maßnahme erfolgt sinnvollerweise durch einen Vergleich der Veränderungen im Raum mit (Plan-Fall) und ohne Maßnahme (Null-Fall). Aus der Gegenüberstellung ergeben sich die wesentlichen Unterschiede, wobei sowohl Be- als auch Entlastungen berücksichtigt werden müssen.

Durch die Ausweisung des Baugebiets Jungerhalde-Nord in Konstanz-Allmannsdorf werden Flächen mit erhöhter Bedeutung für den Biotop- und Artenschutz überplant. Im Falle einer Bebauung ist mit gravierenden, nachhaltig wirkenden und nicht ausgleichbaren Beeinträchtigungen für die Vogel- und die Insektenwelt zu rechnen. Lebensraumverlust und -einengung würden zur Verdrängung zahlreicher gefährdeter oder in ihrem Bestand rückläufiger Tierarten führen. Aus der Sicht des Arten- und Biotopschutzes wurde die Ausweisung des Baugebiets Jungerhalde-Nord in der ursprünglich vorgesehenen Form als unverträglich bewertet. Dem Gemeinderat der Stadt Konstanz wurde empfohlen, auf die Bebauung des Gebietes zu verzichten und Teile des Gebietes als geschützten Grünbestand bzw. als Naturschutzgebiet auszuweisen.

Eine randliche Teilbebauung des Gebiets bzw. eine Erweiterung nach Westen, die nur unbedenkliche bzw. vertretbare Eingriffe in weniger bedeutsame Flächen verursacht, wurde angeregt.

Berücksichtigung der Empfehlungen im Rahmen der Entscheidung

Der Gemeinderat folgte in seiner Entscheidung der Empfehlung des Gutachters und verzichtete auf eine Bebauung des Gebietes. Heute ist das Niedermoor „Schmerzenmösle" unter Naturschutz gestellt, Teile des Streuobstbestandes sind als geschützte Landschaftsbestandteile ausgewiesen. Das Beispiel zeigt, dass trotz einer unzureichenden Prüfung der Nachhaltigkeit bei der Aufstellung des Flächennutzungsplanes im Jahr 1983 eine Beeinträchtigung des Naturhaushaltes durch die zwischengeschaltete Umweltverträglichkeitsprüfung verhindert werden konnte. Diese Entscheidung zugunsten der Umwelt hängt allerdings damit zusammen, dass es auf Gemarkung Konstanz Alternativstandorte für die Ausweisung von Wohnbauland gab, weshalb ein Verzicht auf das Baugebiet möglich erschien.

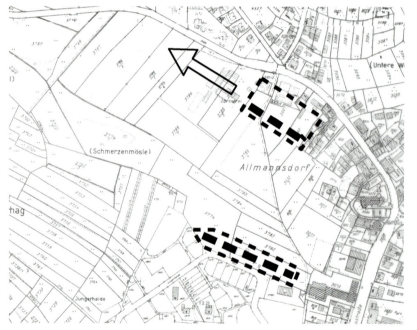

Die Ergebnisse der UVS führten dazu, dass nur kleine Bereiche im Geltungsbereich des Bebauungsplanes für eine Bebauung vorgesehen werden konnten. Es wurde empfohlen, die wertvollen Streuobstwiesen und das Niedermoor unter Schutz zu stellen. Für die langfristige Entwicklung wurde eine Bebauung entlang der Straße außerhalb des bisherigen Planungsgebietes vorgeschlagen. [39]

[39] Planung+Umwelt, 1991, S. 134

Beispiel Korntal-Münchingen: Ausweisung eines Siedlungsschwerpunktes im Regionalplan

Ausgangslage

Der Verband Region Stuttgart legte zur Fortschreibung des Regionalplanes ein Konzept für Siedlungserweiterungen in seinem Geltungsbereich vor. Dieses Konzept orientierte sich u.a. an den Möglichkeiten zur Anbindung von Siedlungen an den schienengebundenen ÖPNV, was vom Grundsatz her einen sinnvollen Ansatz für eine ökologisch orientierte Stadtentwicklung darstellt.
Auch für die Stadt Korntal-Münchingen im Nordwesten von Stuttgart wurde im Südosten des Ortsteiles Münchingen ein Siedlungsschwerpunkt geplant, der eine Fläche von ca. 60 ha. umfasste. Raumstrukturell handelt es sich dabei um eine sinnvolle Lage, da sich der vorgesehene Siedlungsschwerpunkt in unmittelbarer Nähe zu einem Haltepunkt des schienengebundenen ÖPNV liegt. Die Ausweisung im Konzept zum Regionalplan war ohne detaillierte Prüfung der Umweltbelange vorgenommen worden. Die Siedlungserweiterung sollte in einem Kaltlufteinzugsgebiet liegen, das eine hohe Bedeutung für den Luftaustausch des Siedlungsbereiches von Münchingen hat. Der Ortsteil Münchingen weist hohe lufthygienische Belastungen insbesondere durch Verkehr und Hausbrand auf. Es stellte sich die Frage, inwieweit die geplante Siedlungserweiterung die angestrebte Verbesserung der lufthygienischen Verhältnisse in der Ortslage beeinträchtigt oder verhindert.

Untersuchung aus klimatischer Sicht

Zur Beantwortung dieser Frage wurde eine geländeklimatische Untersuchung [41] durchgeführt. Diese erfolgte in Form einer Lufttemperaturmessung bei Schwachwindwetterlage, die

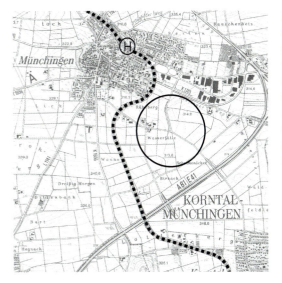

Der geplante Siedlungsschwerpunkt liegt zwar verkehrsgünstig im Einzugsbereich einer Haltestelle des schienengebundenen Nahverkehrs, aber auch in einer Kaltluftsenke mit hoher Bedeutung für die Durchlüftung des Ortes Münchingen. [40]

die geländeklimatische Bedeutung der Freiflächen und ihr Zusammenwirken beim Luftaustausch klären sollte. Die Veränderung der Lufttemperatur an verschiedenen Punkten im Untersuchungsgebiet im Laufe der Nacht gibt Aufschluss über den Luftaustausch zwischen der freien Landschaft und dem Siedlungsgebiet sowie über Störungen durch Bebauung und sonstige Hindernisse. Die Korrelation der Temperaturveränderungen mit einem geeigneten Kontrollpunkt in der freien Landschaft zeigt die Veränderung der natürlichen nächtlichen Abkühlung durch die vorhandene Bebauung. Bei der Darstellung in Transekten können die Störungen der Lufttemperatur (z.B. die Ausbildung von Wärmeinseln) aufgezeigt werden. Bei einer Korrelation der Temperaturen mit der Höhenlage werden die Störungen sichtbar: bei ungestörter Luftströmung müssten die Linien der Lufttemperatur parallel zu den Höhenlinien verlaufen; Abweichungen weisen auf eine Störung der Luftströmung hin.
Zur Visualisierung der Luftbewegungen wurden Rauchpatronenversuche durchgeführt, wodurch die Abflussbahnen der Kaltluft sichtbar gemacht werden können. Die Rauchfahnen wurden zur Dokumentation fotografiert.

[40] Auszug aus der TK 7120, verändert

[41] Planung+Umwelt, 1995

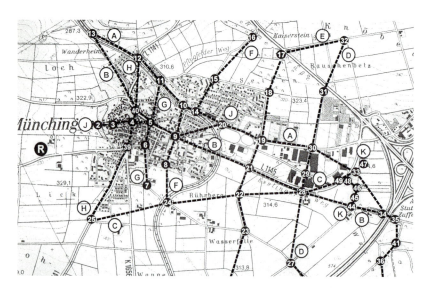

Zur Erfassung der Durchlüftungsverhältnisse wurden im Untersuchungsgebiet 49 Messpunkte festgelegt, an denen die Veränderungen der Lufttemperatur gemessen wurden. [42]

Ergebnis

Die durchgeführten Messungen zeigen innerhalb der Siedlung eine z.T. starke Erhöhung der Lufttemperatur. Durch die graphische Darstellung in Form von Temperaturgradienten können Intensität und Lage der Störung des Luftaustausches verdeutlicht werden. In einer flächenhaften Darstellung der Isothermen (Linien gleicher Temperaturen), die durch Auswertung der Transekte erstellt wurde, zeigte sich, dass der Ortskern von Münchingen eine Wärmeinsel darstellt, mit einer deutlichen Temperaturerhöhung gegenüber den Freiflächen außerhalb der Siedlung. Die Form der einzelnen Temperaturlinien weist auf vorhandene Luftaustauschprozesse hin, die zur Abkühlung von Siedlungsbereichen führen, bzw. auf entsprechende Störungen in Form von Barrieren. Die Flächen innerhalb des Untersuchungsgebietes wiesen einen Temperaturunterschied von bis zu 8° C auf: Am tiefsten Punkt der Senke, an dem die Siedlungserweiterung geplant war, betrug die Lufttemperatur ca. 1° C, während im Hangbereich mit südwestlicher Exposition noch Temperaturen von 8 bis 9° C gemessen wurden. Die Auswertung der Temperaturmessungen führte zu der Erkenntnis, dass die geplante Siedlungserweiterung in einer Kaltluftsenke liegt, die eine hohe Bedeutung für die Durchlüftung der Ortslage von Münchingen besitzt. Eine Bebauung in diesem Bereich hätte weitreichende Konsequenzen für die lufthygienische Situation in Münchingen gehabt: 1. die Bebauung hätte den Luftaustausch zwischen den Freiflächen und dem lufthygienisch belasteten Ort verhindert; 2. die Lage des Baugebietes in der Kaltluftsenke hätte einen erhöhten Energieverbrauch zur Deckung des Energiebedarfs für die Raumheizung erzeugt.
Auf der Grundlage der Klimamessung hat die Gemeinde die geplante Siedlungserweiterung an dieser Stelle mit Erfolg abgelehnt. Von

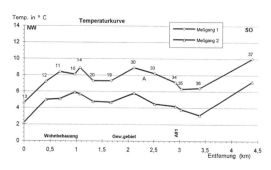

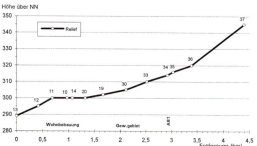

Durch die Verknüpfung der einzelnen Messpunkte zu Transekten und durch Überlagerung der Temperaturgradienten mit dem Höhenverlauf können Störungen des natürlichen Luftaustausches im Siedlungsbereich ermittelt und dargestellt werden. Die Erhöhung der Lufttemperatur zwischen den Messpunkten 12 und 36 zeigt die Störung durch die erwärmten Siedlungsflächen auf (Transsekt A). [43]

[42] Planung+Umwelt, 1995, S. 7

[43] Planung+Umwelt, 1995, S. 9

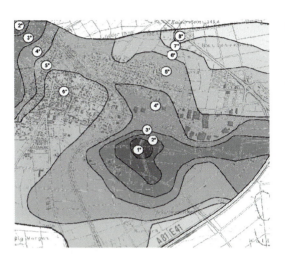

Bei Verbindung der einzelnen Messpunkte mit gleicher Lufttemperatur zu Isothermen zeigt sich, dass der geplante Siedlungsschwerpunkt in einem wichtigen Kaltluftentstehungs- und -sammelgebiet liegt, das eine wichtige Funktion für die Durchlüftung des Ortsteils Münchingen übernimmt. Die Lufttemperatur in diesem Bereich liegt um bis zu 8 Grad C unter den Temperaturen, die an den nach Südwesten orientierten Hängen im Osten der Gemarkung gemessen wurden. [44]

Seiten des Gutachters wurde empfohlen, Siedlungserweiterungen im Einzugsbereich der Haltestelle vorzunehmen, dabei aber die Kaltluftsenke und die Luftaustauschbahnen zu meiden. Am sinnvollsten wurde eine Bebauung im südwestlich orientierten Hangbereich eingeschätzt, der durch deutlich höhere Temperaturen gekennzeichnet ist. Hier kann bei sinnvoller Planung eine Beeinträchtigung des Luftaustausches weitgehend vermieden werden.

Prinzip:
Verminderung von Beeinträchtigungen

Ein vorsorgender Umweltschutz macht raumangepasste Lösungen erforderlich. Sofern ein geplanter Standort für die Ansiedlung von bestimmten Nutzungen geeignet ist, kommt der Formulierung von Planungsbedingungen eine grundlegende Bedeutung zu. Durch entsprechende Planungsauflagen kann die Beeinträchtigung der landschaftsökologischen Funktionen wenn nicht verhindert, so doch weitgehend reduziert werden. Zur Formulierung entsprechender Auflagen ist die Kenntnis der landschaftsökologischen Funktionszusammenhänge von Bedeutung.

Manche Auflagen können die Realisierung erheblich erschweren und u.U. verteuern. Bei sehr hohen technischen Auflagen, die zu erheblichen Kostensteigerungen führen, muss im Planungsprozess rückgekoppelt werden, ob der ausgewählte Standort und/oder die vorgesehene Nutzung für diesen Standort geeignet sind bzw. ob es nicht bessere Standorte für die geplante Nutzung gibt. Im politischen Alltag werden Standortentscheidungen selten aus rein fachlichen Gesichtspunkten getroffen. Vielfach spielen Aspekte wie die Verfügbarkeit von Flächen oder gegebene Versprechungen eine entscheidende Rolle bei der Realisierung von Planungen.

Maßnahmen zur Verminderung von Beeinträchtigungen im Zuge der Bebauungsplanung kommen wesentlich beim Klima und bei der Lufthygiene sowie dem Wasserhaushalt zum Tragen. Durch Freihalten von Lüftungsbahnen, Stellung und Höhe von Gebäuden sowie die Art der Bepflanzung können Luftaustauschprozesse im Rahmen der Bebauungsplanung günstig beeinflusst werden. Hier ergibt sich ein großes planerisches Potenzial zur Verminderung von Beeinträchtigungen.

[44] Planung+Umwelt, 1995, S. 20

Beispiel Münsingen: Wohnbauschwerpunkt „Ob dem Kirchtal II"

Ausgangssituation

Im Rahmen des Wohnbauschwerpunktprogramms der Landesregierung von Baden-Württemberg wurden in verschiedenen Gemeinden Flächen ausgewiesen, die möglichst zügig einer Bebauung zugeführt werden sollten. Die Wohnbaufläche in Münsingen im Bereich „Ob dem Kirchtal" war nicht im Flächennutzungsplan der Verwaltungsgemeinschaft Münsingen-Gomadingen-Mehrstetten aus dem Jahr 1987 enthalten, eine Flächennutzungsplanänderung war daher vorzunehmen.

Bei Inversionswetterlagen bildet sich oberhalb von Münsingen ein ausgedehnter Kaltluftsee, der häufig zur Nebelbildung führt.

Um erhebliche und nachhaltige Beeinträchtigungen der Umwelt zu vermeiden, war es erforderlich, im Rahmen der Aufstellung eines Bebauungsplanes bzw. für die Durchführung eines städtebaulichen Ideenwettbewerbes Planungsbedingungen u.a. auch aus landschaftsökologischer Sicht zu formulieren. Hierzu wurde die Erarbeitung einer Studie in Auftrag gegeben[46], deren Ergebnisse bei der Formulierung von Ausschreibungsbedingungen berücksichtigt wurden.

Die Erarbeitung der Studie erfolgte aufgrund eines hohen Zeitdrucks im Zeitraum von Mai bis August 1990. Daher konnten innerhalb dieses Zeitraums Eigenerhebungen bezüglich der Vegetation nur in begrenztem Umfang durchgeführt werden. Als Zusatzuntersuchungen wurden geologische Bohrungen durchgeführt. Die Bearbeitung der meisten Umweltbereiche (z.B. Klima / Luft, Oberflächenwasser, Tierwelt) erfolgte im Wesentlichen auf der Grundlage vorhandener Daten. Im Rahmen der Bearbeitung konnte auf verschiedene Unterlagen zurückgegriffen werden (z.B. Biotopkartierung). Faunistische Erhebungen konnten aufgrund des Zeitdrucks nicht durchgeführt werden. Es standen aber Daten von privaten Naturschützern zur Verfügung. Wichtigste Voraussetzung zur

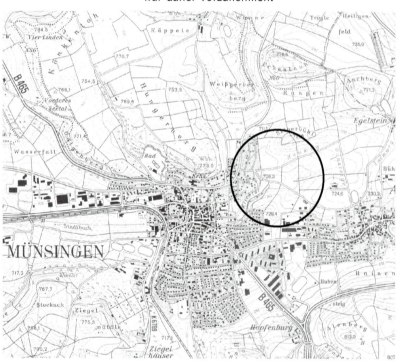

Die Stadt Münsingen verfügt über wenig Erweiterungsmöglichkeiten. Das ausgewiesene Baugebiet für den Wohnbauschwerpunkt liegt oberhalb des alten Ortskernes in einer hinsichtlich Grundwasserneubildung, Oberflächenwasserabfluss und Kaltlufentstehung hochempfindlichen Muldenlage.[45]

[45] Auszug aus der topographischen Karte TK 25 Nr. 7522 und 7523

[46] Planung+Umwelt, 1990

Erarbeitung von Planungsbedingungen aus landschaftsökologischer Sicht ist die Erfassung und Bewertung der bestehenden Situation innerhalb des Planungsgebietes. Dabei müssen die Empfindlichkeiten der einzelner Faktoren gegenüber Veränderungen und ihre Bedeutung ebenso erfasst werden wie die bereits bestehenden Belastungen.

Ergebnis des landschaftsökologischen Gutachtens

Das Gutachten kam zu wichtigen Erkenntnissen bzgl. der Empfindlichkeit der natürlichen Funktionen im Planungsgebiet. Als herausragend bedeutsam wurden die klimatischen, hydrogeologischen und artenschutzrelevanten Aspekte eingestuft, die bei der Planung berücksichtigt werden sollten.

Vorgaben für den Architektenwettbewerb

Bei der Formulierung von Restriktionen muss große Sorgfalt an die Abgrenzung zwischen möglicher Freiheit für den Entwerfer und nötiger Bindung aufgrund der Gegebenheiten gelegt werden. Aufgrund der hohen Empfindlichkeit der ökologischen Funktionen in den Bereichen Klima und Artenschutz wurden planerische Restriktionen für den Wettbewerb formuliert, die teilweise sehr detailliert waren.

Restriktionen aus klimatischer Sicht

Das Planungsgebiet liegt in einem wichtigen Frischluftentstehungsgebiet, das zur Durchlüftung der Stadt Münsingen, insbesondere bei Schwachwindwetterlagen, beiträgt.
Als Vorgaben für den Wettbewerb wurden aus ökologischer Sicht die folgenden Aspekte hervorgehoben:
- Im zukünftigen Baugebiet sind zwei Schneisen mit jeweils 40 Meter Breite als Frischluftleitbahn zu gestalten; ihre Ausrichtung erfolgt

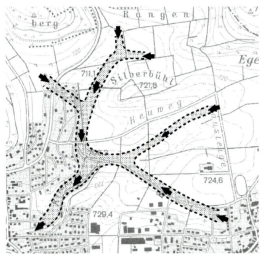

Aufgrund ihrer hohen Bedeutung für den Oberflächenwasser- und Kaltluftabfluss wurden die Senken im Planungsgebiet von der Überbauung ausgenommen. [47]

nach den lokalen Windströmungsrichtungen aus Norden und Nordosten zum Kirchtal; der Verlauf muss sich in der jeweiligen topographischen Senke befinden. Grundsätzlich sind die Schneisen von Bebauung und von Bepflanzung quer zur Strömungsrichtung freizuhalten; die Schneisen sollten in eine innere Zone mit 20 Meter Breite und eine sich daran anschließende äußere Zone unterteilt werden. In der inneren Zone kann eine Bepflanzung mit einer hochstämmigen Baumreihe in Strömungsrichtung erfolgen. Sonstige Pflanzungen sollten eine Höhe von 0,5 Meter nicht überschreiten. In der äußeren Zone ist eine lockere Bepflanzung und Gartennutzung möglich.
- Freihalten des Kirchtales
- Keine Auffüllungen von/in Tallagen
- Begrenzung der Gebäudehöhen auf maximal zwei Geschosse in den Randbereichen, insbesondere im Bereich der Frischluftschneisen, und maximal drei Geschosse in den Kernbereichen des Baugebietes
- Gebäudestellung überwiegend parallel zu den Frischluftschneisen.

[47] Planung+Umwelt, 1990, S. 27

Restriktionen aus der Sicht des Artenschutzes

Das Planungsgebiet ist gekennzeichnet von einer relativ hohen Nutzungsintensität der landwirtschaftlichen Flächen. Der Anteil schutzwürdiger Flächen ist gering. Die vorhandenen Potenziale sollten erhalten werden.
- Freihalten des Kirchtales
- Freihalten des Silberbühl-Nordhanges (hochwertige Fläche; Ansatzpunkt zur Biotopvernetzung)
- Freihalten der Südflanken des Weißgerberberges und des Eckenlauh

Empfehlungen für das Baugebiet

Neben den genannten Restriktionen wurden zahlreiche Empfehlungen für den Umgang mit den Potenzialen des Raumes formuliert. Dabei spielten Aspekte des Grundwasserschutzes eine zentrale Rolle, da aufgrund fehlender Deckschichten und der bestehenden starken Verkarstung im Untergrund eine extrem hohe Grundwasserempfindlichkeit besteht. Aufgrund der besonderen Problematik sollte von einer Bebauung von Flächen mit hoher Grundwasserempfindlichkeit generell abgesehen werden. Trotz geringer Unterschiede in Bezug auf Schutzfunktionen der Deckschichten kann keine Unterscheidung zwischen bebaubaren und nicht bebaubaren Flächen vorgenommen werden. Da jedoch die Bebauung des Untersuchungsgebietes bereits beschlossen war, ergaben sich folgende Handlungsansätze für eine künftige Bebauung des Gebietes:

1 Auftrag von Deckschichten (z.B. Aushubmaterial mit geringem Fels- und Schuttanteil), um die Schutzfunktionen zu erhöhen und die Höhenlage der Kanalisation zu ändern.
2 Verzicht auf Unterkellerungen zur Anhebung der Kanalisation
3 Verlegung der Kanalisation in einem abgedichteten Bett (aus verdichtetem Lehm) mit parallel verlaufender Drainage. Die Reihenfolge der vorgeschlagenen Maßnahmen entspricht ihrer Rangfolge in Bezug auf die Wirksamkeit des Grundwasserschutzes.

Leider konnte keine dieser Anforderungen im Rahmen der späteren Bauleitplanung berücksichtigt werden, da durch die bereits erfolgte Vergabe von Bauleistungen für die Verlegung der Kanalisation eines anderen Baugebietes, an das das neue Baugebiet angeschlossen wurde, nicht mehr rückgängig zu machende Sachzwänge geschaffen wurden. Andere Empfehlungen bezogen sich auf den Umgang mit dem Oberflächenwasser (Förderung der Versickerung von Niederschlagswasser, Vermeidung von Versiegelung, Förderung des Zisternenbaus), auf die Festlegung eines Mindestanteils an Grünflächen (30%), die Festschreibung von Dachbegrünungen und Pflanzgeboten, auf die Berücksichtigung des Landschaftsbildes durch eine Staffelung der Bebauung u.ä.

Empfehlungen für den Außenbereich

Neben den Empfehlungen für die Bebauung wurden auch Hinweise zur Einbindung des Gebietes in die Landschaft sowie zur Schonung der Außenbereiche (Biotopverbund) gegeben.

Berücksichtigung der Vorgaben beim Wettbewerb

Die Ergebnisse des „Landschaftsökologischen Gutachtens" wurden bei der Formulierung der Auslobungsbedingungen [48] weitgehend berücksichtigt. Die teilweise relativ engen Vorgaben führten nicht zu einer Einengung der Kreativität bei den Verfassern. Vielmehr wurde bei den eingereichten Arbeiten deutlich, dass klare Vorgaben für einen Wettbewerb die Suche nach Lösungsmöglichkeiten, die nachträglich kaum mehr in die Planung eingebracht werden könnten, steigert. Die Jury hatte sich zu Beginn der Preisrichtersitzung darauf geeinigt,

[48] STEG, 1991

dass eine Nichtbeachtung der Vorgaben aus Umweltsicht nicht zum Ausschluss der Arbeit führen muss. So ist zu verstehen, dass auch Arbeiten mit einem Preis ausgezeichnet wurden, die sich z.B. über die klimatischen Restriktionen hinweggesetzt hatten. Mit dem ersten Preis wurde die Arbeit des Planungsbüros Rittberger ausgezeichnet, die die Vorgaben aus Umweltsicht weitgehend berücksichtigt hatte. Kennzeichen des Entwurfes ist die starke Berücksichtigung und Betonung der Topographie durch die Führung der Straßen in hangparalleler Lage. Im Plan entsteht so eine starke, kreisförmige Struktur, die die Anhöhe des Silberberges erlebbar macht. Das eigentliche Problem des Baugebietes, die Senke mit ihrer großen Bedeutung für die Durchlüftung des Ortes und für den Abfluss des Niederschlagswassers, wurde freigehalten. Die notwendigen Flächen für die Lüftungsbahn und den Oberwasser-Abfluss wurden in ein Freiflächen- und Entwässerungskonzept integriert, das gleichzeitig der Erholungsnutzung dient.

Die Bauflächen werden von den öffentlichen Straßen, die durch Baumreihen und Einzelbäume markiert sind, sowie durch ein Grabensystem zur Abführung des Regenwassers in den privaten Freiflächen gegliedert. Nach außen, zur freien Landschaft wurde der Entwurf deutlich abgegrenzt durch entsprechende Bepflanzungsmaßnahmen. Der Wettbewerbsentwurf sah eine Erweiterung des Gebietes durch einen dritten Bauabschnitt vor. Auch bei dieser Erweiterung konnten die in den Wettbewerbsbedingungen formulierten Restriktionen berücksichtigt werden, wodurch die landschaftsökologischen Funktionen erhalten bleiben.

Der Wettbewerbsentwurf des 1. Preisträgers wurde der weiteren Planung zugrunde gelegt.

Umsetzung des Wettbewerbsergebnisses

Das Wettbewerbsergebnis konnte mit wenigen Veränderungen in einen Bebauungsplan umgesetzt werden. Dabei wurde das städtebauliche Konzept weitgehend erhalten. Auch die grünordnerischen Maßnahmen, die keinen Widerspruch zur Bebauung, sondern eine Verstärkung der Planungsidee darstellen, waren Bestandteil des Konzepts. Im Grünordnungsplan kommt die Gliederung des Baugebietes durch das Entwässerungskonzept sowie die Abgrenzung des Baugebietes zum Freiraum deutlich zum Ausdruck.

Bebauungs- und Grünordnungsplan berücksichtigen die landschaftsökologischen Anforderungen durch eine Topografie angepasste Erschließung, die Freihaltung der Lüftungsbahnen und die Ableitung des Niederschlagswassers). [49]

[49] Planungsbüro Rittberger, Büro für Landschafts- und Freiraumplanung Bott, Stuttgart

Im Überblick zeigt sich die aus landschaftsökologischer Sicht problematische Lage des Baugebietes in der Geländemulde.

Die Ableitung des Niederschlagswassers erfolgt über offene Gräben im Straßenraum, die zur zentralen Freifläche mit dem Rückhalteteich führen.

Die Freiflächen zwischen den Bauabschnitten gewährleisten den Luftaustausch sowie die Ableitung des Niederschlagswassers.

An der tiefsten Stelle des Baugebietes dient eine Mulde zur Sammlung und Rückhaltung des Oberflächenwassers.

Realisierung

Das Baugebiet wurde seit 1992 bebaut. Die einzelnen Gebäude wurden in konventioneller Bauweise erstellt. Die Besonderheit des Baugebietes liegt in der starken Betonung der landschaftlichen Situation und die Integration landschaftsökologischer Funktionen wie Luftaustausch, Ableitung und Retention des Niederschlagswassers, die nur in einem grundlegenden Gesamtkonzept festgeschrieben werden können.

Das Baugebiet „Ob dem Kirchtal II" stellt einen Grenzfall dar für die Erschließung eines Neubaugebietes im Außenbereich. Die hohe Empfindlichkeit des Planungsraumes bzgl. seiner landschaftsökologischen Funktionen erfordert die Berücksichtigung entsprechender planerischer Auflagen. Das Beispiel zeigt in der konsequenten Umsetzung der im Rahmen des Wettbewerbs formulierten Restriktionen, dass auch in derartigen Grenzfällen eine Bebauung als ökologisch vertretbar eingestuft werden kann, wenn keine Fragen des Biotopschutzes entgegen stehen und die Belange des Klimas und des Oberflächenwassers planerisch und konzeptionell bewältigt werden können.

Exkurs Jürgen Baumüller, Ulrich Hoffmann: Klimaschutz und Lufthygiene

Gesichtspunkte für die Berücksichtigung des Klimas als natürliche Lebensgrundlage

Das Klima hat über seine Verknüpfung mit der Schadstoffbelastung der Luft hinaus als natürliche Lebensgrundlage eine durchaus eigenständige Bedeutung. Im Zusammenhang mit der problematischen Entwicklung des Global-Klimas (Stichworte: Klimakatastrophe, Treibhauseffekt, Ozonloch) hat dieser Gesichtspunkt sogar eine vor wenigen Jahren nicht vorhergesehene Aktualität gewonnen. Es ist deshalb auch fraglich, ob die Gesetz- bzw. Verordnungsgeber mit der Erwähnung des Begriffes „Klima" überhaupt den Schutz der Erdatmosphäre und des Weltklimas im Sinne der Enquete-Kommission des 11. Deutschen Bundestages gemeint haben und nicht etwa nur das örtliche Klima angesprochen werden sollte. Im Folgenden werden jedoch beide Gesichtspunkte angesprochen.

Globale Aspekte

Das Klima auf der Erde ist untrennbar mit dem Aufbau der Erdatmosphäre und der Zusammensetzung des Gasgemisches Luft verbunden. Indem das Bundesimmissionsschutzgesetz in § 3 Abs. 4 Luftverunreinigungen als „Veränderungen der natürlichen Zusammensetzung der Luft, insbesondere durch Rauch, Ruß, Staub, Gase, Aerosole, Dämpfe oder Geruchsstoffe" definiert, sind damit prinzipiell auch die anthropogen bedingten Emissionen der s.g. Treibhausgase Kohlendioxid, Methan und Fluorchlorkohlenwasserstoffe (FCKW) als Objekte der Umweltschutzgesetzgebung angesprochen. Die FCKW spielen im Zusammenhang klimaverändernder Spurengase eine doppelte Rolle, denn sie schädigen auch die Ozonschicht in der hohen Atmosphäre. Die Bundesregierung hat deshalb am 30. Mai 1990 eine Verordnung zum Verbot von bestimmten, die schützende Ozonschicht abbauenden Halogenkohlenwasserstoffen (HKW) auf der Grundlage von § 17 Chemikaliengesetz und § 14 Abfallgesetz beschlossen, welche die Verwendung von klimawirksamen und ozonabbauenden HKW stufenweise bis 1995 reduziert (FCKW-Halon-Verbotsverordnung). Von Seiten der beiden deutschen Hersteller von FCKW und Halonen liegt der Bundesregierung eine Selbstverpflichtung vor, bis 1995 die Herstellung der im Montrealer Protokoll geregelten FCKW national sowie in ausländischen Werken einzustellen. Damit wird auch die Verwertung von Reststoffen anderer chlorchemischer Verfahren zu FCKW beendet. Aufgrund dieser Regelung können sich die Maßnahmen zum Schutz des globalen Klimas auf die Minderung des weltweit steigenden Kohlendioxid-Ausstoßes konzentrieren. Kohlendioxid ist mit einem Anteil von ca. 50% am anthropogenen Treibhauseffekt am weitaus stärksten beteiligt. Es entsteht überwiegend bei der Verbrennung fossiler Brennstoffe und spiegelt deshalb die allgemeine Zunahme des Energieverbrauchs wider. Durch örtliche Maßnahmen, z.B. durch klimagerechtes Planen und Bauen, kann zur Energie-Einsparung bzgl. Heizung, Beleuchtung, Belüftung und Klimatisierung beigetragen werden, was auch der Forderung nach schonendem Umgang mit den Gütern des Naturhaushaltes entgegenkommt (Lokale Agenda). So ist beispielsweise eine Besiedlung der kältesten oder dem Wind am stärksten ausgesetzten Flächen genauso wie Hochhausbebauung mit einem auf Dauer höheren Energieeinsatz verbunden. In dieser Hinsicht kommt auch der Wärmeschutzverordnung eine große Bedeutung zu.
Für den Bereich der genehmigungsbedürftigen

Anlagen schreibt § 5 Abs. 1 BImSchG die Vermeidung von Reststoffen vor, es sei denn, sie werden ordnungsgemäß und schadlos verwertet oder, soweit Vermeidung und Verwertung technisch nicht möglich oder unzumutbar sind, als Abfälle ohne Beeinträchtigung des Wohls der Allgemeinheit beseitigt. Entstehende Wärme ist für Anlagen des Betreibers zu nutzen oder an Dritte abzugeben, die sich zur Abnahme bereit erklärt haben, soweit dies nach Art und Standort der Anlagen technisch möglich und zumutbar sowie mit anderen Pflichten gem. BImSchG vereinbar ist.

Lokale Aspekte

Örtliche Veränderungen des Klimas, wie sie als Folge von Bebauung bzw. Aufsiedelung auftreten, sind naturgemäß oft sehr gering und bewegen sich bei isolierter Betrachtung der konkreten Baumaßnahme meistens im Bereich der Nachweisgrenze oder im Bereich der natürlichen räumlichen und zeitlichen Schwankungsbreite meteorologischer Parameter. Der in diesen Fällen notwendige Hinweis auf die klimatische Summenwirkung zur bestehenden Bebauung sollte keinesfalls als Eingeständnis der klimatischen Bedeutungslosigkeit einer Planung abgetan werden, sondern ist im Hinblick auf die reale Erscheinung des „Stadtklimas" ein durchaus sachgerechtes Argument.

Diese Überlegung verdeutlicht, dass eine kleinräumige Veränderung des Klimas, wie sie als Folge der Bebauung entstehen kann, nur dann als planungsrelevanter Gesichtspunkt anerkannt wird, wenn sich damit auch wertende Begriffe wie „vorteilhaft" oder „nachteilig" verbinden lassen. Im Rahmen der Bauleitplanung kann es nur um die Vermeidung oder Verminderung bestimmter Nachteile oder Unzuträglichkeiten gehen, da durch Planen und Bauen gewöhnlich keine „Klimaverbesserung" angestrebt wird und tatsächlich nur in seltenen Fällen zu erreichen wäre. Da eine universell gültige Bewertung des Klimas im Gegensatz zur Luft nicht existiert, ergibt sich die Notwendigkeit, situationsbezogene Klimafragen in der Planung durch Einzelgutachten behandeln zu lassen. Oft geht es um die Frage, ob durch ein Planungsvorhaben klimatische oder lufthygienische Unzuträglichkeiten zu erwarten sind und die von der Planung Betroffenen in einem wichtigen Rechtsgut verletzt werden und z.B. auch materielle Einbußen zu erleiden haben.

Verschiedene meteorologische Disziplinen können hier zur Klärung des Sachverhaltes beitragen. Von Bedeutung sind im planerischen Zusammenhang vor allem

- die Human-Biometeorologie mit Fragen der klimatischen Behaglichkeit und gesundheitlichen Zuträglichkeit (Schwüle, thermische Belastung, Passantenbelästigung durch Zugigkeit, Abkühlungsreize, Immissionsbelastung);
- die Agrarmeteorologie mit Berücksichtigung der Anbaubedingungen spät- und frühfrostempfindlicher sowie wärmebedürftiger Sonderkulturen;
- die Technische Klimatologie mit Fragen der technischen Sicherheit (Windlasten, Dimensionierung von Kanalnetzen und Regensammelbecken, Glatteisbildung und Nebelhäufigkeit, Standort- und Trassierungsfragen)/Energiewirtschaftliche Fragen (Heizwärmebedarf, Einsatz alternativer regenerativer Energien, Energieversorgungskonzepte, Standortfragen energiewirtschaftlich bedeutsamer Anlagen);
- die Immissionsklimatologie mit Fragen der Schadstoffausbreitung und (technischen) Beurteilung.

Die fachgutachterliche Bearbeitung derartiger Fragen wird sich auf empirische Ansätze, die wissenschaftliche Lehrmeinung und den aktuellen Stand der Technik beziehen, welcher durch einschlägige Normen (DIN) und technische

Regelwerke (Richtlinien der VDI-Kommission Reinhaltung der Luft) repräsentiert wird. Sachverständige Aussagen dieser Art werden in der Regel auch vor Gericht Bestand haben und können somit fehlende gesetzliche Anforderungen teilweise ersetzen.

Prinzip: Entwicklung der Landschaft
Das Wachstum der Siedlungen in der Nachkriegszeit hat die freie Landschaft stark in Anspruch genommen. Die Entwicklung der Inanspruchnahme von Flächen der freien Landschaft hat u.a. mit dazu beigetragen, dass in der Bundesrepublik Deutschland im Jahr 1976 das Bundesnaturschutzgesetz erlassen wurde. Ein Instrument dieses Gesetzes zum Schutz der Landschaft sollte die Landschaftsplanung als Teil der räumlichen Planung sein, das es bis dahin in dieser Form nicht gegeben hatte. Nach nun etwas mehr als zwanzig Jahren Erfahrung im Umgang mit dem Naturschutzgesetz und seinem Instrument der Landschaftsplanung zeigt sich, dass die Wirkung der Landschaftsplanung nicht im erhofften Umfang eingetreten ist. Die Inanspruchnahme freier Landschaft findet auch heute noch in erheblichem Umfang statt. Die Art und Weise, wie Siedlungserweiterungen und sonstige Infrastrukturprojekte geplant werden, stellt selten eine optimierte Lösung im Sinne der Landschaft und des Naturhaushaltes dar. Vielmehr kann man heute feststellen, dass die Landschaftsplanung, sofern sie überhaupt angewendet wurde, einen eher defensiven Charakter hatte und oftmals auch heute noch hat.
Durch die Neufassung des Baugesetzbuches haben sich neue Ansätze für die Landschaftsplanung bei der Eingriffsregelung ergeben. Es bestehen Chancen, dass Siedlungsentwicklung und Landschaftsplanung ineinander greifen, wenn die entsprechenden Grundlagen verfügbar sind und diese bei der Stadtentwicklungsplanung berücksichtigt werden.

Beispiel Landau in der Pfalz: Umweltvorsorge in der Flächennutzungsplanung

Vorbemerkung

In der Diskussion um die Dauer von Planungen und die Möglichkeiten zur Beschleunigung von Verfahren wird im Planungsalltag immer wieder der Vorwurf erhoben, Umweltbelange seien im Allgemeinen hinderlich für die Planung, besonders für die Entwicklung der Städte. Seit der Wiedervereinigung hat sich die „Planungslandschaft" in der Bundesrepublik Deutschland verändert. Umweltbelange wurden in ihrem Stellenwert oft zurückgedrängt. Die Idee der Investorenplanung hat um sich gegriffen; sie wurde von politischer Seite z.B. durch die flächendeckende Einführung des Vorhaben- und Erschließungsplanes gefördert in der Hoffnung auf eine größere Flexibilisierung und auf Verfahrensbeschleunigung.

Landschaftsplanung oder gar Umweltverträglichkeitsprüfungen wurden nicht als Instrumente der Umweltvorsorge begriffen, sondern auf das unvermeidbare Minimum reduziert, da sie häufig als Investitionshemmnisse gesehen werden. Heute stellt sich mehr denn je die Frage, ob diese Strategie der angestrebten Beschleunigung von Planungsverfahren dienlich war. Dass gerade das Fehlen bzw. die mangelnde Berücksichtigung geeigneter Planungsgrundlagen im Umweltbereich zu Planungsverzögerungen führen kann, die Berücksichtigung aber Planungssicherheit schafft, soll das nachfolgende Beispiel verdeutlichen.

Die Planungssituation in Landau i.d.Pf. im Jahr 1990

Die Stadt Landau in der Pfalz hatte sich im Jahr 1984 auf der Grundlage eines stark an der wirtschaftlichen Entwicklung orientierten Stadtentwicklungsgutachtens einen Flächennutzungsplan und einen Landschaftsplan erstellen lassen. Im Jahr 1990 wurden erste Überlegungen zur Fortschreibung des Flächennutzungsplanes angestellt, da die Flächenausweisungen dem Bedarf nicht mehr entsprachen und sich darüber hinaus neue Gesichtspunkte für die Siedlungsentwicklung ergeben hatten.

Auslöser für die Überarbeitung des geltenden Flächennutzungsplanes war u.a. die negative Beurteilung eines geplanten Gewerbegebietes (bezeichnet als F 7) mittels einer Bebauungsplan-UVP, die aufgrund eines entsprechenden Beschlusses des Stadtrates durchgeführt wurde. Die Untersuchung zum Bebauungsplan „F 7" ergab, dass das geplante Gewerbegebiet erhebliche Beeinträchtigungen des Naturhaushaltes verursacht hätte, insbesondere für das Grundwasser und die Brunnen im angrenzenden und zum Teil überplanten Wasserschutz-

Die Stadt Landau in der Pfalz besteht aus der Kernstadt und acht ehemals eigenständigen Dörfern inmitten einer von intensivem Weinbau geprägten Landschaft. Das Planungsgebiet liegt im Naturraum Nördliches Oberrheintiefland im Übergangsbereich zwischen Hardtrand (Nr. 220) und Vorderpfälzer Tiefland (Nr. 221). Die Queich durchfließt das Stadtgebiet in west-östlicher Richtung und bildet im Osten einen ausgeprägten Schwemmfächer (Nr. 221/3). [50]

[50] Planung+Umwelt, Schmitt, 1996, S. 8

gebiet sowie für den Arten- und Biotopschutz. Die Bewertung der Eingriffswirkungen, die Auflagen für Grundwasserschutz und Arten- und Biotopschutz mit der Konsequenz erheblicher Flächenreduzierung, darüber hinaus der Widerstand in der Öffentlichkeit gegen das Gewerbegebiet an diesem Standort führten im August 1990 zum Vorschlag des Stadtvorstands, das Bebauungsplanverfahren abzubrechen. Bei der negativen Beurteilung des geplanten Gewerbegebietes wurde offensichtlich, dass bei der Ausweisung im Flächennutzungsplan von 1984 Umweltaspekte kaum bzw. nur mit geringem Gewicht berücksichtigt worden waren.

Die Planungsverzögerung, die nun entstand, ging letztlich auf unzureichende Plangrundlagen zurück. Aufgrund der Erfahrung mit dem Gewerbegebiet F7 konnte nicht ausgeschlossen werden, dass sich ähnliche Mängel auch für andere im „alten" FNP ausgewiesene Plangebiete ergeben könnten. Darüber hinaus bestand die Notwendigkeit, einen neuen Gewerbestandort zu finden, da der geltende Flächennutzungsplan keine weiteren großflächigen Gewerbegebiete mehr auswies. Die generelle Infragestellung ausgewiesener Flächen sowie die Überprüfung aller ausgewiesenen und potenziellen Plangebiete nach Umweltgesichtspunkten bedeutete mehr als eine bloße Notwendigkeit zur Fortschreibung der vorbereitenden Bauleitplanung: es wurde eine grundsätzlich neue Ausrichtung der Stadtentwicklungsplanung gefordert.

Konzept einer vorsorgenden Umweltplanung

Der methodische Ansatz bei der Erarbeitung der Grundlagen für die Fortschreibung des Flächennutzungsplanes bestand in der Koppelung der Instrumente des Landschaftsplanes und der Umweltverträglichkeitsprüfung, die als sich ergänzende Instrumente aufgefasst wurden. Aufgrund verschiedener Anforderungen an Landschaftsplan und UVP wurde ein „Konzept zur vorsorgenden Umweltplanung und Umweltkontrolle der Stadt Landau i.d. Pfalz" entwickelt, das folgende „Bausteine" umfasst:
- Landschaftsplan
- Umweltverträglichkeitsprüfung (UVP)
- Kontinuierliche Raumanalyse
- Vorhabensbezogene Planungen.

Für die teilweise parallel laufenden und späteren Programmphasen „Kontinuierliche Raumanalyse" und „Planungen", die durch die Stadt zu realisieren sind, sollen durch die Landschaftsplanung und die UVP zum FNP die Grundlagen und Beurteilungsmaßstäbe erarbeitet werden. Im Gesamtkonzept für eine ökologisch nachhaltige Stadtentwicklung von Landau wurde die Planung als dynamischer Entwicklungsprozess konzipiert, bei dem die Grundlagen kontinuierlich fortgeschrieben werden müssen. Auch die Zieldiskussion muss immer wieder geführt werden, da sich Rahmenbedingungen und Prioritäten im Laufe der Zeit ändern.

Die Durchführung der ursprünglich geplanten Arbeitsphasen verzögerte sich im Laufe der Arbeiten. Dies lag z.T. an aktuellen Fragestellungen, die im Planungsalltag vorgezogen werden mussten, wie z.B. der Umgang mit Konversionsflächen oder die Bereitstellung von dringend benötigten Gewerbeflächen. Diese Planungen wurden aber nicht losgelöst von der Erarbeitung des Landschaftsplanes, sondern parallel dazu durchgeführt, sie stellten lediglich einen Vorgriff auf den künftigen Flächennutzungsplan dar.

Die Erarbeitung einer Umweltverträglichkeitsprüfung zum FNP erfolgt in einem mehrstufigen Verfahren. Kennzeichen einer UVP auf der Ebene des FNP ist es, dass in dem Verfahren Beiträge aus den verschiedenen Fachbereichen und von unterschiedlichen Beteiligten baukastenartig zusammengesetzt werden. Dies setzt voraus, dass das UVP-Verfahren einen prozesshaften Charakter erhält, bei dem zu unterschiedlichen Zeitpunkten verschiedene Schwerpunkte gesetzt werden können. Im Gegensatz zu einer Umweltverträglichkeitsstudie zu einem konkreten Vorhaben kann bei einer FNP-UVP kein gutachterliches Endergebnis erwartet werden; statt dessen müssen sich in diesem Verfahren gutachterliche Beiträge (Fachgutachten, Gebietsbriefe) und planerische Fachbeiträge der Verwaltung (z.B. Verkehrskonzept) ergänzen. Eine richtig verstandene FNP-UVP kann zu keinem Zeitpunkt als abgeschlossen angesehen werden, sie erfährt vielmehr eine ständige Aktualisierung durch UVP's auf den Ebenen des Bebauungsplans und des Genehmigungsverfahrens und durch die Fortschreibung von Flächen- und Umweltbilanz und der Umweltdatenbank im Rahmen der kontinuierlichen Raumanalyse.

Rolle des Landschaftsplanes
Die Aufgabe der Landschaftsplanung gem. § 17 LPflG Rheinland-Pfalz ist die Erstellung von Grundlagen, die Angaben enthalten zum ökologischen Zustand des Raumes und zu den landespflegerischen Zielvorstellungen. Im Hinblick auf die UVP soll die Raumanalyse im Rahmen des Landschaftsplanes eine Bilanz der ökologischen Raumqualitäten mit den entsprechenden Zielen zu Schutz, Sanierung und Entwicklung erbringen und damit den „Raumwiderstand" deutlich machen gegenüber den Nutzungsansprüchen der Menschen.

Ziele der UVP zum FNP
Die spezifische Leistung der UVP zum FNP im Vergleich zum Landschaftsplan besteht im Bezug zur Planung unterschiedlicher Vorhaben (Bauleitplanung, Einzelvorhaben). Es werden sowohl einzelne Vorhaben und Planungen auf ihre Umwelterheblichkeit als auch ihre Wirkung auf den gesamten „Flächenhaushalt" der Gemeinde geprüft. Entsprechend ist das Vorgehen in Anpassung an die Erfordernisse der Flächennutzungsplanung zu gestalten. Die wesentlichen Ergebnisse der UVP zum FNP sind:
- Bewertung der Umwelterheblichkeit der im FNP dargestellten und noch nicht bebauten Flächen und weiterer geplanter Vorhaben und Begründung der gegebenenfalls erforderlichen Untersuchungen als Voraussetzungen für die „Freigabe" von Flächen für die Fortschreibung des FNP bzw. für die verbindliche Bauleitplanung. Instrumente hierfür sind „Gebietsbriefe", die auf die geplanten Vorhaben und den betroffenen Raum (Ortsteile) bezogen sind.
- Die UVP der gesamten Flächennutzungsplanung: diese dynamische Phase gilt der Diskussion der Handlungsspielräume und Umweltqualitätsziele für eine ökologisch begründete „Flächenhaushaltspolitik" in Landau. Instrumente hierfür sind Flächenbilanzen und Entwicklungsszenarien.
In dieser Phase wird die Umweltverträglichkeitsprüfung zur gesamten Flächennutzungsplanung geleistet.

Charakteristisch ist hier die Möglichkeit zum Alternativenvergleich für bestimmte Nutzungen in unterschiedlichen Bereichen der Gesamtgemarkung.
Entsprechend dem grundsätzlichen Verständnis einer prozesshaften UVP erfolgte die Bearbeitung auf unterschiedlichen Ebenen und in mehreren Phasen, die aufeinander aufbauen und einander ergänzen. Die Phasen bedeuten keine strikte zeitliche Aufeinanderfolge, sondern sie bezeichnen spezifische Arbeitsleistungen, die im Zusammenhang stehen. Bei der Verzahnung der einzelnen Ebenen und Phasen steht der prozesshafte Charakter der Vorgehensweise im Vordergrund, der Kennzeichen einer UVP zum FNP sein muss.

Raumanalyse (Phase I)

Die wesentliche Nahtstelle zwischen den Instrumenten der Landschaftsplanung und der UVP stellt die Grundlagenermittlung für die Schutzgüter dar, die nach den neuesten fachlichen Anforderungen unter dem Gesichtspunkt des vorsorgenden Umweltschutzes erstellt wurden. Im Rahmen der UVP zum FNP werden problemspezifisch die flächendeckenden Datengrundlagen, wie sie im Rahmen der Landschaftsplanung erhoben werden, differenziert und ergänzt. Die ergänzende Raumanalyse im Rahmen der UVP bezieht sich sowohl auf die Schutzgüter nach UVPG als auch auf spezifische Vorbelastungen im Raum durch unterschiedliche Vorhabenstypen. In der ersten Phase der Grundlagenarbeit werden damit fachliche Aussagen des Landschaftsplanes vertieft. Die Ergebnisse der Landschaftsplanung (Raumanalyse) mit den Ergänzungen durch die fachlichen Erhebungen im Rahmen der UVP sind Grundlagen für die Leistungen der Phase II.

Verursacherbezogene Wirkungsanalyse (Phase II)

Ein wesentlicher Unterschied zwischen FNP-UVP und Landschaftsplan besteht in der Untersuchung vorhabensspezifischer Wirkungen auf den Raum. Während der Landschaftsplan hauptsächlich eine Analyse des Raumes und seiner ökologischen Funktionen zum Gegenstand hat (Raumanalyse), prüft die UVP vorhabens- und verursacherspezifische Wirkungen auf den Raum, insbesondere auch bei alternativen Standorten und Nutzungen (Wirkungsanalyse).

Instrument der Wirkungsanalyse sind „Gebietsbriefe" (in begrifflicher Übernahme und methodischer Abwandlung des Dortmunder Konzepts der UVP zur Bauleitplanung). Im Rahmen der Gebietsbriefe werden mit der Bewertung der Umwelterheblichkeit der geplanten Vorhaben und durch die Bestimmung des Untersuchungsrahmens für notwendige weitere Untersuchungen die Grundlagen geschaffen für

- die weiteren Dispositionen der kommunalen Planung und ihrer Prioritäten, indem die (bedingte) „Freigabe" bestimmter Gebiete für die weitere Flächennutzungsplanung bzw. für die verbindliche Bauleitplanung begründet wird (im Zusammenhang der Diskussion der Handlungsspielräume);
- die UVP der gesamten Flächennutzungsplanung, die das Ergebnis der Diskussion der Handlungsspielräume sein soll.

Analyse von Handlungsspielräumen (Phase III)

Aus den Ergebnissen der Landschaftsplanung (Bilanz der Raumqualitäten, Darstellung des „Raumwiderstands") und aus der Ermittlung und Bewertung der Umwelterheblichkeit von Neubauvorhaben und der Konflikte in Bestandsgebieten (in den Gebietsbriefen) ergeben sich Handlungsspielräume für die Gestaltung einer umweltverträglicheren Flächennutzungsplanung. Die Handlungsspielräume sollten im Zusammenhang von Flächenbilanz, Entwicklungsszenarien und Umweltqualitätszielen ermittelt und mit dem Ziel diskutiert werden, ein ökologisch begründetes Flächenhaushaltskonzept als Grundlage der politischen Entscheidung über die Fortschreibung des FNP zu entwickeln. Wesentliche Leistungen zu diesem Arbeitsschritt sollten von der Arbeitsgruppe UVP erbracht werden, die aus Vertretern der einzelnen Ämter bestand. Die Diskussion der Handlungsspielräume war als permanenter Prozess während der Untersuchungen zur FNP-UVP gedacht und sollte bei Bedarf und Vorliegen von geeigneten Ergebnissen organisiert werden. Leider konnten die Ansätze zur Diskussion der Handlungsspielräume in der Praxis nicht umgesetzt werden.

Flächenbilanz
In der Flächenbilanz werden in der Zusammenschau der Gebietsbriefe die geplanten Ansprüche des Menschen an den Raum den nach Maßgabe der Landschaftsplanung zu schützenden und zu entwickelnden Landschaftspotenzialen (Raumqualitäten) gegenübergestellt. Eine erste Einschränkung für Nutzungen ergibt sich aus den Feststellungen zur Umwelterheblichkeit im Rahmen der Gebietsbriefe. Weitere Konflikte, die die Verfügbarkeit des Raumes für Natur oder Mensch möglicherweise weiter einschränken, werden in einer Konfliktkarte dargestellt. Es soll deutlich gemacht werden, welche Flächen unter welchen Bedingungen für zukünftige Siedlungsentwicklungen und Gewerbe- und Infrastrukturprojekte zur Verfügung stehen könnten bzw. welche tabu sein sollten.

Entwicklungsszenarien
Aus der Flächenbilanz werden keine eindeutigen Schlüsse für das Flächenhaushaltskonzept zu ziehen sein. Die Differenziertheit der Konfliktlagen, resultierend aus unterschiedlichen Schutz- und Entwicklungszielen für die natürlichen Potenziale (entsprechend ihrer Empfindlichkeit, Bedeutung und Seltenheit) und aus den Graden der festgestellten Umwelterheblichkeit, macht es erforderlich, in Szenarien die Entwicklungspotenziale der Natur unter verschiedenen Annahmen gegen die gegenwärtigen und zukünftigen menschlichen Ansprüche an den Raum „auszuspielen". Im „Ökopoly" sollen die Bedingungen einer optimierten ökologischen Entwicklung des Raumes erkundet werden. Dabei müssen die Kriterien der notwendig werdenden Abwägungen deutlich gemacht werden. Im unmittelbaren Zusammenhang damit stehen die Anforderungen nach § 17 Abs. 4 Landespflegegesetz, die hier zu klären sind.

Umweltqualitätsziele
Entscheidende Kriterien bei der Ermittlung der Handlungsspielräume sind Umweltqualitätsziele (UQZ). Sie sind nur zum Teil im Landschaftsplan formuliert und werden daraus in diesen Arbeitsschritt eingeführt. Sie werden im Wesentlichen erst in der Diskussion herausgearbeitet.

UQZ lassen sich nicht abstrakt allein aus bestimmten Leitbildern, Wertvorstellungen und -setzungen (Grenzwerten z.B.) ableiten bzw. mit ihnen gleichsetzen. Zur Konkretisierung und Operationalisierung der Leitbilder etc. ist der Bezug auf konkrete räumliche Verhältnisse notwendig, in dem allgemeine „ökologische" Wert- und Zielvorstellungen erst an Qualität gewinnen. Ein wesentliches Ergebnis der Szenariodiskussion ist die Festlegung von UQZ für Teilräume mit Planungsgebieten und für das gesamte Gemeindegebiet von Landau (durchaus in Auseinandersetzung mit den landschaftsplanerischen UQZ). Dies ist auch die Voraussetzung für die Entwicklung eines Flächenhaushaltskonzepts.

Flächenhaushaltskonzept
Die Diskussion von Flächenbilanz und UQZ in Entwicklungsszenarien mündet in ein ökologisch begründetes Flächenhaushaltskonzept als Grundlage der Fortschreibung des FNP. Im Flächenhaushaltskonzept sollen die Entwicklungsmöglichkeiten der natürlichen Potenziale als „Haben" optimiert werden. Auf der „Soll"-Seite, d.h. bei den Ansprüchen des Menschen, sollen die Eingriffe in den Naturhaushalt minimiert werden, sei es durch Änderung der Standorte bzw. Nutzungen oder durch den Verzicht auf diese. Insgesamt soll durch die Verteilung der Flächen für die Entwicklung der Natur und die Entwicklung der Stadt ein Optimum an Umweltverträglichkeit der Flächennutzung erreicht werden.

Es ist möglich, dass es zur Darstellung von Alternativen kommt, wenn die Szenariodiskussion zu grundsätzlichen Entwicklungsalternativen führt. Das Flächenhaushaltskonzept ist mit der Flächenbilanz im Rahmen der kontinuierlichen Raumanalyse ständig zu aktualisieren.

Vorgaben für die Fortschreibung des Flächennutzungsplanes

„Ausschlaggebend für die Nachhaltigkeit, Zukunftsfähigkeit und Umweltverträglichkeit der Entwicklung der Stadt und deshalb auch als Grundvoraussetzung für das Erreichen der angestrebten Entwicklungsziele ist aber die Bewahrung der natürlichen Potenziale und die Entwicklung von Natur und Landschaft." [51]

Die erarbeiteten Grundlagen führten zu neuen, insbesondere differenzierten Erkenntnissen über den Zustand und die Bedeutung der Umweltbelange im Stadtgebiet von Landau. Dabei wurde großes Augenmerk auf die Darstellung der landschaftsökologischen Funktionen gelegt. Besondere Bedeutung für die flächenhafte Planung kommt der flächendeckenden Bewertung nach Gesichtspunkten des Arten- und Biotopschutzes zu. Diese dient darüber hinaus als Grundlage für eine mögliche Flächenhaushaltspolitik, bei der die Entwicklung der Siedlungs- und Freiflächen über die Zeit beobachtet und ihre Auswirkungen bilanziert werden können.

Auf der Grundlage der fachlichen Bewertungen der einzelnen Schutzgüter wurde eine Zielformulierung für die verschiedenen Umweltbereiche unter dem Gesichtspunkt der Sicherung des Naturhaushaltes, der Sanierung vorhandener Belastungen sowie der möglichen Entwicklung landschaftsökologischer Potenziale vorgenommen. Entsprechend den formulierten Zielen aus Umweltsicht wurde ein Konzept für die Landschaftsentwicklung unter Berücksichtigung der landschaftsökologischen Funktionen erarbeitet. Da die geplanten Siedlungserweiterungen zu Beeinträchtigungen des Naturhaushaltes führen, wurde ein Schwerpunkt auf die Ausweisung von Flächen für den Ausgleich von Eingriffen gelegt. Die Ausweisung von Standorten für Ausgleichsmaßnahmen erfolgte in Form von Vorrangbereichen für die Entwicklung des Arten- und Biotopschutzes, die eine Bündelung von Einzelmaßnahmen ermöglichen.

„Eine der wichtigsten Zielaussagen des neuen Landschaftsplanes der Stadt Landau ist die Vernetzung der Kernräume für die Entwicklung von Natur und Landschaft zu einem umfassenden Biotopverbund- und Grünordnungssystem." [52]

Diese Vorgehensweise stellt einen Vorgriff auf die Neufassung des Baugesetzbuches, das seit 1.1.1998 die Möglichkeit zur Bündelung von ausgleichenden Maßnahmen im Sinne des Naturschutzgesetzes unabhängig von den jeweiligen Eingriffen bietet.

[51] Stadtverwaltung Landau i.d. Pfalz, 1998

[52] Stadtverwaltung Landau i.d. Pfalz, 1998

Die Prüfung der Umwelterheblichkeit für Teile der Gemarkung

Auf der Basis sog. „Gebietsbriefe" wurde eine Standortalternativenprüfung im Rahmen FNP-UVP durchgeführt. Für jeden Ortsteil wurden mögliche Standorte und Nutzungen für Siedlungserweiterungen abgegrenzt. In der Überlagerung mit den bewerteten Grundlagen zu den einzelnen Schutzgütern wurde das Konfliktpotenzial der verschiedenen Flächen ermittelt und in einer Matrix dargestellt, in der die Schwerpunkte der Konflikte ablesbar sind.

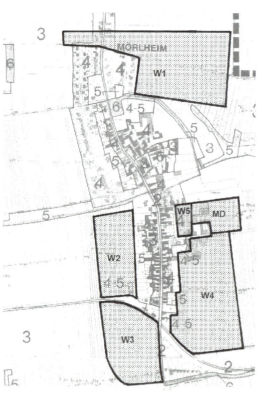

Im Rahmen einer Umwelterheblichkeitsprüfung für mögliche Siedlungserweiterungen in den einzelnen Ortsteilen werden flächendeckende Bewertungen durchgeführt, die die Grundlage bilden für die Ermittlung potentieller Konflikte bei einer Überbauung (Empfindlichkeit gegenüber Veränderungen: schwarz - hoch, grau - mittel, weiß - gering).

Fortschreibung des Flächennutzungsplanes

Im Zusammenspiel von Grundlagenbewertung und Zielformulierungen der Stadtentwicklung und des Landschaftsplanes und der Konfliktanalyse alternativer Standorte im Rahmen der FNP-UVP erfolgte die Fortschreibung des Flächennutzungsplanes.

„Mit einer umfassenden Fortschreibung durch Neuaufstellung [des Flächennutzungsplanes, Anm. des Verfassers] soll den geänderten Voraussetzungen und neuen Erkenntnissen über das Wirkungsgefüge von Siedlung und Landschaft, den neuen Zielvorstellungen und den strengeren gesetzlichen Anforderungen an die Bauleitplanung Rechnung getragen werden."[53]

Dies wurde u.a. durch den angekündigten Rückzug der französischen Truppen erleichtert, da sich ein großes Angebot an Konversionsflächen ergab. Hierdurch konnte eine verstärkte Innenentwicklung geplant werden.

„Mit der Freigabe aller militärisch genutzten Liegenschaften ab 1999 erlangt die Stadt Landau

[53] Stadtverwaltung Landau i.d. Pfalz, 1998

unerwartet die Planungshoheit über 100 ha bebauter und 231 ha unbebauter Fläche. Sie hat damit die Aufgabe, diese Flächen einer neuen Nutzung zuzuführen (Konversion) und in ein trag- und zukunftsfähiges Entwicklungskonzept und in eine abgestimmte Entwicklungsstrategie zu integrieren. Die Konversion dieser 100 ha bisher militärisch genutzten Flächen und die Sicherung des landesweit bedeutsamen Biotops Ebenberg stellt eine große Aufgabe und Herausforderung, aber auch eine einmalige Chance für die Stadtentwicklung dar. Die Konversion ist in ihrer Bedeutung und Dimension eine Jahrhundertaufgabe, die mit der Entwicklung der Stadt nach der Schleifung der Festung vergleichbar ist." [54]

Durch die verstärkte Innenentwicklung konnte z.B. weitgehend auf beeinträchtigende Ausweisungen von Baugebieten in bedeutenden und empfindlichen Bereichen, wie der Queichaue, verzichtet werden. Bislang ausgewiesene Flächen in hochwertigen Bereichen, die zum Zeitpunkt der Fortschreibung des Flächennutzungsplanes noch nicht bebaut worden waren, wurden im Entwurf zum Flächennutzungsplan gestrichen. Als Ersatz für die aufgegebene Gewerbefläche F7 wurde direkt an der Autobahnausfahrt Landau Mitte und zwischen Autobahn und Bundesbahntrasse ein neues, großes Gewerbegebiet ausgewiesen. Die Ausweisung erfolgte in einem Bereich mit hochwertigen ackerbaulich genutzten Flächen, die aber durch die Autobahn z.T. stark vorbelastet sind und die sich von daher für eine gewerbliche Nutzung am ehesten eignen. Bei der Ausweisung wurden die landschaftsökologischen Funktionen (klimatische und lufthygienische Regeneration, Renaturierung von degradierten Oberflächengewässern, Biotopvernetzung entlang von Gewässern, Erholungsfunktion) soweit möglich berücksichtigt.

In den Randbereichen der umliegenden Ortschaften wurden kleinere Wohnbauflächen zur

Stärkung der Tragfähigkeit und der Infrastruktureinrichtungen ausgewiesen.

„Ein wichtiger Grundsatz einer umweltschonenden Stadtentwicklung ist die Minimierung des Flächenverbrauchs. Diesem Grundsatz dienen flächensparende Siedlungsformen, die dichte - aber verträgliche - Zuordnung der Funktionen, in 1. Linie aber die Wiedernutzung oder Umnutzung der vom Strukturwandel freigesetzten schon bebauten Flächen. Die Wiedernutzung und Bebauung der von der Bahn aufgegebenen Bereiche und die Konversion der bisher militärisch genutzten Flächen stellt ein solches „Flächenrecycling" dar.

Mit dem Vorrang für die Wiedernutzung der Umwandlungsflächen oder „Brachen" verwirklicht die Stadt Landau den Grundsatz: Innenentwicklung vor Neubebauung bisher unbebauter Flächen im Außenbereich. Sie schränkt damit den Verbrauch des Naturpotenzials Boden (Freiflächen/ Landschaft) ein und hält ihr (durch die UVP als umweltverträglich eingestuftes) Entwicklungspotenzial für die zukünftige Entwicklung vor." [55]

Vergleicht man den neuen Flächennutzungsplan mit dem alten, so wird deutlich, dass die Siedlungskörper der Kernstadt Landau und seiner umliegenden Ortsteile abgerundet wirken und jeweils in die umgebende Landschaft eingebunden sind.

Der neue Flächennutzungsplan der Stadt Landau in der Pfalz integriert die Erkenntnisse aus dem Landschaftsplan und der UVP zum Flächennutzungsplan. Gut erkennbar ist die Ausweisung von Flächen für die Entwicklung der Landschaft (Maßnahmen zum Schutz, zur Pflege und zur Entwicklung von Natur und Landschaft als dunkel umrandete Flächen dargestellt).

[54] Stadtverwaltung Landau i.d. Pfalz, 1998

[55] Stadtverwaltung Landau i.d. Pfalz, 1998

Ökologische Nachhaltigkeit

Trotz weiterer Flächeninanspruchnahmen ergibt sich ein Ansatz zur Stärkung der landschaftsökologischen Funktionen durch die Möglichkeit der standortgemäßen bzw. -angepassten Landschaftsentwicklung.

„Mit der Darstellung des Biotopverbundes im FNP als Flächen für Maßnahmen zum Schutz, zur Pflege und zur Entwicklung von Natur und Landschaft werden Räume gekennzeichnet, in denen die Kompensationsflächen (Ausgleichs- und Ersatzflächen) für die Eingriffe in Natur und Landschaft liegen sollen.
Die Kompensationsflächen im Biotopverbund erfüllen somit eine doppelte Funktion: Sie ermöglichen die zukünftige Siedlungsentwicklung, tragen aber auch dazu bei, Natur und Landschaft nach den Zielen der Landschaftsplanung zu erhalten und zu entwickeln." [56]

Schlussbetrachtung

Siedlungsentwicklung und Landschaftsentwicklung können sich ergänzen und müssen nicht zwangsläufig im Widerspruch zueinander stehen. Eine ökologisch orientierte Flächennutzungsplanung erfordert die frühzeitige Koppelung der Instrumente der Landschaftsplanung und der Umweltverträglichkeitsprüfung und die Integration dieser Instrumente in den Planungs- und Entscheidungsprozess. Durch die in Landau i.d. Pf. praktizierte Vorgehensweise entsteht der Vorteil, dass durch die frühzeitige und umfassende Berücksichtigung der Umweltbelange die Handlungsspielräume für alle Akteure größer werden und sich u.U. verkürzte Planungszeiträume für die nachfolgenden Einzelprojekte (Baugebiete, Infrastrukturvorhaben, Ausgleichskonzepte) in Zukunft ergeben können.

[56] Stadtverwaltung Landau i.d. Pfalz, 1998

Exkurs Michael Koch:
Die Bedeutung von Landschaftsplanung und Umweltverträglichkeitsprüfung für die Bauleitplanung der Zukunft

Bislang wurde die Landschaftsplanung oft als Hemmnis einer zukunftsorientierten Stadtentwicklung gesehen. Die bedarfsorientierte Formulierung des Naturschutzgesetzes von 1976 hat Möglichkeiten zur Vernachlässigung von Umweltbelangen in der räumlichen Planung eröffnet, von denen in der Praxis reichlich Gebrauch gemacht wurde. Selbst nach über 20 Jahren Gültigkeit des Naturschutzgesetzes, in dem die Durchführung der Landschaftsplanung geregelt ist, gibt es noch keine flächendeckende Landschaftsplanung in der Bundesrepublik. Die UVP wurde und wird immer noch häufig als „Verhinderungsinstrument" von nutzungsorientierten Flächenansprüchen gefürchtet. Da die Richtlinie der Europäischen Gemeinschaft zur Umweltverträglichkeitsprüfung eine Durchführung der UVP nur bei bestimmten Vorhaben vorsah, wurde die UVP für Bauleitpläne nur von einzelnen Städten und Gemeinden in der Bundesrepublik freiwillig, d.h. auf Grund entsprechender Gemeinderatsbeschlüsse durchgeführt. Es gibt trotzdem zahlreiche Beispiele für Umweltverträglichkeitsprüfungen für einzelne Baugebiete, die Anwendung der UVP auf der Ebene der Flächennutzungsplanung, d.h. flächendeckend für die Gesamtgemarkung wurde nur selten durchgeführt.

Die Änderung des Baugesetzbuches im Jahr 1998 eröffnet nun die Möglichkeit einer starken Koppelung von Siedlungs- und Landschaftsentwicklung. Unabhängig von den Bezeichnungen der einzelnen Instrumente des Umweltschutzes und der Landschaftsplanung fordert das Baurecht eine vollständige Berücksichtigung der Umweltbelange in der räumlichen Planung bzw. bei der politischen Entscheidung.

Unter dem Zwang zur Optimierung der Planung unter ökologischen Gesichtspunkten, indem bundeseinheitlich die Berücksichtigung der Umweltbelange im Rahmen der Abwägung und die Vermeidung von Eingriffen sowie der Ausgleich von unvermeidbaren Eingriffen in Natur und Landschaft gefordert wird, wird die frühzeitige Berücksichtigung landschaftsökologischer Untersuchungen und landschaftsplanerischer Planungsüberlegungen gestärkt.

Siedlungsentwicklung und Landschaftsentwicklung können sich ergänzen und müssen nicht zwangsläufig im Widerspruch zueinander stehen. Voraussetzung hierfür ist allerdings die frühzeitige Einbindung von Umweltbelangen in die planerischen Überlegungen. Insofern ist es bedeutsam, dass die Anforderungen zum Ausgleich von Beeinträchtigungen von Natur und Landschaft nicht erst auf der Ebene des Bebauungsplanes (verbindliche Bauleitplanung), sondern bereits auf der Ebene der vorbereitenden Bauleitplanung, bei der Erstellung des Flächennutzungsplanes berücksichtigt werden können. Diese vorgezogene Behandlung der Eingriffs-Ausgleichsregelung entspricht dem Vorsorgegedanken des Umweltschutzes, da ein größerer Planungsraum (die Fläche der Gesamtgemarkung) mehr Spielräume zur Planoptimierung und zur Alternativenbetrachtung bietet als der eingeschränkte Geltungsbereich eines Bebauungsplanes.

Die zuweilen in der Vergangenheit gemachten negativen Erfahrungen mit der Landschaftsplanung als einem „Verhinderungsinstrument" sind häufig auf eine unzureichende Berücksichtigung und Einbindung der Landschaftsplanung in den Planungsprozess zurückzuführen. Positive Beispiele zeigen, dass eine ökologische orientierte Landschaftsplanung durchaus eine sinnvolle Grundlage für eine zukunftsorientierte Siedlungsentwicklung liefern kann, wenn sie frühzeitig die notwendigen Planungs-, Abwägungs- und Entscheidungsgrundlagen beibringt.

In der Koppelung der Instrumente der Landschaftsplanung und der Umweltverträglichkeitsprüfung und in der Integration dieser Instrumente in den Planungsprozess ergeben sich die notwendigen Grundlagen und Erkenntnisse für eine ökologisch nachhaltige Stadtentwicklungsplanung. Beispiele wie das der Stadt Landau in der Pfalz zeigen, dass bei entsprechender Organisation des Planungsablaufs und der Entscheidungsprozesse auf kommunaler Ebene eine ökologisch ausgerichtete Planung möglich wird. Der besondere Vorteil, dass durch die frühzeitige und umfassende Berücksichtigung die Handlungsspielräume für alle Akteure größer werden, kann sich durch verkürzte Planungszeiträume für die nachfolgenden Einzelprojekte (Baugebiete, Infrastrukturvorhaben, Ausgleichskonzepte) bestätigen.

2. Humanökologische Anforderungen

„Wir können vor allem drei zusammenhängende Ebenen der Gesundheit unterscheiden - die individuelle, die soziale und die ökologische. Was für das Individuum ungesund ist, das ist es im allgemeinen auch für die Gesellschaft und das umhüllende Ökosystem." [57]

Die Humanökologie umfasst viele Aspekte, die von unterschiedlichen Fachdisziplinen untersucht und beschrieben werden. Für die räumliche Planung steht - neben den bereits angesprochenen Aspekten der ökologischen Nachhaltigkeit, die alle Ökosysteme auf der Erde betreffen können - der Lärm im Vordergrund in Bezug auf den Schutz des Menschen. Der Lärm stellt eine Belastung dar, die den Menschen selbst und unmittelbar betrifft, ohne dass dabei Umweltmedien oder andere Organismen in Mitleidenschaft gezogen werden müssen. Sonstige Aspekte der Humanökologie, die insbesondere das ökologische Bauen und die Baubiologie betreffen, werden im Rahmen dieses Buches nicht behandelt; sie erfordern einen anderen Handlungsansatz und andere Maßnahmen als sie durch die räumliche Planung ergriffen werden können, für die die räumliche Planung jedoch die Rahmenbedingungen zu setzen hat. Die Berücksichtigung baubiologischer Belange hat eine sehr eingeschränkte Bedeutung, wenn nicht gleichzeitig die Fragen des Standortes unter humanökologischen Gesichtspunkten geklärt sind.

Auch andere Aspekte der Humanökologie, wie das psychosoziale Wohlbefinden, die unmittelbar mit der räumlichen Planung zusammenhängen, sollen an dieser Stelle nicht weiter behandelt werden, da sie den Komplex der sozialen Nachhaltigkeit betreffen, der hier nur angesprochen, aber nicht behandelt werden kann und soll.

„In all diesen Städten (33 Städte wurden beim CIAM-Kongress untersucht, Anmerkung des Verfassers) ist der Mensch Bedrängnissen ausgesetzt. Alles, was ihn umgibt, erstickt und erdrückt ihn. Nichts, was notwendig ist für seine physische und moralische Gesundheit, ist erhalten oder eingerichtet worden. Eine Krise der Menschheit macht sich in den großen Städten verheerend bemerkbar und wirkt sich auf die ganze Weite des Landes aus. Die Stadt entspricht nicht mehr ihrer Funktion, nämlich die Menschen zu schützen, und sie gut zu schützen." [58] *„Insgesamt fühlen sich 35 Prozent der westeuropäischen Stadtbewohner lärmbelästigt und 25 Prozent geruchsbelästigt...*

Welches Wechselspiel läuft zwischen Stadt und Seele, und was muss die erstere der letzteren geben, damit Stadtmenschen sich wohl fühlen? In erster Linie, wäre die logische Antwort, eine gesund erhaltende Umwelt...

Lärm, Staub, Abgase, aber auch der sogenannte Elektrosmog können einen beträchtlichen Tribut zumindest an Wohlbefinden, oft aber auch an Gesundheit fordern. Dabei sind es nicht immer die für jedermann sofort erkennbaren „Hämmer", die den größten Schaden anrichten. Elisabeth Groll-Knapp vom Wiener Institut für Umwelthygiene: „Wir haben zu allen relevanten Bereichen Felduntersuchungen und epidemiologische Studien vorliegen. Unser Problem liegt jedoch darin, dass die Intensitäten der Umweltbelastungen zum Teil gering sind und ihre Wirkung nicht von heute auf morgen, sondern schleichend durch ihre geringe, aber pausenlose Einwirkung entfalten."" [59]

Wie bei den ökologischen Funktionen des Naturhaushaltes kann es auch bei der Berücksichtigung der humanökologischen Anforderungen in der Planung nicht immer um die Vermeidung von Beeinträchtigungen gehen. Solange menschliche Nutzungsanforderungen an den Raum bestehen und diese sogar wachsen, kommt es auf eine sinnvolle, d.h. möglichst wenig beeinträchtigende Organisation von Abläufen bzw. Zuordnung von Nutzungen im Raum an.

[57] Capra, 1988, S. 360

[58] Charta von Athen, 1933, Punkt 71 zitiert aus Reinborn, 1996, S. 321

[59] Klasmann, 1996, S. 30

Ähnlich wie bei den ökologischen Funktionen im Naturhaushalt geht es auch beim Schutz des Menschen um die Frage, wie viel, wovon, an welcher Stelle geplant werden soll. Die räumliche Planung benötigt u.a. Ziele zur Sicherung der Umweltqualität, die sowohl landschaftsökologisch als auch humanökologisch begründet sein müssen.

Prinzip: Trennung von belastenden Nutzungen
Grundsätzlich sollten Belastungen der Umwelt, in Form von Abfall, Abwasser, Abgasen, Lärm, Wärme, Licht etc., soweit möglich vermieden oder verringert werden. Hierfür ist nicht nur und nicht immer in erster Linie die räumliche Planung zuständig. Viele Emissionen betreffen Wirtschaftsweisen und Produktionsprozesse des Menschen, die für sich - zumindest in weiten Bereichen - umweltverträglich gestaltet werden können.

Sofern Belastungen vorhanden sind und nicht vermieden oder wesentlich vermindert werden können, besteht keine andere Wahl als die räumliche Trennung zwischen belastenden und empfindlichen Funktionen. Das Prinzip der Trennung wird in der räumlichen Planung in aller Regel heute bereits angewandt. So ist es ein fest verankertes Ziel der Stadtplanung, eine Funktionstrennung in Gemengelagen zu erreichen. Aufgrund des Bestandsschutzes können aber nicht alle vorhandenen Konflikte kurzfristig beseitigt werden.

Bei einzelnen Arten der Belastung hilft dieses Prinzip, direkte Belastungen des Menschen zu verringern. Da aber z.B. lufthygienische Belastungen nicht nur den Menschen, sondern über die Luft auch andere Organismen und Ökosysteme belasten, kann dieses Prinzip nicht als Lösung im Sinne der ökologischen Nachhaltigkeit für alle Formen von Belastungen angesehen werden.

Beim Lärm, der wesentliche Wirkungen auf den Organismus des Menschen hat, ohne dass sich dabei Beeinträchtigungen von Ökosystemen, Pflanzen oder auch bestimmten Tiergruppen ergeben müssen, kann u.U. durch räumliche Verlagerung der belastenden oder der gefährdeten Nutzungen eine Minderung oder gar Vermeidung von Konflikten erreicht werden. Insofern kann das Prinzip der Trennung belastender Funktionen im Sinne einer ökologisch nachhaltigen Planung beim Lärm durchaus angewandt werden. Ähnlich verhält es sich mit Gerüchen, Wärme- oder Lichtemissionen.

Voraussetzung für die Anwendung dieses Prinzips ist allerdings, dass sich durch eine räumliche Trennung keine andersgearteten Belastungen im Sinne der ökologischen Nachhaltigkeit ergeben. Das Prinzip der räumlichen Trennung steht im Widerspruch zu anderen Prinzipien wie dem der kurzen Wege. Es kann zu einem Anwachsen des Verkehrsaufkommens beitragen, was gemeinhin der Charta von Athen zum Vorwurf gemacht wird, die oft verkürzt hauptverantwortlich gemacht wird für die Funktionstrennung in den modernen Städten und die mit ihr einhergehenden Probleme des wachsenden Verkehrs.

Die Charta von Athen stellte durchaus einen positiven Ansatz für die räumliche und städtebauliche Planung der modernen Städte dar. Sie war Ausdruck ihrer Zeit mit dem Bewusstsein wachsender Möglichkeiten durch Mobilität und damit auch der Möglichkeit zur Beseitigung ungesunder Wohnverhältnisse. Ein unbestrittener Erfolg der Charta von Athen ist die Entzerrung zwischen belastenden Flächennutzungen wie denen von Gewerbe- und Industriebetrieben und den empfindlichen Wohn- und Erholungsnutzungen.

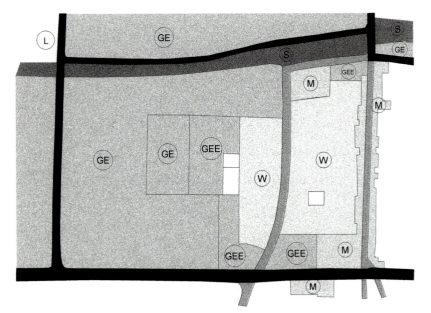

Im Rahmen der vorbereitenden Bauleitplanung können Nutzungen mit unterschiedlicher Empfindlichkeit gegenüber Störungen wie Lärm [Wohngebiet (W), Mischgebiet (MI), eingeschränktes Gewerbegebiet (GEE), Gewerbegebiet (GE), gewerbliche Bauflächen (G9) so zugeordnet werden, dass Störungen vermieden werden. Weniger empfindliche Nutzungen können einen Abstand zwischen den stark belasteten Verkehrstrassen (Bundesstraße B 14, Eisenbahn- und S-Bahnlinien, Erschließungsstraße) und empfindlichen Wohngebieten herstellen (Auszug aus dem Flächennutzungsplan der Stadt Fellbach

[60] Charta von Athen, 1933, Punkt 77 zitiert aus Reinborn, 1996, S. 322

„Der Städtebau hat vier Hauptfunktionen, und das sind:
- erstens, den Menschen gesunde Unterkünfte zu sichern, d.h. Orte, wo Raum, frische Luft und Sonne, diese drei wesentlichen Gegebenheiten der Natur, weitestgehend sichergestellt sind;
- zweitens, solche Arbeitsstätten zu schaffen, dass die Arbeit, anstatt ein drückender Zwang zu sein, wieder den Charakter einer natürlichen menschlichen Tätigkeit annimmt;
- drittens, die notwendigen Einrichtungen zu einer guten Nutzung der Freizeit vorzusehen, so dass diese wohltuend und fruchtbar wird;
- viertens, die Verbindungen zwischen diesen verschiedenen Einrichtungen herzustellen durch ein Verkehrsnetz, das den Austausch sichert und die Vorrechte einer jeden Einrichtung respektiert". [60]

Auch in der heutigen Planung ist dieses Prinzip fest verankert und wird - selbst bei immer höheren Anforderungen an den technischen Umweltschutz - durch sog. Abstandserlasse für eine Vielzahl von Nutzungen, Infrastruktureinrichtungen oder landwirtschaftliche Betriebsformen fortgeschrieben.

Zur Illustration dieses Prinzips bedarf es keines besonderen Beispiels. Jeder Flächennutzungsplan, der heute aufgestellt wird, folgt in weiten Teilen diesem Prinzip. Allerdings wird das Prinzip häufig zu uneingeschränkt angewendet mit den bereits erwähnten negativen Folgen für das Verkehrsaufkommen.

Prinzip: Bündelung von Belastungen

Eng verknüpft mit dem Prinzip der Trennung belastender Funktionen ist das Prinzip der Bündelung von Belastungen in weniger empfindlichen Bereichen, in denen sich die Belastungen nicht nachteilig auf den Menschen oder den Naturhaushalt auswirken.

Das Prinzip sollte - wie das vorhergehende auch - nur dort angewendet werden, wo eine Vermeidung der Belastungen nicht möglich ist. Dieses Prinzip steht für einen Bewertungsansatz in der räumlichen Planung, der nicht unproblematisch ist. Die Bündelung von Belastungen in Gebieten, die bereits vorbelastet sind, verhindert eine mögliche Sanierung. Es ist die sog. Konzentrationsstrategie, die insbesondere dort anzuwenden ist, wo sich die Belastungen nicht linear summieren. Dies ist insbesondere bei lärmbelasteten Gebieten der Fall, da verschiedene Lärmemissionen sich nicht linear addieren, d.h. zwei gleich laute Lärmquellen addieren sich nicht zur doppelten Lärmstärke, sondern führen lediglich zu einer Erhöhung der Verlärmung um ca. 3 dB(A), was einer kaum wahrnehmbaren Zunahme entspricht. Der Aspekt des Lärms ist insofern von Bedeutung, als er planerisch bewältigt werden kann und muss. Für die ökologische Stadtentwicklung ist er deshalb von herausragender Bedeutung, weil der Lärm ein zunehmendes Problem ist, das den Menschen in seinem Wohlbefinden beeinträchtigt und in seiner Gesundheit schädigt bzw. schädigen kann. Die sinnvollste Lösung des Lärmproblems bestünde in der Vermeidung von Lärm. In vielen Lebensbereichen (Arbeitswelt, Verkehr, Wohnen etc.) werden Anstrengungen zur Reduzierung der Lärmemissionen direkt an der Lärmquelle oder der Lärmbelastung durch verbesserten Immissionsschutz unternommen. Hier sind aber technische Grenzen gesetzt. Die Lärmbelastung insbesondere durch Verkehr nimmt in der räumlichen Ausdehnung und in der Intensität aufgrund des stark anwachsenden Verkehrsaufkommens ständig zu. Ein vordringliches Aufgabenfeld der räumlichen Planung in der Zukunft liegt in der Vermeidung bzw. Verminderung lärmbedingter Belastungen.

Innerhalb von Siedlungsräumen sollte der Lärm dort gebündelt werden, wo keine empfindlichen Nutzungen wie Wohnen, Erholung, Bildung, Gesundheitswesen, viele Formen der Arbeit u.ä. betroffen sind. U.U. müssen Nutzungsänderungen bis hin zur Aufgabe der Nutzung und dem Abriss von Wohngebäuden vorgenommen werden.

Ein vordringliches Ziel im Zusammenhang mit der Verminderung der Lärmbelastung ist auch die Verkleinerung von Lärmteppichen in der freien Landschaft, wodurch die Erholungsräume des Menschen und auch Tiere in ihren Lebensräumen entlastet werden können. Bei der Verschallung der freien Landschaft wird die Bedeutung der Bündelung besonders deutlich, da die Zunahme des Lärms in einem vorbelasteten Korridor kaum spürbar ist, jede neue Straße hingegen zu einer weiträumigen Verschallung führt, ohne dass die vorbelasteten Korridore durch den Abzug des Verkehrs spürbar entlastet würden. Für eine deutliche Entlastung, z.B. für eine Halbierung des Lärms (entspricht einer Abnahme um 10 dB(A)), müssten 90 % des Verkehrs von einer Straße abgezogen werden, was durch verkehrsplanerische Maßnahmen kaum zu erreichen ist.

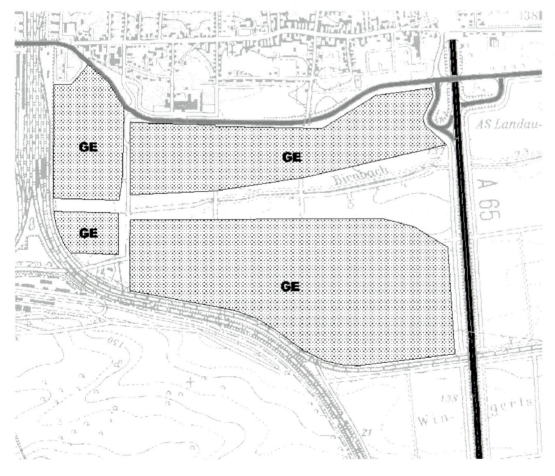

Das gegenüber Lärmbelastungen wenig empfindliche Gewerbegebiet liegt verkehrsgünstig an der Autobahnabfahrt in einem stark durch Straßen- und Schienenverkehr belasteten Bereich zwischen Autobahn und Bahnlinie (Auszug aus dem Entwurf zum Flächennutzungsplan der Stadt Landau in der Pfalz). [61]

[61] Stadtverwaltung Landau i.d. Pfalz, 1998

Große Teile der Landschaft sind bereits heute stark durch Verkehrslärm beeinträchtigt. Bei Ausbau vorhandener Verkehrswege ist die Lärmzunahme kaum spürbar, die Lärmteppiche vergrößern sich nur unwesentlich (Lärmteppich im Raum Sindelfingen-Leonberg). [62]

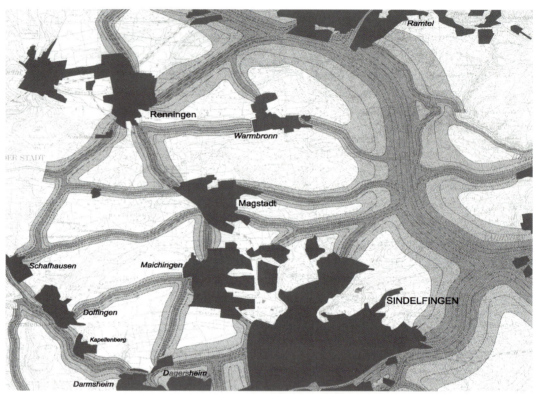

Beim Bau neuer Straßen in der freien Landschaft erhöht sich die Lärmbelastung erheblich, ohne dass der Lärmteppich entlang der vorhandenen Straßen wesentlich verkleinert wird. [63]

[62] Ministerium für Ernährung, Landwirtschaft, Umwelt und Forsten, 1984, Anhang

[63] Ministerium für Ernährung, Landwirtschaft, Umwelt und Forsten, 1984, Anhang

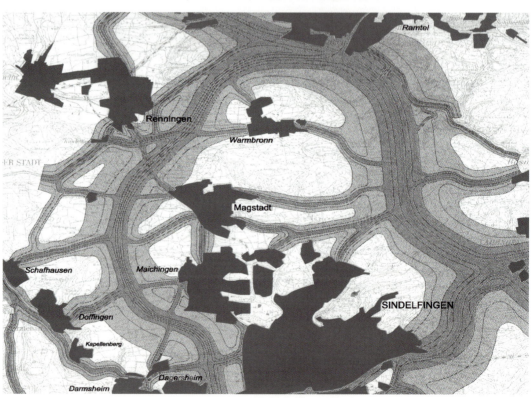

66   Ökologische Nachhaltigkeit

3 Stoff- und Energieeinsatz

Ökosysteme können wesentlich durch die in ihnen ablaufenden Stoff- und Energiekreisläufe definiert werden. Die Reichweite der einzelnen Kreisläufe wird bestimmt durch die räumliche Verflechtung. Jedes Ökosystem verfügt über mehr oder weniger intensive und vielfältige Vernetzungen zu anderen Ökosystemen, wobei die Grenzziehung zwischen den einzelnen Systemen nicht immer einfach bzw. eindeutig ist. Insgesamt stellt die Erde ein hoch komplexes Ökosystem dar, in dem die vielfältigen Ökosysteme zusammenwirken.

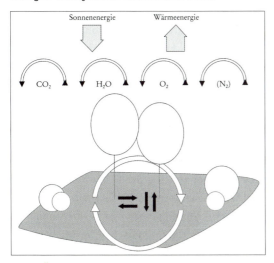

Jedes Ökosystem ist durch Stoff- und Energieflüsse im Inneren definiert und nach außen mit anderen Ökosystemen verbunden. [64]

Neben den ökologisch relevanten Belangen des Naturhaushalts und der Humanökologie, die sich großteils räumlich unmittelbar auswirken, stellen der Stoff- und Energiebedarf von Siedlungen einen Belang dar, der nicht nur kleinräumlich, sondern in erheblichem Umfang sogar global auf die Umwelt wirkt. Ein wesentlicher Ansatz der ökologischen Nachhaltigkeit besteht daher in der Vermeidung unnötigen Verbrauchs bzw. auf der effizienten Nutzung von Materialien und Energien. Dieser planerische Ansatz kann durch sehr unterschiedliche Prinzipien gestärkt werden, die teilweise stark miteinander verflochten sind. Ein Großteil dieser Prinzipien hängt mit der räumlichen Dichte zusammen, durch die z.B. der Bedarf an Energie oder die Effizienz der Energienutzung bestimmt werden.

In einem intakten Ökosystem gibt es keinen Abfall und keine ungenutzte Abwärme. Die Größe des Stoff- und Energiekreislaufs muss dabei nicht unbedingt ausschlaggebend sein für die Effizienz, d.h. auch für die Nachhaltigkeit des Systems. Allerdings werden große Systeme anfällig für Störungen und sie erfordern einen hohen Steuerungsaufwand zur Aufrechterhaltung des Systems.

Das moderne Ökosystem Stadt - sofern man diesen Begriff für die heutigen steinernen Agglomerationen der Menschheit überhaupt gelten lassen möchte - erfordert nicht nur eine starke Berücksichtigung der natürlichen Standortgegebenheiten, sondern in hohem und sicherlich zunehmendem Maße auch den Einsatz hocheffizienter Technik. Gerade bei technischen Systemen wird die Überprüfung der Reichweite ihrer Abhängigkeiten und Kreisläufe - sofern es letztere überhaupt gibt - von großer Bedeutung. Nur wenige tradierte Technologien erfüllen die Anforderungen der ökologischen Nachhaltigkeit. Die meisten Systeme sind wenig effizient und nutzen in großem Umfang nichterneuerbare Ressourcen bzw. produzieren nicht verwertbare Abfälle.

„Die neuen Technologien sind keineswegs weniger hochentwickelt als die alten, doch von anderer Art. Komplexität dadurch zu vermehren, dass man alles wachsen lässt, ist nicht schwierig; Eleganz und Flexibilität zurückzugewinnen, erfordert jedoch Weisheit und kreative Einsicht...

Das ökologische Bewusstsein macht uns deutlich, dass wir unsere Rohstoffe konservieren und unsere menschlichen Hilfsquellen entwickeln sollten...

[64] Haber, 1993, S. 21

Die Verlagerung von harten auf sanfte Technologien wird am meisten in den Bereichen benötigt, die mit der Erzeugung von Energien zusammenhängen. [Es] liegen die tiefsten Wurzeln unserer heutigen Energiekrise in den Strukturen verschwenderischer Produktion und verschwenderischen Konsums, die für unsere Gesellschaft charakteristisch geworden sind. Um diese Krise zu lösen, brauchen wir nicht mehr Energie, was unsere Probleme nur noch erschweren würde, sondern tiefgreifende Veränderungen in unseren Wertvorstellungen, Verhaltensweisen und Lebensstilen. Während wir dieses Ziel verfolgen, müssen wir jedoch auch unsere Energieerzeugung von nichterneuerbaren auf erneuerbare Hilfsquellen und von harten auf sanfte Technologien umstellen, um ein ökologisches Gleichgewicht zu erzielen." [65]

Prinzip: Reduzierung des Bedarfs an Fläche
Zur Aufrechterhaltung der Funktionsfähigkeit eines Landschaftsraumes gehört ein bewusster Umgang mit der Fläche. Der Großteil ökologischer Probleme wird in entscheidendem Maße durch die hohe und wachsende Flächeninanspruchnahme verursacht. Da die Funktionen des Naturhaushalts wesentlich von der Fläche bestimmt werden und da die Beanspruchung von Flächen sich in den letzten Jahrzehnten drastisch erhöht hat, muss dem Umgang mit der Fläche besondere Aufmerksamkeit geschenkt werden. So wird die Reduzierung des Flächenbedarfs als eine zentrale Forderung in der AGENDA 21 aufgeführt. Die Reduzierung des Bedarfs an Fläche bedingt auch sehr wesentlich den Bedarf an Stoff- und Energieeinsatz beim Bau der Siedlungen und innerhalb der Siedlungen.

Das Ziel der Reduzierung des Flächenbedarfs durch die Siedlungsentwicklung ist unbestritten. Strittig aber sind die Ansätze zur Reduzierung des Flächenbedarfs. Eine Trendwende bei den Flächenansprüchen für Siedlungen ist bislang nicht erkennbar. Im Gegenteil führen steigende Ansprüche für Wohnraum oder gewerbliche Nutzungen in Verbindung mit hoher Mobilität zu immer höherem Flächenbedarf. Die Forderung nach flächensparendem Bauen hat schon seit langem zur Entwicklung und Erprobung sehr unterschiedlicher Wohnformen geführt. Neben Hochhäusern und Großsiedlungen wurden Kettenhäuser, Terrassenhäuser, Stadthäuser u.ä. entwickelt. Bei genauer Betrachtung stellt man schnell fest, dass die vorgeblich hohe Dichte auf dem Nettowohnbauland reduziert wird durch Folgenutzungen wie Parkierung, Erschließung, Abstandsflächen und soziale Einrichtungen auf dem Bruttowohnbauland. Bei einer Analyse der Flächenstatistiken zeigt sich, dass der Bedarf an Siedlungsfläche insgesamt pro Kopf der Bevölkerung weiterhin zunimmt.

Sinnvolle Dichte darf nicht gleichgesetzt werden mit dem Leitbild der Urbanität durch Dichte, wie sie in den 60er Jahren formuliert wurde. Bei Überlegungen zur Verdichtung stößt das Ziel der ökologischen Nachhaltigkeit schnell an Grenzen der sozialen Verträglichkeit. Die Städtebauexperimente der 60er und 70er Jahre mit ihren Großsiedlungen haben gezeigt, dass Urbanität durch Dichte allein nicht erreicht werden kann, sondern dazu mehr nötig ist wie z.B. Multifunktionalität, Heterogenität in der Bevölkerungsstruktur, differenzierte Eigentumsverteilungen u.v.m.

Ansätze zur Verdichtung müssen das Verhalten der Nutzer berücksichtigen. Es genügt nicht, Flächen übereinander zu stapeln; Dichte kann für den Einzelnen nur dann erträglich sein, wenn sein Bedürfnis sowohl nach Kommunikation als auch nach Rückzug beachtet wird.

[65] Capra, 1988, S. 451

Beispiel Esslingen: Siedlung „Zaunäcker" in Hohenkreuz

Die Siedlung „Zaunäcker" liegt auf der Anhöhe oberhalb von Esslingen im Stadtteil Hohenkreuz. Zur Erarbeitung der Grundkonzeption wurde im Jahr 1988 ein städtebaulicher Ideen- und Realisierungswettbewerb durchgeführt.

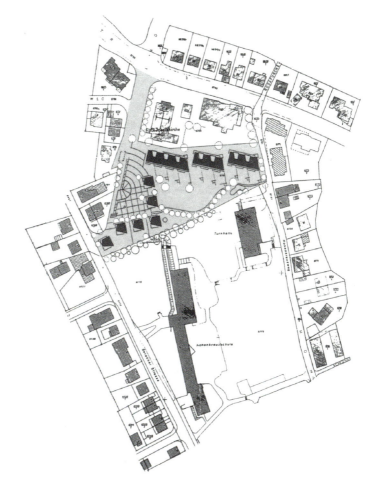

Die Siedlung „Zaunäcker" liegt innerhalb einer bestehenden Wohnsiedlung auf einer Anhöhe oberhalb von Esslingen. [66]

Ziele des Wettbewerbs waren u.a.:
- umweltgerechtes Bauen,
- wirtschaftliche Bauweisen,
- gemeinsames Bauen und Wohnen.

Mit dem ersten Preis wurde die Wettbewerbsarbeit des Architekturbüros Laufer + Ernst ausgezeichnet, die auch dem Bebauungsplan zugrunde gelegt wurde. Die Siedlung wurde in den Jahren 1993/94 erbaut.

Die gewählten Gebäudetypen ermöglichen eine kompakte Bebauung und die Freihaltung großer Grünbereiche.

Städtebauliches Konzept

Auf dem 0,7 ha großen städtischen Grundstück entstanden 29 Wohnungen in unterschiedlichen Gebäuden mit einer Gesamtwohnfläche von 2.660 qm, ein Rundbau mit

zwei Büroetagen und eine Tiefgarage mit 36 Stellplätzen.

Städtebaulicher Gedanke war die Schaffung eines steinernen Platzes innerhalb der Siedlung und die Freihaltung einer möglichst großen halböffentlichen Grünfläche. Der Platz wurde über der Tiefgarage angelegt, auf der auch das Bürogebäude steht, und der von sechs Punkthäusern eingerahmt wird. Die Freihaltung der halböffentlichen Grünfläche

Die insgesamt zehn Gebäude bieten unterschiedliche Wohnungen mit teilweise direkt nutzbaren Gartenbereichen.

[66] Auszug aus der TK 7221

Ökologische Nachhaltigkeit

Die Hauszeilen mit darüber liegenden Dachwohnungen am Nordrand des Grundstücks sind nach Süden ausgerichtet und ermöglichen die passive Solarnutzung durch vorgeschaltete Wintergärten und die dreigeschossige Fassade mit Pultdach und großen Südfenstern.

Erschließung und Nebenräume sind nach Norden ausgerichtet, die zweigeschossige Fassade hat nur kleine Fensteröffnungen zur Belichtung und Belüftung.

wird durch die verdichtete Zeilenbauweise ermöglicht, die das Gebiet nach Norden begrenzt.

Gegenüber der ursprünglichen Auslobung beim Wettbewerb wurde auf Einfamilien- und Reihenhäuser verzichtet. Statt dessen wurden die Wohnungen in dreigeschossigen Gebäuden untergebracht, die teilweise als Zeilen oder als Punkthäuser angeordnet wurden und die so unterschiedliche Raumqualitäten im Übergang zwischen den Gebäuden und den angrenzenden Freiflächen bieten.

Während bei den Punkthäusern am steinernen, öffentlichen Platz auf privat nutzbare Freiflächen im Erdgeschoss verzichtet wurde, haben die dreigeschössigen Gebäudezeilen kleine private Gärten, die an die halböffentliche Grünfläche im Süden angrenzen, der als Gemeinschaftsgarten und Spielbereich für Kinder genutzt wird. Bei allen Gebäuden entstanden durch den Rücksprung des Gebäudes im Dachgeschoss privat nutzbare, nach Süden ausgerichtete Terrassen, die ein hohes Maß an Privatheit bieten.

Ressourcenschonende Bauweise

Die Gebäude wurden in Niedrigenergiebauweise (17,5 cm Außenwände aus Kalksandstein mit 15 cm mineralischer Wärmedämmung) konstruiert. Die Dachgeschosse wurden in materialsparender Holzrahmenbauweise mit 20 cm starker Zellulosedämmung erstellt. Die Dächer haben eine 26 bis 28 cm starke Zellulosedämmung. Die flachgeneigten Pultdächer wurden als extensiv begrünte Dächer ausgeführt.

Sämtliche Gebäude sind so ausgerichtet, dass eine passive Nutzung der Sonneneinstrahlung gewährleistet ist, die durch große Fensteröffnungen nach Süden und ein nach Süden ansteigendes Pultdach verstärkt wird. Zur Verhinderung der Abkühlung wurden einfache Ge-

bäudeformen mit wenigen Vor- oder Rücksprüngen und mit einem günstigen Verhältnis von Außenfläche zu umbautem Raum (A/V-Verhältnis von 0,5 qm/cbm bei den Hauszeilen und 0,68 bei den Punkthäusern) gewählt. Nach Norden wurden nur kleine Fenster angeordnet.

Die Häuserzeilen haben nach Süden ausgerichtete zweigeschossige Wintergärten zur passiven Solarnutzung, die im Dachgeschoss als Erweiterung der Dachterrassen dienen.

Die gesamte Siedlung wird durch ein eigenes Gas-Blockheizkraftwerk, das in der Tiefgarage liegt, mit Wärme, Warmwasser und Strom versorgt.

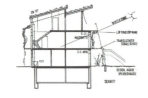

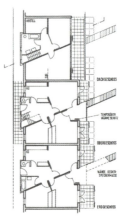

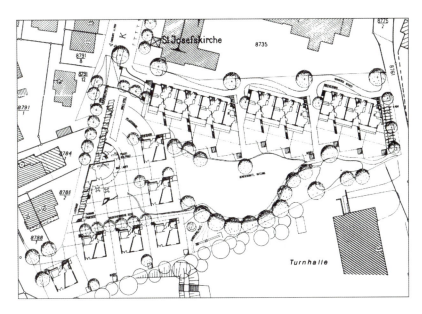

Eine Zisterne mit einem Fassungsvermögen von 10.000 Litern für das Regenwasser reduziert den Bedarf an Trinkwasser für die Toilettenspülung, für Waschmaschinen und zur Gartenbewässerung.

Die Dachgeschosse auf den Punkthäusern sind nach Südwesten orientiert, um eine günstige Nutzung der Solarstrahlung zu gewährleisten.

Differenziertes Wohnungsangebot

Ein hohes Maß an unterschiedlichen Wohnformen bietet die Chance für eine soziale Mischung in der Siedlung.

Die Hauszeilen sind in den unteren Geschossen (Erd- und Obergeschoss) als zweigeschossige Reihenhäuser für Familien mit Kindern konzipiert. Das darüber liegende Dachgeschoss, in dem kleinere Wohnungen für Singles liegen, wird über eine Außentreppe und einen Laubengang erschlossen. Darüber hinaus wurde bautechnisch die Möglichkeit zur Verbindung der unteren Geschosse mit dem Dachgeschoss über ein Treppenloch vorgesehen.

Die Punkthäuser wurden in jeweils zwei eineinhalb geschossige Wohnungen unterteilt. Das Erdgeschoss bildet mit dem halben Obergeschoss die untere Wohnung. Die zweite Wohnung in der anderen Hälfte des Obergeschosses ist über eine Außentreppe erschlossen und mit dem Dachgeschoss verbunden, das über eine große Dachterrasse verfügt. Im Untergeschoss findet sich auf der nach Osten ausgerichteten Gartenseite eine kleine Wohneinheit mit separatem Zugang.

Zusammenfassung

Die Siedlung „Zaunäcker" vereinigt verschiedene Prinzipien des ökologisch orientierten Bauens, von denen einige heute bereits fast zum technischen Standard gehören. Im Zusammenhang mit den Überlegungen zur Ausgestaltung dichter Wohnformen repräsentiert es nicht ein mögliches Maximum an Flächenausnutzung, sondern ein großes Angebot an unterschiedlichen Raum- und Nutzungsqualitäten sowie an Wohnformen in enger räumlicher Verzahnung. Hierin liegt die besondere Qualität der Siedlung, die sich deutlich von den Gedanken der Urbanität durch Dichte allein, wie sie in den sechziger Jahren bei Großsiedlungen propagiert wurde, unterscheidet.

Die Gesamtanlage bietet eine dichte Verzahnung zwischen Gebäuden und umgebenden Freiflächen. Während den Reihenhauszeilen Privatgärten vorgelagert sind, die an den gemeinsamen Freibereich angrenzen, verfügen die Punkthäuser am Platz über großzügige Dachterrassen.

Der Platz im Zentrum der Siedlung stellt die Verbindung her zwischen den umliegenden Wohnungen und dem zentralen Dienstleistungsgebäude.

Ökologische Nachhaltigkeit

Exkurs Christoph Mäckler: Das Ende der Zersiedelung - Plädoyer für eine Verdichtung der Innenstadt [67]

In einem dichtbesiedelten Land wie Deutschland sollte es selbstverständlich sein, die Städte und ihre zersiedelten Landstriche zu Orten mit Großstadtcharakter zu verdichten und die uns noch erhaltenen Landschaften schon aus ökologischen Gründen zu schonen. Trotzdem schätzen wir es noch immer, im eigenen zweigeschossigen Reihenhäuschen zu wohnen, und errichten immer noch eingeschossige Industriehallen auf der grünen Wiese.

Wir streiten über die Ausnutzungsziffer auf den Grundstücken statt entsprechend einem zu entwickelnden stadträumlichen Konzept Straßen und Platzräume zu schaffen, wie wir sie aus der europäischen Stadt kennen. Der Wohnungsbau wird bis zum heutigen Tag mit Siedlungs- oder Eigenheimbau gleichgesetzt, so als hätte es nie eine andere Qualität gegeben. Doch ist diese Art der Zersiedlung eine die eigentliche Stadtzelle zersetzende Krankheit. Mit seinem verheerenden Flächenfraß und all den damit einhergehenden Folgeerscheinungen nimmt der Siedlungsbau der Stadt ihre Widerstandsfähigkeit.

Ohne eigene Infrastruktur setzt er sich wie eine Klette an die Kernstadt und nimmt ihr auf Dauer die Kraft zu leben.

In München, Hamburg, Stuttgart, Frankfurt, aber auch in Berlin werden derzeit wieder Großsiedlungen gebaut, die sich von den Fehlläufen der siebziger Jahre deutlich distanzieren und als Gartenstadt, Gartenstadtsiedlung, Stadtlandschaft oder sogar als Stadtneugründungen angepriesen werden. Es ist der Kompromiss zwischen der alten europäischen Zentralstadt und der sozialistischen Utopie der Aufhebung von Stadt und Land sowie zwischen dem lebendigen, pulsierenden Stadtkörper und der freien Landschaft. Entstanden sind dabei nach unseren bisherigen Erfahrungen aber nur tote Gebilde, die weder Stadt noch Land sind. Statt neue Siedlungsgebiete am Stadtrand zu erschließen, müssten die vielen innerstädtischen Brachflächen mit Wohnungsbau ergänzt werden. Denn unsere Städte verfügen über große Flächenreserven auf Grundstücken, die in den Nachkriegsjahren mit der offenen Bauweise großzügig bebaut wurden, so dass hier generell eine Verdichtung möglich ist. Geht man von der Verdichtung unserer Städte aus, ist die Funktionsmischung Grundvoraussetzung für den lebendigen, pulsierenden Stadtkörper. Weder das Stadtviertel mit 15 Prozent Wohnanteil, wie wir es in Berlin-Mitte finden, noch die an den Stadtrand ausgelagerte Wohnsiedlung mit S-Bahnanschluss erfüllen diese Funktionsmischung. Städtisches Leben wird weder hier noch dort entstehen, auch wenn die Architektur der Bauwerke von hohem Niveau wäre. Straßenbegleitende Ladenzonen und Gewerbeeinheiten erst gewährleisten eine notwendige Funktionsmischung. Unsere Planungsinstrumentarien sind allerdings nicht ausreichend, um die Umsetzung zu sichern und mit Leben zu erfüllen. Hohe Mieten treiben zudem das Kleingewerbe aus der Stadt oder machen es gar nicht erst möglich. Es muss also über staatliche Gesetzgebungen nachgedacht werden, die die freie Vermarktung der Erdgeschosszonen im Sinne der lebendigen Stadt ordnen. Hier wird auch deutlich, dass nicht die Architektur, sondern vor allem die Politik für die Erhaltung der Städte maßgebend ist. Angestrengte Architekturen können den politischen Willen, die Verdichtung und Funktionsmischung nicht ersetzen. Solange nur das Haus im Grünen politisch propagiert und gefördert wird, wie das in der Istanbul-Erklärung schon im Titel „Istanbul - Erklärung über menschliche Siedlungen" sichtbar wird, wird der

[67] Mäckler, C., 1996, S. 6

Zersiedelung mit all ihren Negativfolgen nicht Einhalt geboten. Dass es Alternativen zur Stadtrandsiedlung gibt, ist sicher unbestritten. Warum sollte also nicht auch das, was wir beispielsweise im ökologischen Bereich für die Erhaltung des Lebens in den letzten Jahren durch neue Gesetzgebungen erreicht haben, nicht auch auf dem Gebiet der Planung unserer Städte zur Erhaltung und Förderung des städtischen Lebens erreichbar sein?

Prinzip: Rückzug aus der Fläche

Vielfach stehen Siedlungen und Infrastruktureinrichtungen an falscher Stelle, teilweise aus Tradition, weil früher andere Belange (z.B. die Nähe zum Wasser) im Vordergrund standen, teilweise aus Unkenntnis. Die Siedlungsentwicklung der vergangenen Jahrzehnte erfolgte oftmals ohne Berücksichtigung der landschaftsökologischen Gegebenheiten, insbesondere der Empfindlichkeit spezifischer Standortbedingungen gegenüber Veränderungen. In Verbindung mit oftmals gefährdenden Nutzungen entstanden

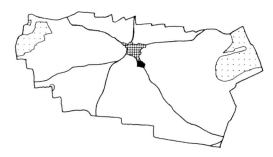

Siedlungs- und Verkehrsflächen innerhalb des Wasserschutzgebietes um 1900.

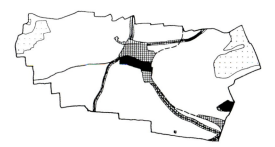

Siedlungs- und Verkehrsflächen innerhalb des Wasserschutzgebietes um 1960.

Siedlungs- und Verkehrsflächen innerhalb des Wasserschutzgebietes im FNP von 1990.

Die Siedlungsentwicklung der Vergangenheit hat die landschaftsökologischen Funktionen nicht oder unzureichend berücksichtigt. Wassergefährdende Nutzungen (Gewerbegebiete und Straßen) wurden oft auf hoch empfindlichen Grundwasserlandschaften (dunkel schraffierte und schwarze Flächen) angesiedelt. Die Besiedelung verringert die Grundwasseranreicherung durch Versiegelung der Oberfläche und erhöht die Gefahr der Grundwasserverunreinigung insbesondere bei Unfällen und Störfällen (Wasserschutzgebiet Floschen- und Klingelbrunnen bei Sindelfingen). [68]

[68] Koch, Höch, Langner, 1988, S. 236 f

Belastungen des Naturhaushaltes, die erheblich und nachhaltig wirken.

Ein wesentliches Ziel einer ökologisch orientierten Stadtentwicklung der Zukunft ist es, vorhandene Belastungen zu reduzieren und bereits eingetretene Schädigungen der ökologischen Funktionsfähigkeit des Naturhaushaltes zu sanieren.

Bislang gibt es kaum Ansätze und Beispiele für den Rückzug aus der Fläche. Nur vereinzelt wurden in Deutschland Siedlungen aufgegeben. Meistens geschah dies in früheren Jahrhunderten in Folge von Hungersnöten und Ab- oder Auswanderungen.

Allerdings gibt es im Zuge von Umnutzungen oder Recycling von Flächen erste Ansätze, vorhandene Belastungen zu reduzieren oder zu beseitigen. Durch die Konversion ehemals militärisch oder industriell genutzter Flächen ergibt sich derzeit ein Trend zum Rückzug aus der Fläche in planerischer Hinsicht: bei der Fortschreibung von Flächennutzungsplänen werden Flächen für Siedlungsentwicklungen im Außenbereich teilweise gestrichen zugunsten einer stärkeren Innenentwicklung. Dies stellt aber noch keine Trendumkehr dar, sondern kann lediglich als eine Verzögerung der Flächeninanspruchnahme angesehen werden.

Ansätze für den Rückzug aus der Fläche zeigen sich bei verschiedenen Projekten der IBA Emscher-Park, bei denen Siedlungsfläche zugunsten der Wiederherstellung von Landschaft aufgegeben wird.

„150 Jahre lang verlief die Landnahme der Industriegesellschaft nach dem Prinzip: „Stadt frisst Natur"
Am Ende dieses Jahrhunderts beginnt sich das Prinzip umzukehren: „Natur frisst Stadt".[69]

Prinzip: Ökologisch nachhaltiger Umgang mit der Fläche

Flächen ändern oder verlieren ihre ökologischen Funktionen durch Nutzungsänderungen oder Überbauung. Der Umgang mit dem Boden stellt das wesentlichste Kriterium für die Aufrechterhaltung der Funktionen eines Standortes dar. Über die Lebensraumfunktion hat der Boden Einfluss auf die vorkommenden Tiere und Pflanzen, über die Regelungs- und Ausgleichsfunktion werden das klimatische und lufthygienische Regenerationspotenzial sowie der Wasserhaushalt bestimmt. Die Inanspruchnahme des Bodens hat daher sowohl lokale als auch weiterreichende Wirkungen auf den Naturhaushalt.

Es gibt vielfältige planerische Ansätze, um die Versiegelung des Bodens zu vermeiden. Zwar werden bei Nutzungsänderung, die sich im Zuge von Siedlungserweiterungen fast zwangsläufig ergibt, einzelne Funktionen gestört und in ihrer Wirksamkeit geschwächt (z.B. die Lebensraumfunktion für Tiere und Pflanzen durch Pflege der Flächen oder Nutzung durch den Menschen), andererseits bieten sich auch Möglichkeiten, bestimmte Funktionen zu stärken. Mit Hilfe spezieller planerischer Überlegungen und technischer Einrichtungen können die Freiflächen wichtige Funktionen für den Wasserhaushalt übernehmen.

Auch die Begrünung bebauter Flächen in Form von Dach- und Fassadenbegrünungen kann zur Minimierung von Beeinträchtigungen beitragen, wenngleich nicht alle gestörten Funktionen des Naturhaushaltes dadurch wiederhergestellt werden können.

[69] Ganser, 1997, S. 1249

**Beispiel Mosbach:
„Waldsteige West II"**

Im Rahmen des Wohnbauschwerpunktprogramms des Landes Baden-Württemberg wurde im Jahr 1990 in Mosbach im Stadtteil Neckarelz eine 19 ha große Siedlung geplant.

Sie sollte städtebauliche Qualität aufweisen, zu der auch Umweltqualität und der Schutz der natürlichen Lebensgrundlagen gezählt wurden. [70] Dazu gehörten die Behandlung unverschmutzten Niederschlages über Versickerungs- und Speicheranlagen, Fernwärmeversorgung mittels eines Blockheizkraftwerkes, eine verkehrsberuhigte Erschließungskonzeption mit Geh- und Radwegen, Windschutzpflanzungen sowie eine Vernetzung mit dem angrenzenden Landschaftsschutzgebiet „Neckartal III".

Das Planungskonzept

Das Baugebiet sollte von zwei Büros überplant werden. Wesentliche Vorgaben bestanden durch das westlich angrenzende Baugebiet „Waldsteige I", das überwiegend mit Einzelhäusern bebaut ist. Für das neue Wohngebiet sollte die Einzelhausbebauung durch Doppelhäuser, Reihenhäuser und Geschosswohnungsbauten ergänzt werden. Im Vorfeld der Planung wurde eine Umweltverträglichkeitsstudie erstellt, in

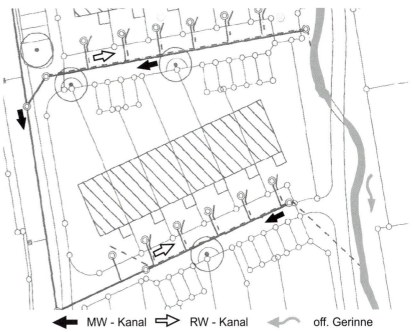

← MW - Kanal ⇒ RW - Kanal ↙ off. Gerinne

der für das Gebiet bestimmte Flächen aufgrund ihrer landschaftsökologischen Funktionen als schutzwürdig abgegrenzt wurden. Hierzu gehörte neben der Freihaltung einer Frischluftschneise auch die Erhaltung eines Streuobstbestandes. Im Bebauungsplan wurden verschiedene umweltrelevante Festsetzungen getroffen, herauszuheben sind dabei der Nachweis der Versiegelungsvermeidung und die Verwendung des Aushubs im Rahmen des Bauantrages. Herausragend ist die Umsetzung des Regenwasserbehandlungskonzeptes, das das Baugebiet in seiner konsequenten Umsetzung weithin bekannt gemacht hat.

Realisierung

Zur Umsetzung der verschiedenen umweltrelevanten Planungsansätze nutzte die Gemeinde die Möglichkeit der privatrechtlichen Regelungen im Kaufvertrag für die von der Gemeinde veräußerten Baugrundstücke. Dabei wurden für die verschiedenen Gebäudetypen unterschiedliche Wärmestandards festgelegt, die zwischen 65 kWh/qma für Geschosswohnbauten und 70 kWh/qma für freistehende Einzelhäuser und damit weit unter der damals gültigen Wärmeschutzverordnung von 1982 liegen. Die Siedlung vereint darüber hinaus verschiedene Ansätze ökologisch orientierter Planung. Besonderes Augenmerk lag auf dem Umgang mit dem Niederschlagswasser. Es wurde ein

Die Vermeidung von Belastungen des Naturhaushaltes erfordert einen erhöhten technischen Aufwand an der Quelle. Für die Bewirtschaftung von Niederschlagswasser werden getrennte Kanalsysteme für Schmutz- und Niederschlagswasser benötigt, die erhöhte Investitionskosten bei der Erschließung eines Baugebietes erfordern. Während das Schmutzwasser über einen Mischwasserkanal zur Kläranlage entwässert, wird das Niederschlagswasser über einen Regenwasserkanal einem offenen Gerinne mit Rückhalteteichen zugeführt. Derartige Konzepte vermindern die Hochwassergefahren an den Unterläufen der Flüsse und damit die Folgekosten bei Überschwemmungen.

[70] Große Kreisstadt Mosbach, 1986, S.14

Ökologische Nachhaltigkeit 75

Die Trennung von Regenwasser und Abwasser erfordert eine aufwendige Leitungsführung. Im Baugebiet „Waldsteige West II" in Mosbach haben die Leitungen ein gegenläufiges Gefälle. [71]

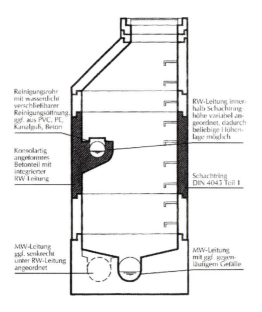

Der Anteil der versiegelten Flächen wurde in den Straßenräumen möglichst gering gehalten.

Die befestigten Flächen in den Straßenräumen wurden z.T. mit wasserdurchlässigen bzw. -speichernden Materialien gestaltet, um die Abflussspitzen zu senken.

Auf den Privatgrundstücken wurde die Anlage von Zisternen zur Nutzung des Niederschlagswassers gefördert, nicht aber planungsrechtlich vorgeschrieben.

Trennsystem entwickelt, bei dem zwei getrennte Leitungen in einem Graben verlegt werden, die gleichzeitig von einem gemeinsamen Schacht kontrolliert werden können. Die Leitungen für das Mischwasser und das Regenwasser werden in gegenläufigem Gefälle geführt, wobei das Abwasser zum Mischwasserkanal unter der Straße geführt wird, während der Regenwasserkanal einem offenen Mulden-Rigolen-System zugeführt wird.

Neben den Mulden-Rigolen wurden offene Gräben in Form von Rauhbett-Gerinnen geschaffen, die teilweise durch Bruchsteine und Gehölze befestigt wurden.

Bestandteil der städtebaulichen Konzeption war auch ein Teich, in dem das abfließende Wasser gesammelt wird. Zur Begrenzung der Belastungen eines angrenzenden Straßenkanals, der mitbenutzt werden sollte, musste zusätzlich ein Regenrückhaltebecken vorgesehen werden.

Für die Ableitung des Niederschlagswassers aus dem Baugebiet erwies sich die vorhandene Situation als günstig, da bestehende Ableitungsgräben der Umgebung für die Ableitung des Niederschlagswassers zum Neckar genutzt wer-

[71] Große Kreisstadt Mosbach, 1986, S. 15

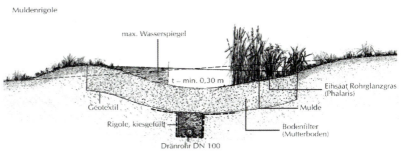

Offene Gräben sammeln das Niederschlagswasser von den Privatgrundstücken und leiten es in einen Rückhalteteich.

den konnten. Die offenen Entwässerungsgräben ermöglichen eine direkte Versickerung des Wassers in Zeiten mit geringen Niederschlagsereignissen. Auf eine gezielte Versickerung des Niederschlagswassers wurde verzichtet, da der Boden im Planungsgebiet in der Regel eine geringe Aufnahmefähigkeit bzw. Durchlässigkeit aufweist. Zur Vermeidung großer Abflussspitzen wurde jedoch für die Befestigung von Straßen und Wegen (ca. 18.000 m² Fläche) sog. Einkorn-Beton verwendet, der über eine hohe Aufnahmekapazität für Niederschlagswasser verfügt.

Darüber hinaus wurde der Straßenunterbau so ausgelegt, dass er eine hohe Aufnahmefähigkeit für das versickernde Niederschlagswasser hat.

So kann ein Großteil des auftreffenden Niederschlagswassers dem Untergrund zugeführt werden, was das Grabensystem und schließlich die Gewässer entlastet und der Grundwasserneubildung bzw. dem Naturhaushalt der Umgebung zugute kommt.

Die Rückhaltung des Regenwassers auf den privaten Grundstücken wurde baurechtlich nicht festgesetzt. Allerdings wurden die interessierten Bauherren über Möglichkeiten der Regenwasserbehandlung auf den Grundstücken informiert. Ein großer Teil der privaten Grundstücke verfügt in der Zwischenzeit über hauseigene Zisternen, in denen das Regenwasser gesammelt wird. Teilweise wurden Teiche und Mulden angelegt, die zur Rückhaltung des Regenwassers auf den Grundstücken beitragen. Zur Entwässerung wurden offene Gräben angelegt, in denen das Wasser aus der Siedlung gesammelt und abgeführt wird. Dabei verzögern

Aufweitungen und Teiche im Grabensystem die Abflussgeschwindigkeit. Durch Verdunstung verbessert sich das Kleinklima, gleichzeitig entstehen Kleinstlebensräume mit einer größeren Artenvielfalt von Pflanzen und Tieren. Dadurch kann auch der Erlebniswert innerhalb der Siedlung erhöht werden.

Die offenen Gräben sind als Muldenrigolen ausgebildet, in denen sich das Niederschlagswasser temporär sammeln kann. [72]

Der Teich wird mit Niederschlagswasser aus den Grundstücken gespeist und dient damit als Rückhaltefläche sowie als Lebensraum mit Erlebnisqualität.

[72] Große Kreisstadt Mosbach, 1986, S. 17

Ökologische Nachhaltigkeit

Exkurs Theo G. Schmitt:
Regenwasserwirtschaft als Beitrag der Siedlungswasserwirtschaft zur ökologischen Stadtentwicklung

In den zurückliegenden Jahren hat eine Neuorientierung in der Siedlungsentwässerung begonnen, die sich am deutlichsten artikuliert in einem neuen Umgang mit Regenwasser. Fachtechnisch mit dem Begriff **„Regenwasserbewirtschaftung"** belegt, bedeutet dies die Abkehr vom bisherigen Prinzip der fast ausschließlichen Ableitung des Niederschlagswassers in Kanälen, entweder gemeinsam mit dem Schmutzwasser oder in einem getrennten Regenwasserkanal (Schmitt, 1995). Diese Neuorientierung wurde zum einen angestoßen durch die Kostenentwicklung bei der Erstkanalisation ländlicher Siedlungen nach der gleichen Entwässerungskonzeption, wie sie vor 150 Jahren für Großstädte mit dichter Bebauung und intensiv genutzten Flächen der Stadtkerne entwickelt wurde. Zum zweiten traten die allgemein ökologischen und wasserwirtschaftlichen Nachteile des Ableitungsprinzips in verschiedenen Anwendungsbereichen zutage.

Zwischenzeitlich sind gesetzliche Vorgaben ergangen, die den Rückhalt des Niederschlagswassers in Baugebieten anstelle der Ableitung in geschlossenen Kanälen vorschreiben bzw. zumindest mit höchster Priorität belegen. Beispielhaft - weil sehr weitreichend - sei das Landeswassergesetz Rheinland-Pfalz (1995) genannt. Dort heißt es (§ 2 (2)):

„Jeder ist verpflichtet, mit Wasser sparsam umzugehen. Der Anfall von Abwasser ist soweit wie möglich zu vermeiden. Niederschlagswasser soll nur in dafür zugelassene Anlagen eingeleitet werden, soweit es nicht bei demjenigen, bei dem es anfällt, mit vertretbarem Aufwand verwertet oder versickert werden kann, und die Möglichkeit nicht besteht, es mit vertretbarem Aufwand in ein oberirdisches Gewässer mittelbar oder unmittelbar abfließen zu lassen."

Die Frage, wie diese Vorgaben umzusetzen sind, bewegt die Fachwelt - und häufig auch die persönlich Betroffenen - seit einigen Jahren, was in einer Vielzahl von Fachveranstaltungen und -diskussionen - national und international - sowohl in der Themenstellung als auch bei den Inhalten der Beiträge deutlich wird. (Ellis, 1995; Sieker 1996).

Generell anerkannt wird dabei, dass die herkömmliche (groß-)städtische Entwässerungskonzeption mit vollständiger Erfassung und Ableitung des Regenwassers in bebauten Bereichen vielfach kritik-, ja gedankenlos auf weniger dicht bebaute Wohnbereiche und zuletzt ländliche Siedlungen übertragen wurde. Umstritten bleibt allerdings bis auf weiteres, in welchem Umfang und mit welchen Maßnahmen die neue Konzeption der Regenwasserbewirtschaftung bei Neuerschließungen und innerhalb bestehender Bebauung umsetzbar ist bzw. ob damit nicht einer neuen Ausschließlichkeit (der „Versickerung") das Wort geredet wird.

Anliegen dieses Beitrages ist es, vor allem die Notwendigkeit der Differenzierung nach der jeweiligen wasserwirtschaftlichen Zielsetzung und nach örtlichen Gegebenheiten sowie das Spektrum unterschiedlicher Einzelmaßnahmen und deren Kombinationsvielfalt hervorzuheben. Dabei soll auch verdeutlicht werden, dass Regenwasserbewirtschaftung mehr ist als „nur Versickerung" und auch ihre „unvollständige" Umsetzung durchaus sinnvoll ist. Auch eine Lösung, bei der statt herkömmlich 70 % des Niederschlagswassers immer noch 30 % zur Ableitung kommen, wird i.d.R. eine deutliche wasserwirtschaftliche Verbesserung darstellen.

Veranlassung und Konzeption der Regenwasserbewirtschaftung

Zwei unterschiedliche Anstöße haben der Neuorientierung in der Siedlungsentwässerung Auftrieb gegeben. Zum einen die Kostenentwicklung, die in den weniger dicht bebauten Bereichen zu einem überproportionalen Anstieg der einwohnerspezifischen Aufwendungen v.a. für die Sammlung und den Transport von Abwasser geführt hat, wobei die Ableitung des Regenwassers als mengenmäßig größte Komponente deutlich zu Buche schlägt.

Zum zweiten war es die Würdigung wasserwirtschaftlicher und ökologischer Zusammenhänge, nicht zuletzt vor dem Hintergrund der Extremhochwässer der Jahre 1993 - 1995. Unbestreitbar führt die mit der Entwicklung und Erschließung neuer Baugebiete einhergehende zunehmende Versiegelung vormals natürlich bewachsener Flächen zu einer deutlichen Verschiebung der einzelnen Komponenten im Wasserkreislauf. Bei der Überregnung natürlich bewachsener Flächen dominieren die Pflanzen- und Bodenverdunstung sowie die Versickerung und Grundwasserneubildung deutlich über den oberflächigen Abfluss. Beide Komponenten werden durch die Bodenversiegelung drastisch reduziert, sodass der überwiegende Niederschlagsanteil als Oberflächenabfluss auftritt. Dadurch werden Niedrigwasserabflüsse von urbanen Gewässern reduziert und ihre Hochwasserabflüsse erhöht, auch wenn dies nicht die Hauptursache der beiden letzten Hochwasserkatastrophen am Rhein und seinen Hauptnebenflüssen war.

Nach heutigem Verständnis muss sich die künftige Entwässerung von Siedlungen stärker an dem Grundsatz orientieren, unbelastetes Wasser möglichst im natürlichen Kreislauf zu belassen und verschmutztes, mit Schadstoffen belastetes Wasser vor der Einleitung in ein Oberflächengewässer einer Behandlung zuzuführen. Dabei ist die Notwendigkeit einer Behandlung von häuslichem, gewerblichem und industriellem Schmutzwasser unstrittig. Schwieriger gestaltet es sich mit den Niederschlagsabflüssen von befestigten Flächen und bebauten Bereichen. Hier ist künftig eine stärkere Differenzierung nach Herkunftsbereichen und damit nach der Beschaffenheit im Hinblick auf die weitere Entsorgung erforderlich.

Bild 2 zeigt ein entsprechendes Schema mit Zuordnung von 12 Qualitätsstufen je nach Art und Herkunft der Abflusskomponenten Schmutzwasser, Niederschlagswasser und Fremdwasser (Bayer. Merkblatt, 1993). Daraus lässt sich mit der Zielvorgabe, möglichst viel unverschmutztes Wasser in den natürlichen Wasserkreislauf zurückzuführen, und der Differenzierung der Beschaffenheit von Niederschlagswasser nach seiner Herkunft eine Prioritätenfolge für das Regenwasser ableiten (Schmitt, 1996).

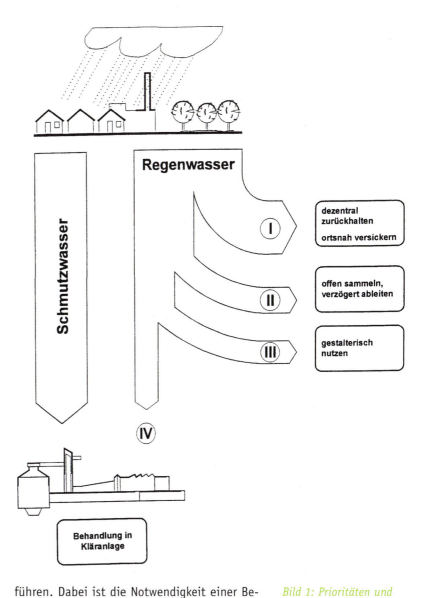

Bild 1: Prioritäten und Pfade der Schmutz- und Regenwasserentsorgung.

Bild 2: Differenzierung der Niederschlagsabflüsse nach Herkunftsbereichen (aus: Merkblatt des Bayerischen Landesamtes für Wasserwirtschaft, 1991).

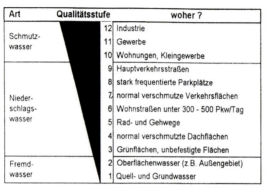
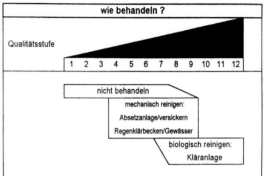
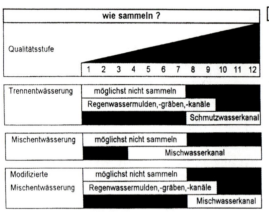
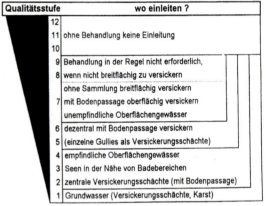

Bild 1 zeigt diese Priorisierung als „Entsorgungspfade" des Regenwassers in Verbindung mit der Schmutzwasserentsorgung:

- **Vermeiden von Regenwasserabfluss** durch Flächenentsiegelung und die Verwendung durchlässiger Flächenbefestigung bei unverschmutzten Flächen (Pfad I)
- **Nutzen von Regenwasser** zur Gartenbewässerung (Pfad I)
- **Versickern von Regenwasser** (Pfad I)
- **Speichern** und **verzögertes (offenes) Ableiten von Regenwasser** (Pfade II und III)
- **Behandeln von** (stark) **verschmutztem Regenwasser** (Pfad IV).

Die darin enthaltenen Maßnahmen werden in ihrer Gesamtheit als Regenwasserbewirtschaftung bezeichnet. Zum wesentlichen Grundverständnis gehört die Vielfalt und Kombination von Einzelmaßnahmen unterschiedlicher Ausrichtung, um eine bestmögliche Anpassung an die jeweiligen örtlichen Gegebenheiten zu erreichen. Dies wiederum erfordert die frühzeitige Einbindung der Siedlungsentwässerung in die Bauleitplanung und ihre Verknüpfung mit den Anliegen der Stadt- und Ortsplanung, der Dorferneuerung, der Straßen- und Verkehrsplanung sowie der Landschaftsplanung und Grünflächengestaltung.

Elemente der Regenwasserbewirtschaftung: Abflussvermeidung

Die Vermeidung von Niederschlagsabflüssen kann durch Begrenzung bzw. Reduzierung versiegelter Flächen bei Neuanlagen sowie durch die „Entsiegelung" in bestehenden Baugebieten angestrebt werden. Die Reduzierung der Flächenversiegelung wiederum ist erreichbar durch Beschränkung der Flächenbefestigung im Zuge der Bebauung bzw. vollständigen Verzicht dort, wo die vorgesehene Nutzung eine

Befestigung nicht unbedingt erfordert. Ein geringerer Versiegelungsgrad kann ferner durch den Einsatz durchlässiger Materialien zur Flächenbefestigung erzielt werden, v.a. (Hess. Min. f. Umwelt, 1993):
- wassergebundene Decken (Mineralbeton, Kies-/Splittdecken, Schotterrasen)
- Dränasphalt und wasserdurchlässiger Asphalt
- durchlässige Pflasterungen (Poren-, Splittfugenpflaster, Rasenfugen- und Rasengittersteine).

Dies gilt allerdings nur für weitgehend unverschmutzte Abflüsse. Bei starker Verschmutzung des Regenwassers bzw. der Abflussflächen ist die Versiegelung als Maßnahme des Grundwasserschutzes anzusehen, dem eindeutig Vorrang einzuräumen ist. In besonderen Situationen ist die Überdachung stark verschmutzter Flächen angezeigt.

Schließlich ist eine Abflussvermeidung bzw. -verminderung erreichbar durch die Begrünung von Dächern und Fassaden, was neben der Abflussreduzierung durch die erhöhte Pflanzen- und Bodenverdunstung eine Erhöhung der Luftfeuchtigkeit sowie einen Kühleffekt bewirkt und somit zur Verbesserung des Kleinklimas beiträgt. Das Anliegen „Abflussvermeidung" bezieht sich - insbesondere bei Entwässerung im Mischverfahren - zudem auf Zuflüsse von Grundstücksdrainagen sowie von unbebauten Außenbereichen und Gewässereinzugsgebieten.

Nutzung

Ausgangspunkt und vorrangiges Ziel bei der Regenwassernutzung ist die Einsparung von qualitativ hochwertigem Trinkwasser. Das mögliche Einsparpotenzial bei Betrachtung der Verbrauchsarten im häuslichen und gewerblichen Bereich, die keine Trinkwasserqualität erfordern, sollte Anlass genug sein, Regenwassernutzung zu diskutieren und ggf. zu praktizieren. Auch wenn die Bundesrepublik insgesamt nicht als Wassermangelgebiet einzustufen ist, stellt sich das Gebot der Einsparung von Trinkwasser für Ballungsräume, in die Trinkwasser über größere Entfernungen transportiert werden muss (Stuttgart, Frankfurt, Hamburg), weitaus dringlicher dar.

So ließe sich im häuslichen Bereich mit der Nutzung von Regenwasser zur Gartenbewässerung und Toilettenspülung bis zu ein Drittel des mittleren häuslichen Verbrauches einsparen. Allerdings ist die Regenwassernutzung zur Toilettenspülung mit erheblichem baulichen Aufwand verbunden, der sich v.a. bei bestehenden Anlagen unter betriebswirtschaftlichen Gesichtspunkten allein kaum rechtfertigen lässt. Die Regenwassernutzung zur Trinkwassersubstitution wird angesichts des mengenmäßig ausreichenden Dargebots in der Bundesrepublik, v.a. aber mit dem Argument des Risikos von Kurzschlüssen in den getrennt erforderlichen Wasserinstallationen innerhalb der Gebäude, in der Fachwelt immer noch kontrovers diskutiert.

Die Reduzierung des Niederschlagsabflusses durch die Regenwassernutzung ist gegenüber der Trinkwassereinsparung von untergeordneter Bedeutung. Allerdings kann nach Bullermann (1995) die flächendeckende Umsetzung der Regenwassernutzung eine signifikante Verringerung der Regenabflüsse in der Kanalisation bewirken.

Versickerung

Die Versickerung des Niederschlagswassers von Dach- und Hofflächen oder Wohnstraßen kann bei entsprechender Bodenbeschaffenheit und Grundwasserverhältnissen sowohl dezentral auf den einzelnen Grundstücken einer Bebauung als auch zusammenhängend in der Fläche ganzer Baugebiete verwirklicht werden (ATV, 1990). Versickert werden sollte generell breitflächig über Vegetationsflächen, um das

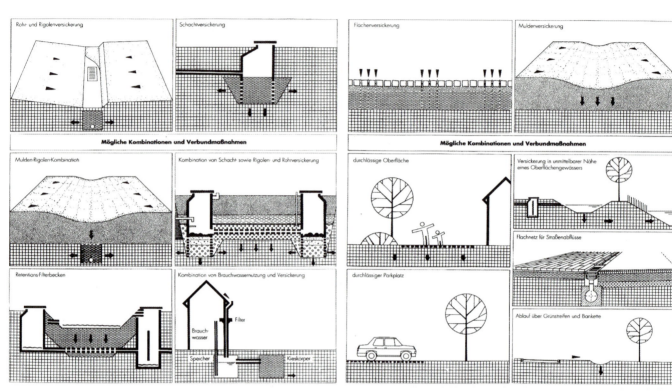

Bild 3: Versickerungsmöglichkeiten in offenen und geschlossenen Anlagen (aus: Emschergenossenschaft, 1991).

Speichervermögen der bewachsenen Bodenzone und v.a. deren nachgewiesene Reinigungswirkung auszunutzen (ATV, 1996b). Zur Ausführung von dezentralen, verbundenen/vernetzten und zentralen Versickerungsanlagen existieren, wie in Bild 3 gezeigt, verschiedene Lösungsansätze, die von der Flächen- und Muldenversickerung über die Kombination mit Gartenteich oder Feuchtbiotop, über die Schachtversickerung (nur in Sonderfällen zu empfehlen!) bis zu aufwendigeren Versickerungsbauwerken (Mulden-Rigolen-System, Sickerbecken) reichen. Vor der Verwirklichung der Regenwasserversickerung bzw. bei der Auswahl und Gestaltung der geeigneten Versickerungsmaßnahmen sind die örtlichen Gegebenheiten (Grundwasserstand, Durchlässigkeit und Speichervermögen des Bodens und Untergrundes, Geologie, Hangbebauung mit oberflächennahem Schichtenabfluss, Gefahr der Vernässung etc.) unbedingt zu würdigen.

Retention und Ableitung

Wo eine Ableitung von Regenabflüssen unvermeidlich ist - z.B. wegen fehlender Versickerungsmöglichkeiten -, sollte eine Verzögerung der Abflüsse angestrebt werden. Diese kann durch (dezentrale) Speicherelemente, ggf. in Kombination mit Zisternen zur Regenwassernutzung oder offenen Wasserflächen („Gartenteich"), und durch offene Ableitung in Rinnen und Mulden mit erhöhter Rauhigkeit der Gerinne, ggf. auch in Kombination mit Versickerungsmulden, erreicht werden (vgl. Bild 4). Diese Ansätze wiederum sind zu verknüpfen mit der Zielsetzung, das abfließende Wasser zukünftig stärker als gestalterisches Element in Bebauungen einzubeziehen und von der Prämisse einer versteckten, unterirdischen Ableitung in geschlossenen Kanälen abzurücken.
Seitens der Stadt- und Ortsplanung wird „Wasser in der Siedlung" zunehmend als Gestaltungs- und Erlebniselement aufgegriffen (Geiger, Dreiseitl, 1995).

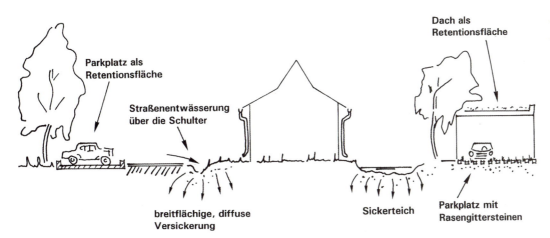

Bild 4: Kombinierte Maßnahmen zur dezentralen Retention von Niederschlagsabflüssen.

Behandlung

Die Notwendigkeit der Behandlung von Niederschlagswasser zur Reduzierung des Schmutz- und Schadstoffgehaltes hängt entscheidend von den vorgegebenen Bewertungskriterien ab. Nach bisheriger Praxis war die Behandlungsbedürftigkeit lediglich bei besonderem Schutzbedürfnis von Gewässern gegeben oder bei besonderer Flächennutzung (militärische Liegenschaften, Flughäfen, Tankstellen). Als behandlungsbedürftig eingestuftes Niederschlagswasser ist in jedem Falle zu sammeln und in geschlossenen Kanälen abzuleiten. Dies kann im modifizierten Mischsystem gemeinsam mit dem Schmutzwasser zur Kläranlage oder beim modifizierten Trennverfahren getrennt im Regenwasserkanal zu einer eigenständigen Regenwasserbehandlung erfolgen (ATV, 1996a).

Regenwasserbewirtschaftung und Siedlungsentwicklung

Flächennutzung und -versiegelung in Siedlungsgebieten haben in den letzten Jahrzehnten erheblich zugenommen. Das Gutachten 1994 des Sachverständigenrates für Umweltfragen weist eine Flächenversiegelung von derzeit 90 ha pro Tag in der BRD auf. Auch künftig werden neue Wohn-, Gewerbe- und Industriegebiete erschlossen. Flächensparenden Bauweisen kommt dabei besondere Bedeutung zu. Im städtischen Bereich sind folgende Schwerpunkte der Bautätigkeit erkennbar (Uhl, 1995):

- Nachverdichtung im Bestand
- Sanierung älterer Wohngebiete
- Erschließung von Wohngebieten in verdichteter Bauweise
- Erschließung von Gewerbegebieten zumeist für den tertiären Wirtschaftssektor.

Vorrangige Aufgabe der Regenwasserbewirtschaftung in Siedlungsgebieten ist die Vermeidung des Niederschlagsabflusses, wo immer dies möglich und wasserwirtschaftlich sinnvoll ist. Die Vermeidung versiegelter Flächen, Versickerung oder stark verzögernde, naturähnliche Ableitung dienen der Umsetzung des Retentionsprinzips für gering verschmutzte Niederschlagsabflüsse. Stärker verschmutzte Niederschlagsabflüsse können dezentral behandelt werden oder gemeinsam mit dem Schmutzwasser im (modifizierten) Mischsystem der Kläranlage zugeführt werden. Die Regenwasserbewirtschaftung entspricht dem Vermeidungsprinzip der Umweltvorsorge und trägt zu einer umweltverträglichen Siedlungsentwicklung bei. Die Planung der Niederschlagsentwässerung von Siedlungsgebieten ist von der reinen Entsorgungsaufgabe zur Bewirtschaftungsaufgabe geworden, die in frühzeitiger, enger Abstimmung

mit anderen planungsbeteiligten Fachdisziplinen sorgsam zu lösen ist. Dies erfordert teilweise Anpassungen im Planungs- und Realisierungsprozess. Die Realisierbarkeit der Maßnahmen hängt im einzelnen ab von:
- Sanierungs-/Bebauungsaufgabe
- Standortvoraussetzungen (z.B. Geländegefälle, Untergrund, Grundwasser, Bebauungs-, Freiraum- und Gebäudestruktur, Gewässernähe)
- Umweltanforderungen (Grundwasser-, Boden- und Gewässerschutz)
- Organisation von Betrieb und Kontrolle der Anlagen
- Wirtschaftlichkeit.

Auswirkungen der Regenwasserbewirtschaftung

Als mögliche Auswirkungen der Regenwasserbewirtschaftung sind zu nennen (Uhl, 1995):

Entwässerungssystem
- Verzicht oder Verringerung von Kanalisationsneubau bei Erschließungsmaßnahmen
- hydraulische Entlastung vorhandener Trenn- und Mischsysteme (Kanalnetz, Pumpwerke, Regenbecken)
- verbesserter Wirkungsgrad von Anlagen zur Regenwasserbehandlung
- Verringerung der Emissionen aus Trenn- und Mischsystemen (Häufigkeit, Dauer, Menge von Wasser- und Schmutzfrachtentlastungen).

Gewässer
- Verringerung der Gewässerbelastung durch Einleitungen aus Entwässerungssystemen (Primärbelastung durch „hydraulischen Stress" für Gewässerfauna sowie Eintrag von Fest-, Nähr- und Schadstoffen, Sekundärbelastung aus remobilisierten Sohlablagerungen)
- Erhöhung des Niedrigwasserabflusses kleiner, schwacher Fließgewässer.

Wasserhaushalt
bei Regenwasserversickerung und Minimierung versiegelter Flächen:
- weitgehender Erhalt der natürlichen Grundwasserneubildung
- Erhalt von lokalem Bodenwasserhaushalt und Verdunstung bei Regenwassernutzung
- Trinkwassereinsparung.

Freiraumgestaltung
- Regenwasser als Teil attraktiver Garten- und Freiraumgestaltung
- Feuchte beeinflusste Flächen als Lebensraum für Feuchte liebende oder an Wasser gebundene Pflanzen und Tiere.

Klima
- Verbesserung des Mikroklimas durch erhöhte Luftfeuchtigkeit.

Bei der Regenwasserbewirtschaftung sind folgende traditionelle Schutzziele einzuhalten:

Eigentumsschutz
Die Regenentwässerung dient dem Schutz vor Überschwemmungen im Siedlungsbereich. Der gewohnte Entwässerungskomfort ist für die Anlagen zur Regenwasserbewirtschaftung sicherzustellen durch
- Nachweis der Leistungsfähigkeit durch Simulationsrechnung,
- konstruktive Gestaltung unter Beachtung des Versagensfalles,
- verbindliche Regelungen für Betrieb und Kontrolle der Anlagen.

Grundwasser- und Bodenschutz
Die Erfordernisse von Grundwasser- und Bodenschutz können Restriktionen für Versickerungsanlagen mit sich bringen (vgl. u.a. A 138, RISTWAG).

Gewässerschutz
Aus der örtlichen Gewässersituation können sich Anforderungen an die Begrenzung der Einleitungsmengen oder an eine weitergehende Behandlung stärker verschmutzter Regenabflüsse ergeben.

Planerische Umsetzung der Regenwasserbewirtschaftung

Die erfolgreiche Realisierung der Regenwasserbewirtschaftung erfordert eine systematische Einbindung ihrer Belange in den Planungsprozess, wobei drei Aspekte besonders hervorzuheben sind:
- Die Belange der Regenwasserbewirtschaftung müssen früh Berücksichtigung finden.
- Ingenieure und Freiraumplaner sollten als Planungsteams die funktionale und gestalterische Integration der sichtbaren Elemente zur Regenwasserbewirtschaftung in den städtebaulichen Kontext bearbeiten.
- Das Instrument „Generalplanung und Controlling" empfiehlt sich insbesondere bei der Entwicklung größerer Baugebiete durch mehrere Erschließungsträger (Uhl, 1995).

Ausweisung von Bauflächen

Zur Eignungsbewertung neu auszuweisender Bauflächen sind folgende Randbedingungen und örtliche Gegebenheiten für die Regenwasserbewirtschaftung bedeutsam:
- Topografie
- Grund- und Oberflächengewässer
- hydrogeologische Situation
- Altlastenpotenzial
- vorhandene Entwässerungseinrichtungen
- mögliche Entwässerungskonzeption
- mögliche Regenwasserbehandlung
- Erschließungskosten.

Die Ausweisung von Bauflächen muss mit den Belangen der Stadt-, Umwelt-, Landschafts- und Verkehrsplanung sowie der Siedlungswasserwirtschaft und Wasserwirtschaft abgestimmt sein.

Vorentwurf für den Bebauungsplan

Sinnvoller Planungsbaustein für die Regenwasserbewirtschaftung ist die siedlungswasserwirtschaftliche Studie entsprechend ATV-Merkblatt M 101 (ATV, 1996a). Sie legt die Rahmenbedingungen für Gebietsentwässerung und Gewässerschutz dar. Teil der Studie muss ein Fachgutachten über die Boden- und Grundwasserverhältnisse im Bereich der geplanten Bebauung sein.

Die siedlungswasserwirtschaftliche Studie liefert an Vorgaben für den städtebaulichen Entwurf:
- Aussagen zu wasserwirtschaftlich empfindlichen Bereichen (Oberflächengewässer, Grundwasser)
- Konzepte zur Regenwasserbewirtschaftung
- entwässerungstechnische Fixpunkte
- bevorzugte Lage für Bebauungsstruktur und Erschließung
- Aussagen zu Baukörperform und Gruppierung im Hinblick auf eine günstige oberflächige Wasserführung im Gebiet.

Die Grundlage für den städtebaulichen Entwurf, dem als Basis für den künftigen Bebauungsplan besondere Bedeutung zukommt, kann alternativ wie folgt erarbeitet werden:
- städtebaulicher Wettbewerb
- Erarbeitung durch ein Büro für Stadtplanung
- Erarbeitung durch das Stadtplanungsamt.

Bei städtebaulichen Wettbewerben hat sich als effizient erwiesen, zur Preisgerichtssitzung neben der üblich besetzten Jury nicht stimmberechtigte Fachleute folgender Bereiche beratend hinzuzuziehen (Uhl, 1995):
- Siedlungswasserwirtschaft
- Verkehr
- Energie
- Immissionsschutz/Lärmschutz.

Dies gewährleistet, dass die Belange argumentativ in die Preisträgerauswahl Eingang finden und nicht knapp erwähnt im Vorprüfbericht verborgen bleiben. Erstellt ein Planungsbüro den städtebaulichen Entwurf, so sind Planungsleistungen für o.g. Bereiche ggf. gesondert zu vereinbaren.

Aufstellung des Bebauungsplanes
Im Zuge der Aufstellung des Bebauungsplanes ist der Vorentwurf der Gebietsentwässerung anzufertigen. Ergebnisse des Vorentwurfes sind:
- Konzept der Regenwasserbewirtschaftung
- Nachweis der Umsetzbarkeit im städtebaulichen Kontext (zeichnerische Darstellung mit Hauptabmessungen)
- Ausweisung von Lage und Größe erforderlicher Flächen für Versickerung, Rückhalt oder verzögernde Ableitung sowie Behandlung des Niederschlagsabflusses
- Vorschläge für Festsetzungen, Hinweise und Erläuterungen im Bebauungsplan.

Sind detaillierte Regelungen zur Niederschlagsentwässerung im Bebauungsplan nicht erwünscht, so können die für die Regenwasserbewirtschaftung erforderlichen Flächen und/oder Verfahren abgesichert werden durch:
- Ausweisung der Flächen als Gemeinschaftseigentum
- Zusatzvereinbarungen in Grundstückskaufverträgen
- Eintragung von Grunddienstbarkeiten im Grundbuch
- Nachweis im Rahmen der Baugenehmigung.

Im Bebauungsplan soll auf die beabsichtigte Regelungsart hingewiesen werden, um Investoren und privaten Bauwilligen frühzeitig verbindliche Klarheit über die beabsichtigten Maßnahmen zu verschaffen (Uhl, 1995).

Planung der Gebietsentwässerung
Parallel zum Fortgang des B-Plan-Verfahrens wird die **Entwurfsplanung** für die Gebietsentwässerung (Schmutz- und Niederschlagswasser) erarbeitet. Die Planung ist abzustimmen mit
- Aufsichtsbehörden
- Liegenschaftsamt (Erwerb oder Verkauf von Grundstücken, ggf. erforderliche Zusatzvereinbarungen in Grundstückskaufverträgen)
- Versorgungsträgern (Trassierungen, Bauabläufe)
- Amt für kommunale Abgaben (Gebühren, Erschließungsbeiträge).

Die Planungen zur Regenwasserbewirtschaftung sind in enger Zusammenarbeit abzustimmen mit
- Verkehrsplanern
- Freiraumplanern
- Architekten
- Erschließungsträgern/Bauherren.

Insbesondere eine der Topografie angepasste oberflächennahe Wasserführung und Anordnung von Versickerungsanlagen oder offenen Wasserflächen zur Speicherung ist sorgsam mit den anderen Planungsinteressen abzustimmen. Nach Vorlage der Zustimmung der zuständigen kommunalen Gremien und etwaigen behördlichen Genehmigungen ist die **Ausführungsplanung** aufzustellen („Baureifplanung").

Realisierung
Insbesondere große Baugebiete weisen eine Entwicklungszeit von 5 - 10 Jahren und mehr auf. Einzelne Teilgebiete werden durch Bauträger zu unterschiedlichen Zeiten bebaut, die zunehmend auch die gesamte Verkehrs- und Entsorgungsinfrastruktur erstellen und später der Kommune übereignen. In großen Baugebieten kommt der Regenwasserbewirtschaftung hohe Bedeutung zu, sodass eine konsequente Umsetzung in der langen Entwicklungs-

zeit des Baugebietes sicherzustellen ist. Hierfür eignen sich die Instrumentarien „**Generalplanung und Controlling**".

Generalplanung
- Erarbeitung eines verbindlichen Generalplanes für die Regenwasserbewirtschaftung im Gesamtgebiet
- Information für Erschließungsträger, Bauwillige und Architekten
- Erarbeitung von Musterlösungen als verbindliche Planungs- und Baustandards.

Controlling
- klare Regelung der Erschließungsabfolge
- Gespräche mit den beteiligten Fachplanern
- Prüfung der Grundstücksentwässerung im Rahmen der Baugenehmigung
- Sicherstellung der Bauzeitenentwässerung
- Durchführung von Abnahmekontrollen.

Für Generalplanung und Controlling ist Aufwand seitens der Kommune erforderlich. Dadurch können jedoch Mängel durch unklare Anforderungen, unsachgemäße Planung und Realisierung durch Bauträger auf ein Minimum reduziert werden (Uhl, 1995).

Die Bauzeitenentwässerung als Interimsstadium muss in der Planung berücksichtigt werden. Für den Baubetrieb sind klare Vorgaben zu machen. Verlegenheitslösungen der Bauzeitenentwässerung können missliche Folgen haben. So kann sich die Nutzung des Schmutzwasserkanals zur Bauzeitenentwässerung zum bleibenden Provisorium entwickeln.
Feststoffeintrag von Baustraßen oder die Verdichtung durch Baufahrzeuge oder Lagerung von Material kann die Sickerfähigkeit von Versickerungsanlagen erheblich mindern.

Zusammenarbeit der Fachplaner
Die Planung der Regenwasserbewirtschaftung stellt eine anspruchsvolle Ingenieuraufgabe dar. Die Berücksichtigung und Einarbeitung der Beiträge anderer Planungsbeteiligter erfordert Teamfähigkeit und Erfahrung im Projektmanagement. Zu den Aufgaben des planenden Ingenieurs gehört die aktive Mitwirkung bei der gestalterischen Einbindung in den stadt- und freiraumplanerischen Kontext. Regenwasser kann als belebendes Element in interessante Freiraumgestaltung einbezogen werden. Die Versickerung von Regenwasser stellt einen hochwertigen Beitrag zu den Ausgleichsmaßnahmen für die Bebauung dar. Wasser im Stadtraum sichtbar und erlebbar werden zu lassen, stellt für viele Freiraumplaner eine reizvolle Aufgabe dar. Dabei ist derzeit eine Neigung erkennbar, die Regenwasserbewirtschaftung „gleich mit zu erledigen". Dies ist sicher nicht sachgerecht. Es erscheint weitaus erfolgversprechender, in Planungsteams von Ingenieuren und Freiraumplanern die Stärken beider Fachrichtungen für eine gestalterisch ansprechende Regenwasserbewirtschaftung zu nutzen (Uhl, 1995).

Fazit und Ausblick
Die derzeit sich vollziehende Neuorientierung in der Siedlungsentwässerung geht einher mit einem neuen Denken beim Umgang mit Regenwasser und einer Abkehr von der Ausschließlichkeit der Ableitung in der Misch- oder Regenwasserkanalisation, die als Regenwasserbewirtschaftung begrifflich beschrieben wird. Ihre konsequente Umsetzung, möglichst nicht als Einzelmaßnahme, sondern in Kombination verschiedener, abgestufter Komponenten, hat eindeutig positive Auswirkungen auf die Auslegung der Kanalisation, der Bauwerke zur Mischwasserbehandlung und auf den Kläranlagenbetrieb und letztlich auch auf das Gewässer. Dies verdeutlicht die Notwendigkeit einer „integralen" Betrachtungsweise mit Bewertung der jeweiligen Gesamt-Gewässerbelastung.

Prinzip: Begrenzung oder Reduzierung des Bedarfs an Stoffen

Ein zentraler Aspekt der ökologischen Nachhaltigkeit ist die Begrenzung des Stoffeinsatzes. Die Suche nach ressourcenschonenden Bau- und Konstruktionsweisen ist ökologisch und ökonomisch gleichermaßen sinnvoll. In erster Linie bezieht sich dieser planerische Ansatz auf die Architektur und das Bauingenieurwesen. Demonstratives Beispiel für entsprechende Überlegungen waren die Zeltdachkonstruktionen von Frei Otto bereits Ende der sechziger Jahre (Deutscher Pavillon auf der Expo in Montreal oder die Bauten für die Olympischen Spiele in München 1972). Durch die hängenden Konstruktionen konnten erhebliche Materialeinsparungen gegenüber massiven, d.h. druckbelasteten Bauformen erreicht werden.

Die Wiederverwertung von Baustoffen erfordert eine Trennung der verschiedenen Baumaterialien. Dabei müssen die verwertbaren Materialien aussortiert werden.

Die Begrenzung des Stoffeinsatzes beim Bauen bezieht sich aber nicht nur auf die Konstruktion an sich, sondern auf die Lebensdauer der Produkte insgesamt. Bislang wird die Recyclingfähigkeit von Bauprodukten in Planung und Bauausführung kaum beachtet. Nach Gebrauch bzw. Abschreibung einer Immobilie werden Bauten immer schneller sich wandelnden Ansprüchen unterschiedlicher Nutzungen angepasst, was meistens durch Abbruch und Neubau geschieht. So entstehen in relativen kurzen Zyklen große Abbruchmengen, die als Abfall entsorgt werden müssen, und gleichzeitig ein hoher Bedarf an neuen Baustoffen, die als Rohstoffe abgebaut, verarbeitet und transportiert werden müssen, was große Schäden in der Landschaft und im Klimahaushalt verursacht. Der Anteil recyclierter Baustoffe bei der Errichtung neuer Gebäude ist bislang sehr gering. Dies liegt mitunter daran, dass die Trennung von Baustoffen beim Abriss bzw. Rückbau sehr zeit- und damit kostenaufwendig ist. Würden Aspekte der Rückbaubarkeit bereits in

Der Rückbau von Gebäuden zur Gewinnung von Baustoffen führt zur Verminderung des Bedarfs an Rohstoffen und damit zur Vermeidung von Eingriffen in Natur und Landschaft.

der Planung berücksichtigt, wie dies in der Automobilbranche durch Verwendung von Komponenten erreicht wurde, könnte die Wiederverwendung von Baustoffen einen erheblichen Beitrag zur Ökologisierung des Bauens beitragen.
Das Prinzip zur Begrenzung des Stoffeinsatzes bezieht sich neben der Architektur auch direkt auf den Standort. Bereits bei der Auswahl des Baugebietes werden grundlegende Entscheidungen getroffen, die sich direkt auf den erforderlichen Stoffeinsatz auswirken. Dabei stehen zwei Aspekte im Vordergrund:
- die Eignung des Baugrundes,
- der erforderliche Erschließungsaufwand.

Die Prüfung eines Standortes auf die Eignung des Baugrundes auf seine Tragfähigkeit bietet Ansatzpunkte zur Reduzierung des Materialeinsatzes. Zwar kann durch entsprechende bautechnische Maßnahmen fast jeder Standort bebaut werden, allerdings kann dies oft nur durch technische Verbesserungsmaßnahmen wie Austausch des Baugrundes und Sicherungsmaßnahmen erreicht werden, die sowohl ökonomisch aufwendig als auch ökologisch folgenreich sind.

Bei der Auswahl eines Standortes spielt auch seine Entfernung zu vorhandenen Infrastruktureinrichtungen wie Straßenanschluss sowie Leitungsführungen für Wasser, Abwasser und Strom- bzw. Gasversorgung eine entscheidende Rolle auf den notwendigen Stoffeinsatz.

Auch bei der Konzeption eines Baugebietes kann der Aufwand für Erdaushub und notwendige Anschüttungen begrenzt werden. Die Vermeidung von Erdaushub durch Verzicht auf Kellergeschosse wird mittlerweile bei vielen Bebauungsplänen praktiziert. Bei einer Anhebung der Eingangsfußbodenhöhe in einem Baugebiet kann nicht nur Aushub vermieden werden, im Gegenteil entsteht sogar ein Bedarf an Auffüllmaterial, der von anderen Baugebieten verwendet werden kann, wodurch eine sonstige Ablagerung mit entsprechenden Folgen vermieden werden kann.

Ein Grund, weshalb diese Ansätze in der Praxis noch relativ selten zum Tragen kommen, mag daran liegen, dass die entsprechenden Aufwendungen als Erschließungsbeiträge umlagefähig sind, d.h. nicht von den Kommunen, die in der Regel die Bereitstellung von Bauland betreiben, finanziert werden müssen. Bei vielen Neubaugebieten der jüngeren Zeit zeigt sich aufgrund der angesprochenen Schwierigkeiten des Baugrundes oder der Entfernung zu Infrastruktureinrichtungen ein steigender Erschließungsbeitrag.

Prinzip: Reduzierung des Bedarfs an Energie
Der ständig steigende weltweite Energiebedarf belastet die Ökosysteme der Erde. Die Bewältigung dieses Problems ist daher eine der drängendsten ökologischen Aufgaben. Zum Thema Energie und Bauen gibt es viele und vielversprechende Ansätze. Nachfolgend sollen nur zwei Beispiele herausgegriffen werden, die die möglichen Auswirkungen auf die städtebauliche Konzeption verdeutlichen. Beim Thema Energie spielt - wie in vielen Bereichen der Ökologie - die Summe der Einzelmaßnahmen eine große Rolle in Bezug auf die Klimaökologie der Erde. Allerdings ergeben sich hier bereits deutliche Ansätze zur Steigerung der Wirksamkeit bei Kombination und Koordination von Teillösungen zu energetischen Gesamtkonzepten, die sich auf die Gesamtstadt beziehen.

Ein wesentliches Potenzial zur Reduzierung des Energieverbrauchs besteht in der Verringerung des Bedarfs. Hierbei sind insbesondere die Bauweise (Kompaktheit der Gebäude) und die Konstruktion (Baustoffwahl und Wärmedämmung) ausschlaggebend.

Zur Bedarfssenkung gibt es verschiedene Möglichkeiten, von der Beeinflussung des Verbraucherverhaltens (Motto: Pullover statt T-Shirt) über die jahreszeitenabhängige Nutzung bestimmter Raumzonen, die unterschiedlich geheizt werden, bis hin zur technischen Ausstattung der Gebäude mit hochwärmedämmenden Konstruktionen und Materialien. Der Wärmedurchlasskoeffizient für die Bauteile der Außenhülle ist in den letzten Jahren zum Inbegriff des ökologischen Bauens geworden, der Niedrigenergiestandard wurde ohne verbindliche gesetzliche Regelungen in der Praxis bereits vielfach angestrebt bzw. umgesetzt. Als weitestgehende Entwicklung in dieser Richtung ist das Passivhaus zu sehen, das in Verbindung mit einer starken Wärmedämmung ohne jegliche Heizung auskommt, indem es solare Energieeinstrahlung sowie jede Form von Abwärme von Bewohnern und aus Haushaltsgeräten optimal nutzt. Vergleicht man den Wärmebedarf von Gebäuden aus unterschiedlichen Zeiten, so zeigen sich insbesondere in den letzten Jahren durch die Einführung der Wärmeschutzverordnungen erhebliche Absenkungen des Energiebedarfs pro Quadratmeter Wohnfläche. Neben den technischen Maßnahmen zur Reduzierung des Wärmebedarfs darf die Bedeutung der Wohnungsgröße nicht vernachlässigt werden. Trotz erhöhter Wärmedämmung kann der Energiebedarf zunehmen durch Vergrößerung der Wohnflächen oder der Kubatur der Gebäude. Bislang ist der Trend zur Vergrößerung der Wohnfläche pro Kopf ungebrochen; im Durchschnitt ist in Deutschland jeder Bundesbürger mit annähernd 40 m² Wohnfläche versorgt. Allein in den vergangenen 30 Jahren hat sich die Wohnfläche pro Einwohner annähernd verdoppelt. Dieser Zuwachs an Wohnfläche schmälert sämtliche

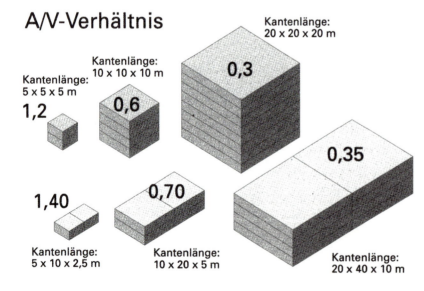

Je größer das Gesamtvolumen eines zusammenhängenden Baukörpers, desto kleiner, d.h. günstiger ist das erreichbare A/V-Verhältnis. [73]

[73] Wirtschaftsministerium BaWü, 1998, S. 27

Ansätze zur Energieeinsparung durch höhere Wärmedämmstandards erheblich.

Darüber hinaus kommt der Vermeidung der Wärmeabstrahlung nicht nur durch die einzelnen Bauteile, sondern durch die Gesamtform des Gebäudes eine große Rolle zu. Ein günstiges Verhältnis von Außenflächen eines Gebäudes zu seinem Volumen (A/V-Verhältnis genannt) kann die Abstrahlung erheblich reduzieren. Auch diese Aspekte werden durch neue Trends in den Architekturmoden oft vernachlässigt.

Beispiel Donaueschingen: Ökosiedlung „Auf der Staig"

In Donaueschingen wurde im Rahmen eines vom Wirtschaftsministerium des Landes Baden-Württemberg [74] geförderten Programms eine ökologische Mustersiedlung errichtet, in der verschiedene Prinzipien des ökologischen Bauens erprobt werden sollten.

Auf einer Anhöhe im Süden der Stadt wurden drei Häusergruppen (Erdhügelhäuser, Holzblockhäuser, Solarhäuser) konzipiert, denen unterschiedliche Konzepte der Energieeinsparung, Energiegewinnung und Energienutzung zugrunde liegen.

Die Ökosiedlung wurde als Bereich mit verdichteten Bauweisen für experimentelle Niedrigenergiebauweisen konzipiert.

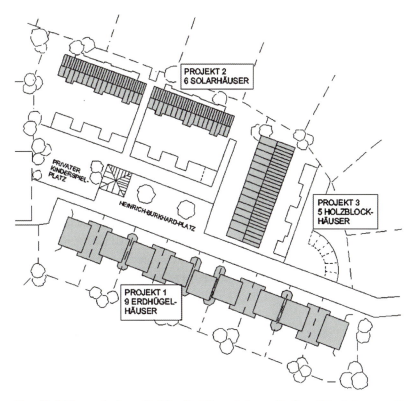

Das Modellbauvorhaben „Auf der Staig" vereint verschiedene Prinzipien energiegerechten Bauens in drei verschiedenen verdichteten Häusergruppen (Erdhügelhäuser, Solarhäuser mit transparenter Wärmedämmung und Holzblockhäuser).

Die Siedlung „Auf der Staig" in Donaueschingen stellt als Demonstrativvorhaben neue Ansätze der Planung für Neubaugebiete dar. [75]

[74] Wirtschaftsministerium BaWü, 1994

[75] Auszug aus der Topographischen Karte TK 8016 und 8017

Die Stadt Donaueschingen verfolgte mit der Ökosiedlung verschiedene ökologische Planungsansätze, die in dem Klimakonzept der Stadt[76] aufgestellt worden waren:
- flächensparendes Bauen
- Dachbegrünungen
- Vermeidung der Bodenversiegelung
- Verwendung gesundheits- und umweltverträglicher Baumaterialien
- Reduzierung des Heizenergiebedarfs auf 6 cbm Gas/qm und Jahr
- Nutzung der Sonnenenergie
- Minimierung des Wasserverbrauchs
- Bereitstellung von Flächen für gemeinschaftliche Nutzung.

Die Ziele des Klimakonzepts lassen sich durch verschiedene Bauformen in unterschiedlicher Weise erreichen. Daher wurden bei die Mustersiedlung in Donaueschingen unterschiedliche Planungsansätze verfolgt, die den einzelnen Aspekten in unterschiedlicher Weise Rechnung tragen.

Einzelne Aspekte wurden bereits auf der Ebene des Bebauungsplanes festgeschrieben, wie z.B. Dachbegrünungen, die Verwendung von Regenwasserzisternen oder die Verwendung wassergebundener Bodenbeläge im Außenbereich. Andere Aspekte sollten oder konnten nicht allein planerisch festgeschrieben werden. Daher wurde die Möglichkeit zur Festschreibung von Auflagen im Rahmen der Kaufverträge beim Erwerb der Grundstücke, die im Besitz der Stadt waren, genutzt. Da eine experimentelle Siedlung hohe Anforderungen an seine Nutzer stellt, deren Einhaltung nicht allein von oben kontrolliert werden kann, suchte man in Donaueschingen den Weg von unten, indem Bauinteressierte gesucht wurden, die sich freiwillig den hohen Anforderungen an eine nach ökologischen Gesichtspunkten errichtete Siedlung stellten. Die Erwerber der 20 Parzellen mussten sich bei Unterzeichnung des Kaufvertrages für die Grundstücke auf die Einhaltung eines zuvor formulierten Zielkonzeptes verpflichten.

Gesamtkonzept

Die Ökosiedlung „Auf der Staig" besteht aus drei Häuserzeilen, die einen platzartigen Raum umgrenzen. Die gewählten Häuserzeilen haben eine in Bezug auf das A/V-Verhältnis günstige Form, die die Wärmeabstrahlung generell reduziert. Jeder Hauszeile liegt ein anderer planerischer Ansatz zugrunde:
- bei den Erdhügelhäusern (südlichste Zeile des Gebietes) steht die Energieeinsparung im Vordergrund;
- die Solarhäuserzeile (nördlich des Platzes gelegene Häuserzeile) folgt dem Konzept der passiven und aktiven Solarenergienutzung;
- die Massivholzhäuserzeile (östliche Häuserzeile) steht neben Wärmeschutzaspekten auch für baubiologische Gesichtspunkte. Bei diesem Konzept wurde durch die Verwendung von Holz großer Wert auf die Atmungsaktivität der Außenwand gelegt. Das Problem der Holzbauweise, die über wenig speicherfähige Massen verfügt, wird kompensiert durch eine Massivbauweise in Verbindung mit einem Wandflächen-Heizsystem, das als Infrarot-Strahlungsheizung (vergleichbar dem Prinzip des Kachelofens) konzipiert wurde.

Die Holzblockhäuser verbinden Aspekte der Energieeinsparung durch Massivholzbauweise mit baubiologischen Gesichtspunkten.

[76] Stadt Donaueschingen, 1992

Erdhügelhäuser

Das spektakulärste Beispiel der Ökosiedlung sind die Erdhügelhäuser. Sie sollen in erster Linie das Prinzip der Reduzierung des Energiebedarfs illustrieren.

Energetisches Konzept

Die Erdhügelhäuser machen sich eine traditionelle Bauweise aus nordischen Breiten (Norwegen, Grönland) zu eigen. Grundgedanke ist die Ausnutzung der isolierenden Wirkung von Erde und Pflanzen und die Schaffung neuer Lebensräume als Ersatz für den Verlust durch die Überbauung. Die Dächer und die Gebäudezwischenräume sind daher erdüberdeckt und mit Gras bewachsen.

Dieser Effekt wird verstärkt durch ein günstiges A/V-Verhältnis, das durch die Verwendung eines Tonnendaches erreicht wird. Die Konstruktion des Tonnendaches aus verleimten Holzbindern erlaubt eine - für Reihenhäuser untypische - Spannweite von ca. acht Metern Breite. Diese Konstruktion ermöglicht neben einer großzügigen Raumaufteilung im Inneren eine bessere Ausnutzung der solaren Energieeinstrahlung durch eine breite, nach Süden ausgerichtete Fassade mit großen Fensteröffnungen. Hierdurch wird der Energiebedarf auch für die Raumbeleuchtung verringert. Ergänzt wird das Konzept der Energiegewinnung teilweise durch vorgelagerte Wintergärten, die zur passiven Solarnutzung beitragen.

Heizung

Das Heizsystem besteht aus einem zentralen Gasbrennwertkessel, der in Kombination mit der solaren Warmwasserbereitung einen hohen Nutzungsgrad über das Jahr (ca. 96%) erreicht.

Die Verteilung der erzeugten Wärme erfolgt über Schächte unter den nicht unterkellerten Gebäuden. Für die Warmwasserbereitung ist die Heizanlage über einen Wärmetauscher an die Sonnenkollektoren (30 qm Fläche) angeschlossen, die im Bereich der Heizzentrale auf dem Dach angebracht sind. Das warme Wasser wird in zwei Speichern für alle Häuser gesammelt (Fassungsvermögen jeweils 1000 Liter). Zur Vermeidung von Feuchteschäden sind die Häuser mit einer mechanischen Belüftungsanlage mit temperaturgesteuerten Zuluftventilen und zentralem Abluftventilator ausgestattet.

Die Erdhügelhäuser bilden mit ihren Tonnendächern kompakte Bauformen in Reihenhausbauweise. Durch die Dachkonstruktion ergibt sich eine breite Südfassade zur besseren Ausnutzung des Tageslichts.

Die erdüberdeckten und bewachsenen Tonnendächer weisen eine hohe Wärmedämmwirkung bei geringer Oberflächenabstrahlung auf.

Ökologische Nachhaltigkeit

Ökologischer Nutzen der Gebäude

Die Erdhügelhäuser haben unterschiedliche positive Wirkungen auf die Umwelt:
- An erster Stelle steht der verminderte Energiebedarf für Raumheizung und Warmwasserbereitung durch Verringerung der Abstrahlung (A/V-Verhältnis, Wärmedämmung), Ausnutzung der solaren Einstrahlung und effiziente Energienutzung;
- die Erdüberdeckung der Häuser führt zur Wiederherstellung wichtiger Bodenfunktionen wie Speicherfunktion für das Wasser (Vermeidung der Ableitung von Niederschlagswasser in die Kanalisation), Puffer- und Bindungsfunktion für Luftschadstoffe und Staub und die Funktion als Lebensraum für Bodenorganismen sowie als Standort für Pflanzen, die gleichzeitig Lebensraum und Nahrungsgrundlage für Tiere (insbesondere Insekten) bieten, wobei die Tonnenform sogar zur Vergrößerung der überbauten Fläche führt.

Der Gebäudetyp des Reihenhauses findet meistens nur in Randlagen der Städte Verwendung, der Typus des Erdhügelhauses lässt sich aufgrund besonderer Standortanforderungen (Sonnenexposition) nicht auf alle städtebaulichen Situationen übertragen. Das Beispiel zeigt aber, welche Möglichkeiten in entsprechenden Situationen gegeben sind.

Auf der Südseite dienen vorgelagerte Wintergärten der Wärmegewinnung durch passive Solarnutzung

Die Holzbinderkonstruktion der Tonnendächer erlaubt eine große Spannweite und damit ein breite Fassade, die auf der Südseite zur Belichtung und zur passiven Solarnutzung beiträgt.

Prinzip: Nutzung lokaler Potenziale
Im Verständnis der ökologischen Nachhaltigkeit ist es wesentlich, die Dimension von Stoff- und Energiekreisläufen zu begrenzen. Je weiter die Wege sind zur Versorgung von Standorten mit Baustoffen, Rohstoffen und Nahrungsmitteln oder Energie, desto höher ist der Transport- und damit auch der Energieaufwand. Diese Aufzählung deutet an, wie vielfältig ökologische Belange mit dem Wirtschaften des Menschen verbunden sind. An dieser Stelle sollen nur jene Aspekte angesprochen werden, die unmittelbar mit der Stadt zu tun haben, wenngleich eine scharfe Trennung kaum möglich ist. Ein Aspekt, der zentral mit dem Bauen zu tun hat, die Inanspruchnahme von guten landwirtschaftlich genutzten Böden für Siedlungserweiterungen, soll hier nur gestreift werden. Bei wachsender Weltbevölkerung und rückläufigen nutzbaren Potenzialen des Bodens z.B. durch Erosion oder Überbauung sollte dem Schutz guter Böden eine hohe politische Wertschätzung beigemessen werden. In der Bundesrepublik ist man derzeit hiervon trotz Verabschiedung eines Bodenschutzgesetzes weit entfernt. In der Diskussion um ökologisches Bauen wird seit langem die Nutzung von Baustoffen aus der jeweiligen Region diskutiert. Dadurch soll u.a. der Aufwand für den Transport begrenzt werden. Bei globalen Märkten und relativ niedrigen Energie- bzw. Transportkosten kann dieser Aspekt in der Planungspraxis nur dann erfolgreich durchgesetzt werden, wenn er mit anderen Zielen, wie z.B. der Sicherung lokaler Arbeitsplätze, verbunden wird und entsprechende Bündnisse auf freiwilliger Basis geschlossen werden. Die Reichweite und Dimension freiwilliger Vereinbarungen oder von Selbstverpflichtungen, z.B. durch die Entscheidung eines Gemeinderates, kann aber immer nur begrenzt sein.
Neben der Nutzung lokal vorkommender Stoffe und Materialien kommt der Nutzung von lokalen Energiequellen, insbesondere bei steigenden Energiekosten, eine zunehmende Bedeutung zu. Besonders deutlich wird dieses Bestreben bei der Nutzung von Energien, die annähernd zum Nulltarif zur Verfügung stehen.
Für das Bauen und den Städtebau stehen hierbei drei Energieformen im Vordergrund:
- Rückgewinnung von Abwärme
- Nutzung von Erdwärme
- Nutzung der Sonnenenergie.

Rückgewinnung von Abwärme
Die Rückgewinnung von Abwärme erfolgt nach dem gleichen Prinzip wie die Nutzung der Erdwärme. Allerdings sind die Quellen der Wärmeerzeugung unterschiedlich:
- technische Produktionsprozesse
- der Mensch
- technische Geräte
- Erdwärme
- solare Einstrahlung.

Bekanntestes Beispiel der Abwärmenutzung ist die Fernwärme, bei der die Abwärme aus technischen Prozessen, meistens in Verbindung mit der Stromerzeugung (Wärme-Kraft-Koppelung), gewonnen wird.

Nutzung von Erdwärme
Erdwärme kann unterschiedliche Quellen haben: sie kann gespeicherte Sonnenenergie in den oberen Erdschichten sein oder im Inneren der Erde erzeugte Erdwärme, die insbesondere in den tieferen Erdschichten gewonnen werden muss.
Die Nutzung von Erdwärme erfolgt über Wärmetauscher (Wärmepumpen), die nach dem Prinzip des Kühlschranks, allerdings in umgekehrter Richtung, durch Kompression und Dekompression einer Trägerflüssigkeit Wärmetransport ermöglichen. In Koppelung mit anderen Formen der Energieerzeugung (z.B. solar genutzte Wärme,

Blockheizkraftwerk) kann die Erde als Speichermedium genutzt werden, das während der Sommerzeit mit einem Überschuss an Wärme aufgeheizt wird, um in der kalten Jahreszeit die gespeicherte Energie wieder abzugeben. Ein Beispiel hierfür ist die Siedlung Amorbach II in Neckarsulm mit dem derzeit größten Erdsondenwärmespeicher in Deutschland [77]

Nutzung der Sonnenenergie

Die Nutzung der Sonnenenergie hängt ab vom Potenzial des jeweiligen Standortes. Allein in Baden-Württemberg liegt die Bandbreite der Sonnenscheindauer zwischen 1350 und 1750 Stunden im Jahr.[78] Von daher kann die Sonnenenergie an den verschiedenen Standorten nur in unterschiedlicher Intensität genutzt werden. Grundsätzlich unterscheidet man folgende Ansätze, zwischen denen allerdings fließende Übergänge bestehen:
- passive Solarnutzung durch Architektur und Städtebau,
- aktive Solarnutzung durch technische Systeme.

Die passive Solarnutzung in Form von Wärmefallen wie Wintergärten, große Südfenster mit Spezialbeschichtungen bis hin zur Trombe-Wand sind seit langem erprobt und gehören annähernd schon zum technischen Standard. Die transparente Wärmedämmung hat demgegenüber noch experimentellen Charakter und steht im Übergang zu den technischen Systemen für die Wärmegewinnung. Die aktive Solarnutzung in Form von Sonnenkollektoren zur Erwärmung von Brauchwasser und Heizwasser stellt einen vielfach erprobten technischen Standard sowohl bei Einzelhäusern als auch bei Hausanlagen dar; sie erfolgt aber - in Bezug auf den Gesamtbedarf - auf einem relativ niedrigen Niveau.

Die Nutzung der Sonnenenergie für die Erzeugung von elektrischem Strom durch Solarzellen hat in den letzten Jahren durch technische Neuerungen und wachsende Produktion an Bedeutung gewonnen. Diese Technik lässt sich in der Regel ohne Probleme architektonisch und städtebaulich integrieren. Bei entsprechender Förderung von Forschung und Investition kann diese Technik einen bedeutsamen Anteil an der Stromerzeugung erlangen. Bei der Nutzung der Solarstrahlung ergeben sich Anforderungen an Architektur, Städtebau und Grünordnung zur Vermeidung von Verschattungseffekten sowie zur optimalen Ausrichtung der Gebäude. Hierzu stehen unterschiedliche Arbeitshilfen und computergestützte Programme zur Verfügung, die im Rahmen des Entwurfsprozesses eingesetzt werden können.

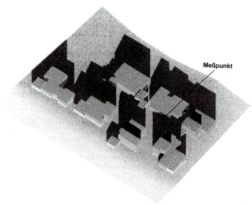

Die Überprüfung der Verschattung eines Gebäudes durch die Nachbargebäude gehört noch nicht zum Standard städtebaulicher Planungen. Für die Nutzung der solaren Einstrahlungspotenziale ist sie unabdingbare Voraussetzung. Viele Baugebiete der Vergangenheit sind in Bezug auf solare Energiegewinne ungünstig, wobei auch das geltende Baurecht eine Verbesserung in der Zukunft verhindert.[79]

Eine besondere Form der Wärmerückgewinnung stellt das Passivhaus dar, das in Kombination mit hoher Wärmedämmung und Nutzung solarer Einstrahlung die in der Innenluft gespeicherte Wärme durch ein spezielles Lüftungssystem nutzt.

[77] Stubenvoll, 1998, S. 6-9

[78] Wirtschaftsministerium BaWü, 1997, S. 15

[79] Besser, Kittelberger, Schunk, Großer Entwurf an der Universität Kaiserslautern, 1996

Beispiel Donaueschingen: Solar-Häuser in der Ökosiedlung „Auf der Staig"

Die Solarhäuserzeile in Donaueschingen besteht aus sechs aneinander gereihten Atriumhäusern. Grundgedanke ist die Ausnutzung der Sonneneinstrahlung. Hierzu wurde in der Siedlung „Auf der Staig" der Typ des Atriumhauses gewählt, bei dem ein innenliegender Hof, der als Wintergarten fungiert, die Belichtung der Wohnräume übernimmt und gleichzeitig einen Klimapuffer sowie eine Wärmefalle darstellt. Eine Möglichkeit zur Aussicht nach Süden besteht im Wesentlichen vom Wintergarten aus.

Die Reihenhauszeile hat eine verglaste Südfassade ohne Vor- und Rücksprünge und von daher ein gutes A/V-Verhältnis.

Transparente Wärmedämmung

Der größte Teil der einstrahlenden Sonnenenergie wird über eine transparente Wärmedämmung (ca. 20 qm je Hauseinheit) dem Gebäudeinneren zugeführt. Diese Form der Energienutzung ist hocheffizient, aber mit dem Nachteil der Nutzung der Südfassade für die Wärmespeicherung in massiven Wandteilen verbunden. Die Südfassade kann daher kaum zur Belichtung und zur Aussicht beitragen. Der Energiefluss in die Wand wird über Faltstores geregelt, die die transparente Wärmedämmung bei zu hoher Sonneneinstrahlung verschatten.

Energiebilanz

Die Gebäude verfügen aufgrund ihrer kompakten Form über ein günstiges A/V-Verhältnis, wodurch der Gesamtenergiebedarf verringert werden konnte.
Die Solarenergie für Raumheizung (über transparente Wärmedämmung und Wintergarten) und Warmwasserbereitung (Solarkollektoren für die Warmwasserbereitung mit einer Fläche von 16 qm) stellt einen Anteil von 50% des Gesamtenergiebedarfs der Häuser dar.
Selbst bei kalter Witterung (siehe Foto im Winter) können die Faltstores geschlossen werden, da schnell ein Wärmeüberschuss erreicht wird. An sonnigen Wintertagen kann teilweise sogar auf eine zusätzliche Beheizung verzichtet werden.

Heizung und Lüftung

Der Energiebedarf, der nicht über solare Einstrahlung gedeckt werden kann, wird über einen Gas-Brennwertkessel gedeckt, der aber nur im Winter bei sehr niedrigen Außentemperaturen zugeschaltet werden muss.
Die Regelung der Luftfeuchte erfolgt über eine kontrollierte mechanische Belüftungsanlage, bei der über Wärmetauscher die Wärme der Raumluft zurück gewonnen wird.

Der Großteil der Südfassade dient zur Wärmegewinnung mittels transparenter Wärmedämmung (Glasflächen mit geschlossenen Faltstores). Zur Belichtung der nach Süden ausgerichteten Räume dienen kleine Fenster sowie ein innenliegender Wintergarten, der auch als Wärmefalle fungiert.

Die Solarhäuser vereinen verschiedene Techniken zur Nutzung der solaren Einstrahlung. Die passive Solarnutzung erfolgt über transparente Wärmedämmung und Wintergärten, die aktive Solarnutzung findet zur Brauchwassererwärmung in Form von Sonnenkollektoren statt.

Zusätzliche ökologisch wirksame Komponenten

Neben den energetischen Belangen wurde bei den Solarhäusern auch auf einen sparsamen Umgang mit dem Wasser geachtet. Für die Nutzung des Regenwassers für die Bewässerung der Gärten stehen Zisternen zur Verfügung. Hierdurch kann in Verbindung mit sparsamen Armaturen (Sparbrausekopf, Stop-Taste bei der WC-Spülung) der Bedarf an Trinkwasser deutlich reduziert werden.

Fazit

Diese Häuserzeile stellt ein ausgefeiltes technisches Konzept mit einem hohen Steuerungsaufwand dar, das nur an entsprechend sonnenexponierten Standorten eingesetzt werden kann.

Der hohe technische Standard stellt an seine Nutzer hohe Anforderungen in Bezug auf ihr Verhalten. Die automatischen Steuerungsvorrichtungen wirken nur dann effektiv, wenn die Nutzer des Hauses sich in ihrem Verhalten (Lüftung, Bepflanzung) entsprechend anpassen.

Exkurs: Europäische Charta für Solarenergie in Architektur und Stadtplanung

Präambel

Rund die Hälfte der in Europa verbrauchten Energie dient dem Betrieb von Gebäuden, hinzu kommt der für den Verkehr aufgewendete Anteil in Höhe von über 25%. Für die Bereitstellung dieser Energie werden in großem Umfang nicht wiederbringbare, fossile Brennstoffe verbraucht, die künftigen Generationen fehlen werden. Zu ihrer Erzeugung sind Umwandlungsprozesse erforderlich, deren Emissionen sich nachhaltig negativ auf die Umwelt auswirken. Zudem verursachen rücksichtslose Intensivbewirtschaftung und zerstörerische Rohstoffausbeute sowie ein weltweiter Rückgang der Agrarflächen eine zunehmende Verringerung der natürlichen Lebensräume.

Diese Situation erfordert ein rasches und grundlegendes Umdenken, besonders für die am Bauprozess beteiligten Planer und Institutionen. Ein verantwortlicher Umgang mit der Natur und die Nutzung des unerschöpflichen Energiepotenzials der Sonne müssen Grundvoraussetzung für die Gestaltung der gebauten Umwelt werden. In diesem Zusammenhang ist die Rolle der Architektenschaft als verantwortlicher Profession von weitreichender Bedeutung. Sie muss erheblich mehr als bisher entscheidenden Einfluss auf die Konzeption und die Disposition von Stadtstrukturen, Gebäuden, die Verwendung der Materialien und Systemkomponenten und damit auch auf den Energieverbrauch nehmen.

Das Ziel künftiger Arbeit muss deshalb sein, Stadträume und Gebäude so zu gestalten, dass sowohl Ressourcen geschont als auch erneuerbare Energien - speziell Solarenergie - möglichst umfassend genutzt werden, wodurch die Fortsetzung der genannten Fehlentwicklungen vermieden werden kann.

Zur Durchführung dieser Forderungen sind die derzeit bestehenden Ausbildungsgänge, Energieversorgungssysteme, Finanzierungs- und Verteilungsmodelle, Normen und Gesetze den neuen Zielsetzungen anzupassen.

Die Planer

Architekten und Ingenieure müssen in Kenntnis der lokalen Gegebenheiten, der bestehenden Ressourcen und der maßgeblichen Kriterien für die Verwendung von erneuerbaren Energien und Materialien ihre Projekte entwerfen. Ihre gesellschaftliche Rolle muss angesichts der hier zu übernehmenden Verantwortung gegenüber der nicht unabhängigen Planung von Firmen gestärkt werden. Neue Gestaltungskonzepte sind zu entwickeln, welche die Sonne als Licht- und Wärmequelle bewusst machen, weil allgemeine öffentliche Akzeptanz nur mit bildhaften Vorstellungen vom solaren Bauen zu erreichen ist.

Dies bedeutet:

- Städte, Bauten und ihre Teile müssen als komplexes System von Stoff- und Energieflüssen interpretiert werden.
- Der Einsatz von Umweltenergien muss aus ganzheitlicher Sicht geplant werden. Professionelle Kenntnis aller funktionalen, technischen und gestalterischen Zusammenhänge, Bedingungen und Möglichkeiten ist Voraussetzung für das Entstehen von zeitgemäßer Architektur.
- Das umfangreiche, sich ständig erweiternde Wissen über die Bedingungen des Gebäudeklimas, über die technologische Entwicklung der Solartechnik, über die Möglichkeiten der Simulation, Berechnung und Messung muss in übersichtlicher, verständlicher und erweiterbarer Form systematisch dargestellt und verfügbar gemacht werden.
- Schulung und Weiterbildung von Architekten

und Ingenieuren müssen in aufeinander abgestimmten Systemen auf unterschiedlichem Niveau unter Einsatz neuer Medien bedarfsbezogen erfolgen. Hochschulen und Berufsverbände sind aufgefordert, entsprechende Angebote zu entwickeln.

Der Bauplatz

Die spezifische lokale Situation, die vorhandene Vegetation und Bausubstanz, die klimatischen und topographischen Gegebenheiten, das Angebot an Umweltenergien, bezogen auf den Zeitraum und die Intensität ihres Wirkens, sowie die örtlich gegebenen Einschränkungen müssen als Grundlage der Planung in jedem Einzelfall analysiert und bewertet werden.
Die vor Ort verfügbaren natürlichen Ressourcen, insbesondere Sonne, Wind und Erdwärme, sind für die Konditionierung der Gebäude und die Ausprägung ihrer Gestalt wirksam zu machen. Die unterschiedlichen vorhandenen oder entstehenden Bebauungsmuster stehen je nach geographischer Lage, physischer Form und materieller Beschaffenheit sowie je nach Nutzungsart in Wechselwirkung mit unterschiedlichen lokalen Gegebenheiten wie:
- Klimadaten (Sonnenstand, Sonnenverteilung, Lufttemperaturen, Windrichtungen, Windstärken, Zeiträume des Windanfalls, Niederschlagsmengen ...)
- Exposition und Ausrichtung von Freiräumen und von Geländeoberflächen (Neigung, Form, Relief, Proportion und Maß ...), Lage, Geometrie, Dimensionen und Masse umgebender Gebäude, Geländeformation, Gewässer und Vegetation (wechselnde Verschattung, Reflexion, Volumen, Emissionen ...)
- Thermische Speicher vorhandener Bodenmassen
- Bewegungsabläufe von Menschen und Maschinen
- Vorhandene Baukultur und architektonisches Erbe.

Zur Materialisierung von Gebäuden

Gebäude und umgebende Freiräume sind so zu gestalten, dass für ihre Belichtung, die Gewinnung von Wärme für Heizung und Brauchwasser, für Kühlung, Lüftung und für die Gewinnung von Strom aus Licht möglichst wenig Energie aufgewendet werden muss. Für den verbleibenden Bedarf sind solche Lösungen einzusetzen, die nach den Kriterien einer Gesamtenergiebilanz dem neuesten Stand der Technik zur Nutzung von Umweltenergien entsprechen.
Bei der Verwendung von Materialien, Konstruktionen, Produktionstechnologien, Transport, Montage und Demontage von Bauteilen müssen daher auch Energieinhalte und Stoffkreisläufe berücksichtigt werden.
- Nachwachsende, ausreichend verfügbare Rohstoffe und Konstruktionen mit möglichst geringen Inhalten an Primärenergie und grauer Energie sind zu bevorzugen.
- Die Einbindung von Materialien in Stoffkreisläufe, eventuelle Wiederverwendungsmöglichkeit oder umweltverträgliche Entsorgung müssen sichergestellt sein.
- Konstruktionen für Tragwerk und Gebäudehülle müssen dauerhaft sein, um den Aufwand hinsichtlich Material, Arbeit, Energie effizient und den Entsorgungsaufwand gering zu halten. Das Verhältnis von eingebetteter Energie und Dauerhaftigkeit ist zu optimieren.
- Bauteile zur direkten und indirekten (passiven und aktiven) Nutzung von Solarenergie, die sich nach konstruktiven und gestalterischen, modularen und maßlichen Anforderungen zur baulichen Integration gut eignen, sind weiterzuentwickeln und bevorzugt einzusetzen.
- Neue Systeme und Produkte im Bereich der Energie- und Gebäudetechnik müssen auf einfache Weise integriert bzw. gegen

Ökologische Nachhaltigkeit

bestehende ausgetauscht oder erneuert werden können.

Gebäude im Gebrauch

Gebäude müssen energetisch als Gesamtsysteme verstanden werden, die für unterschiedliche Ansprüche Umweltenergien bestmöglich nutzen. Sie sind als langlebige Systeme zu entwickeln, die auf Dauer geeignet bleiben, wechselnde Nutzungsarten aufzunehmen.

- Funktionen sollen im Grundriss und Schnitt so geordnet sein, dass Temperaturstufen und thermische Zonierung berücksichtigt sind.
- Planung und Ausführung von Gebäudestruktur und Materialwahl müssen so flexibel konzipiert werden, dass spätere Nutzungsänderungen mit geringstmöglichem Material- und Energieeinsatz durchgeführt werden können.
- Die Gebäudehülle muss in ihrer Durchlässigkeit für Licht, Wärme, Luft und Sicht veränderbar und gezielt steuerbar sein, damit sie auf die wechselnden Gegebenheiten des lokalen Klimas reagieren kann (Sonnen- und Blendschutz, Lichtumlenkung, Verschattungen, temporärer Wärmeschutz, variable, natürliche Lüftung). Ansprüche an den Komfort sollen weitgehend durch die Gestaltung des Gebäudes mittels direkt wirksamer, passiver Maßnahmen erfüllt werden können. Den noch verbleibenden Bedarf für Heizung, Kühlung, Strom, Belüftung und Beleuchtung sollen umweltenergienutzende, aktive Systeme decken.

Der Aufwand an Technik und Energie muss der jeweiligen Nutzung der Gebäude angemessen sein. Dementsprechende Anforderungsprofile der unterschiedlichen Nutzungskategorien sind zu überdenken und gegebenenfalls anzupassen. So sind auch Gebäude spezieller Art wie Museen, Bibliotheken, Kliniken u.a. gesondert zu betrachten, da hier spezifische gebäudeklimatische Anforderungen bestehen.

Die Stadt

Erneuerbare Energien bieten die Chance, das Leben in Städten attraktiver zu gestalten. Für die Infrastruktur der Energieversorgung und des Verkehrs sowie durch die Art der Bebauung ist der Einsatz erneuerbarer Energien zu maximieren. Soweit möglich und sinnvoll, ist bestehende Bausubstanz zu nutzen. Die Verbrennung fossiler Rohstoffe ist drastisch zu reduzieren.

Das Verhältnis von Stadt und Natur ist symbiotisch zu entwickeln. Eingriffe und Veränderungen, die im öffentlichen Raum und an bestehenden Bauten oder durch Neubauten erfolgen, müssen auf die historische und kulturelle Identität des Ortes ebenso bezogen sein, wie auf die geographischen und klimatischen Bedingungen der Landschaft.

Die Stadt muss als langlebiger Gesamtorganismus verstanden werden. Der ständige Wandel in Gebrauch, Technologie und Erscheinungsbild muss möglichst zerstörungsfrei und ressourcenschonend gesteuert werden.

Städte sind gebaute Ressourcen von hohem Primärenergieinhalt. Ihre Quartiere, Bauten und Freiräume, ihre Infrastrukturen, Funktions- und Verkehrsabläufe sind durch laufenden, den natürlichen Erneuerungszyklen folgenden Umbau immer besser in den Gesamthaushalt der Natur einzupassen.

Für die Gestalt der von Menschen geschaffenen Landschafts- und Stadtstrukturen müssen als Umwelt- und als bioklimatische Faktoren bestimmend sein:

- Ausrichtung zur Sonne (Orientierung von Straßen, Gebäudestruktur, Temperaturregelung und Tageslichtnutzung im öffentlichen Raum)
- Topographie (Geländeform, Gesamtexposition, allgemeine Lage)
- Windrichtung und -intensität (Ausrichtung der Straßen, geschützte öffentliche Räume,

gezielte Durchlüftung, Kaltluftschneisen)
- Vegetation und Verteilung von Grünflächen (Versorgung mit Sauerstoff, Staubbindung, Temperaturhaushalt, Verschattung, Windbarrieren)
- Hydrogeologie (Bezug zu Wassersystemen).

Städtische Funktionen wie Wohnen, Produktion, Dienstleistungen, Kultur und Freizeit sollen dort, wo dies funktional möglich und sozial verträglich ist, einander zugeordnet werden. So kann der Verkehr von Fahrzeugen reduziert werden. Produktions- und Dienstleistungseinrichtungen können in gegenseitiger Ergänzung intensiver und wirtschaftlicher genutzt werden.

Fahrzeuge, die nicht durch fossile Brennstoffe angetrieben sind, und Fußgänger müssen in den städtischen Quartieren privilegiert behandelt werden. Öffentliche Verkehrsmittel sind zu fördern. Der Stellplatzbedarf ist zu reduzieren, der Treibstoffbedarf zu minimieren. Eine sinnvolle Dichte bei Neuplanungen, die mit dem Boden haushälterisch umgeht, und Nachverdichtungen können den Aufwand an Infrastruktur und Verkehr sowie den Landverbrauch reduzieren. Ökologische Ausgleichsmaßnahmen sind vorzusehen.

Bei städtischen Räumen sind solche Mittel einzusetzen, die der Verbesserung des Stadtklimas, der Temperatursteuerung, dem Windschutz und der gezielten Erwärmung bzw. Kühlung von Freiräumen dienen.

Berlin 3/1996

Unterzeichner:
Alberto Campo Baeza, Madrid E
Victor López Cotelo, Madrid E
Ralph Erskine, Stockholm S
Nikos Fintikakis, Athen GR
Sir Norman Foster, London GB
Nicholas Grimshaw, London GB
Herman Hertzberger, Amsterdam NL
Thomas Herzog, München D
Knud Holscher, Kopenhagen DK
Sir Michael Hopkins, London GB
Françoise Jourda, Lyon F
Uwe Kiessler, München D
Henning Larsen, Kopenhagen DK
Bengt Lundsten, Helsinki Fl
David Mackay, Barcelona E
Angelo Mangiarotti, Mailand I
Manfredi Nicoletti, Rom I
Frei Otto, Leonberg D
Juhani Pallasmaa, Helsinki Fl
Gustav Peichl, Wien A
Renzo Piano, Genua I
José M. de Prada Poole, Madrid E
Sir Richard Rogers, London GB
Francesca Sartogo, Rom I
Hermann Schröder, München D
Roland Schweitzer, Paris F
Peter C. von Seidlein, Stuttgart D
Thomas Sieverts, Berlin D
Otto Steidle, München D
Alexandros N. Tombazis, Athen GR

Der Text wurde im Rahmen eines **READ**-Projektes, der Europäischen Kommission DG XII, von Thomas Herzog in den Jahren 1994/95 erarbeitet, mit führenden europäischen Architekten diskutiert und im Wortlaut abgestimmt.

Prinzip: Nutzung gespeicherter Energie
Das zentrale Problem der Wärmeversorgung stellt die Verfügbarkeit der notwendigen Energie zum Bedarfszeitpunkt dar. Nur wenige Energieformen stehen ständig und annähernd konstant zur Verfügung. Hierzu gehört in erster Linie die Wärme aus dem Inneren der Erde bzw. aus dem Mantel der Erdoberfläche. Die Nutzung dieser Energieform erfolgt bislang nur in sehr geringem Umfang, da dies meistens mit hohem technischen Aufwand verbunden ist. Kerntechnisch spaltbares Material wie Uran (Kernbrennstoffe) stellen eine andere Form gespeicherter Energie dar, die aus physikalischen Prozessen im Universum entstanden sind. Die Probleme der Nutzung von Kernbrennstoffen sind hohe Risiken bei der Energiegewinnung und der Endlagerung der Abfallprodukte, die einen sehr hohen technischen und sicherheitstechnischen Aufwand über sehr lange Zeiträume erfordern, sowie hohe Verluste bei der Energieumwandlung in elektrische Energie. Diese Form der Energienutzung ist nicht nachhaltig, da allein für die Sicherung der Abfallprodukte Zeiträume in Anspruch genommen werden, die vom Menschen in keinster Weise überschaut, geschweige denn beplant oder abgesichert werden können (Plutonium mit einer Halbwertszeit von 25.000 Jahren strahlt mehr als 500.000 Jahre in gesundheitsgefährdender Form).
Fossile Brennstoffe (Kohle, Öl, Erdgas) stellen in gewisser Weise ideale Energieträger dar, da sie die gespeicherte Energie (in Form von brennbarem Kohlenstoff) zu jeder Zeit zur Verfügung stellen. Diese Brennstoffe stellen nichts anderes als gespeicherte Sonnenenergie dar, die durch Photosynthese in den Pflanzen und im Laufe großer Zeiträume gebildet wurden. Das heutige Problem besteht darin, dass der Verbrauch dieser Brennstoffe sehr hoch ist und nicht mehr gedeckt werden kann durch das Nachwachsen dieser Brennstoffe. Es zeichnet sich ab, dass diese Stoffe nicht mehr lange zur Verfügung stehen und dass sie Nachteile der Luftverschmutzung und der Energieverluste bei der Freisetzung mit sich bringen, da die in ihnen gespeicherte Energie nur durch Verbrennung freigesetzt werden kann.
Eine Form nachwachsender Energie auf der Basis von brennbarem Kohlenstoff stellt Biogas dar, das nachwächst und das bislang nur in begrenztem Umfang genutzt wird, aber grundsätzlich ausbaubar ist. Da die Nutzung von Biogas ebenso wie Windkraft und Wasserkraft nicht in unmittelbarem Zusammenhang mit Architektur und Städtebau steht, soll hierauf an dieser Stelle nicht weiter eingegangen werden.
Ähnliches gilt für die im Holz gespeicherte Energie, die in neuerer Zeit in Form von Holzschnitzel-Heizkraftwerken verstärkt genutzt wird, wenngleich auch hier der Anteil an der Gesamtenergieerzeugung noch relativ gering ist. Sofern Holzhackschnitzel-Kraftwerke zur Erzeugung von Wärme genutzt werden bzw. zur Wärme-Kraft-Kopplung, ergibt sich durchaus ein enger Zusammenhang mit dem Städtebau, da die Nutzer der Wärme möglichst nah am Erzeuger liegen sollten, was u.U. zu Konflikten in Bezug auf Luftschadstoffe und Geruchsbelästigungen führen kann.
Im Sinne der Nachhaltigkeit ist jede Form der direkten Speicherung von Energie durch Sonneneinstrahlung (Wärmespeicherung) bislang mit technischen Problemen behaftet. Dabei können unterschiedliche Speichermedien (Wasser, Erde, Schotterkörper) zum Einsatz kommen. Das Problem besteht in der Überbrückung der Zeit zwischen Energieüberschuss (im Sommer) und Energiebedarf (im Winter). Wärme kann über lange Zeiträume nur mit hohem technischen Aufwand verbunden mit hohen Verlusten gespeichert werden. Die Höhe

der Verluste wird vom technischen Aufwand bestimmt. Das zentrale Problem besteht darin, die geeignete Effizienz zu ermitteln.
Einfache Systeme für die dezentrale Versorgung nutzen die in den oberen Erdschichten gespeicherte Wärme, die überwiegend aus der Sonneneinstrahlung resultiert. Die Speicherung der Wärme aus Sonneneinstrahlung (oder auch aus anderen Quellen) in der Erde kann durch technische Anlagen unterstützt und verstärkt werden. Dabei kann ein Wärmetauscher im Sommer Wärme in den Untergrund leiten, die im Winter bei Bedarf zur Raumheizung nach oben gepumpt wird.

Die mittels Sonnenkollektoren - hier auf dem Dach der Turnhalle in Neckarsulm-Amorbach - gewonnene Wärme kann durch Heißwasserschleifen in den Untergrund gepumpt, dort im Erdmaterial gespeichert und mittels Wärmepumpen in den Wintermonaten in den Heizkreislauf des Baugebietes eingespeist werden.
Die Eignung des Untergrundes als Wärmespeicher hängt wesentlich von dem Ausgangsgestein ab. Der Abstand der Sonden zum Grundwasser muss groß sein, damit die gespeicherte Wärme nicht abtransportiert wird.

Nach dem gleichen Prinzip können auch andere Speichermedien (Schotterkörper, Wasser) genutzt werden, die mittels Wärmetauscher erwärmt bzw. abgekühlt werden. Allerdings erfordern diese Speicherkörper entsprechende Flächen für den Bau geeigneter Behälter.

Prinzip: Effizienzsteigerung durch Kombination technischer Systeme
Ein einzelnes technisches System kann für sich effizient konzipiert werden. Dabei hat jedes System seine optimalen Betriebsbedingungen. Sobald sich die Bedingungen ändern, erwachsen dem System schnell Anpassungsprobleme. Das Zusammenleben von Menschen erzeugt bei wachsenden Größen immer weitere Spannbreiten der Bedingungen oder Anforderungen. Bei großen Schwankungen der Anforderungen kann ein System allein selten den unterschiedlichen Ansprüchen genügen.
In vielen Bereichen der Technik (Stromversorgung, Verkehr) haben sich mittlerweile Hybridsysteme entwickelt, die bei unterschiedlichem Bedarf eingesetzt werden können und die sich in ihrer Wirkung ergänzen und unterstützen.
Beim Energiebedarf für menschliche Siedlungen sind die Schwankungen in der Energienachfrage besonders auffällig, weshalb hier bereits seit längerer Zeit ein differenziertes Angebot an Technik zum Einsatz kommt. In der Regel werden heute unterschiedliche Systeme zur gezielten Bedarfsdeckung (Grund-, Spitzenlast) eingesetzt, da bei Monosystemen in Zeiten des Minderbedarfs eine Überschussproduktion an Energie erzeugt wird. Bei Mehrkomponentensystemen hingegen kann je nach Bedarf eine weitere Komponente zugeschaltet werden, wenn der Bedarf steigt, bzw. abgeschaltet werden, wenn der Bedarf wieder sinkt. Zwar muss dabei in mehrere Systeme investiert werden, dafür sind die einzelnen Komponenten aber auch kleiner, weshalb der Kostenunterschied für die Anfangsinvestitionen nicht erheblich sein muss. Dafür kann bei den laufenden Kosten durch einen dem jeweiligen Bedarf angepassten Betrieb u.U. erheblich gespart werden.

Die Praxis zeigt, dass viele Anlagen zur Energieerzeugung in der Vergangenheit zu groß konzipiert und daher nur selten ausgelastet wurden, weil sich der erwartete Bedarf nicht einstellte. Während in der Stromproduktion das Mehrkomponentensystem seit Langem verbreitet ist, setzt sich dieser Trend im Bereich der Wärmeversorgung erst allmählich durch. Das liegt nicht zuletzt an der Selbstversorgung im Wärmebereich, die zur Entwicklung kleiner, dezentraler Anlagen geführt hat. Bei steigenden Energiepreisen wird aber zunehmend deutlich, dass kleine Anlagen im Verhältnis zu größeren oft sehr unwirtschaftlich arbeiten. Begrenzender Faktor für die Anzahl von Komponenten sind die Steuerungsmöglichkeiten. Der Aufwand der Koordination der technischen Systeme wird mit jeder zusätzlichen Komponente erheblich vergrößert. Daher muss sorgfältig geprüft werden, welche Kombination für den jeweiligen Bedarf am ehesten geeignet ist und mit welchen Steuerungs- und Regelsystemen der notwendige Koordinationsaufwand bewältigt werden kann.

Beispiel Friedrichshafen: Das Quartier „Wiggenhausen-Süd"

Das Quartier „Wiggenhausen-Süd" liegt im Nordosten der Stadt Friedrichshafen und ist mit Buslinien an das Zentrum der Stadt angebunden. [80]

[80] Auszug aus der TK

[81] & [82] Stanzel, Pilotprojekt solare Nahwärme in Wiggenhausen-Süd, 1996

Lage des Quartiers im Stadtgrundriss

Das Quartier „Wiggenhausen-Süd" liegt ca. fünf Kilometer vom Zentrum der Stadt Friedrichshafen entfernt an einer wichtigen Verbindungsstraße. Es besteht direkter Anschluss zum öffentlichen Nahverkehr (Buslinie zum Zentrum).

Konzept

In Friedrichshafen wurde im Rahmen des Projektes „Solar unterstützte Nahwärmeversorgung" ein Quartier geplant, das zunächst in zwei Bauabschnitten realisiert werden soll. Vorgesehen sind mehrgeschossige Wohnbauten für 570 Wohnungen mit einer Gesamtwohnfläche von ca. 40.000 m² als Blockrandbebauung. Eine spätere Erweiterung des Gebietes durch einen dritten Bauabschnitt mit weiteren 250 Wohnungen ist möglich.

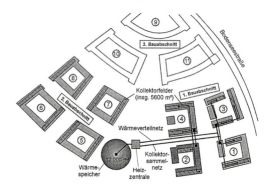

Die Siedlung in Wiggenhausen stellt ein Beispiel für dichte Wohnformen mit reduziertem Energiebedarf und effizienter Nutzung des Energiepotenzials dar.
Die Anlage zur Wärmeversorgung der Siedlung besteht aus mehreren Komponenten, die aufeinander abgestimmt sind. Die hoch verdichtete Blockbebauung dient zur aktiven Nutzung der Solareinstrahlung mittels Sonnenkollektoren. In einem unterirdischen Verteilernetz wird das erwärmte Wasser in einen Langzeitspeicher geleitet und bei Bedarf wieder in die Gebäude verteilt. [81] & [82]

Konzept zur Wärmeversorgung

Bei der Nahwärmeversorgung erfolgt eine verbrauchsnahe Versorgung mit Heizwärme und Warmwasser aus einer Heizzentrale. Zur Vermeidung von Leitungsverlusten wurde eine kompakte Baustruktur gewählt.

Kernstück des Nahwärmesystems ist ein unterirdischer Langzeitwärmespeicher in der Grünzone zwischen dem ersten und dem zweiten Bauabschnitt, in dem 12.000 m³ Wasser gespeichert werden, die mit Hilfe von Sonnenenergie erwärmt werden.

Die Nutzung der Solarenergie erfolgt durch Sonnenkollektoren mit einer Fläche von 5.600 Quadratmeter, die auf den Dächern der Blockrandbebauung der beiden ersten Bauabschnitte angebracht werden. Damit sollen ca. 50% des Gesamtwärmebedarfs für Raumheizung und Warmwasser gedeckt werden. Die insbesondere in den Sommermonaten gewonnene Wärme kann nur teilweise für die Warmwasserversorgung genutzt werden. Die überschüssige Wärme wird in dem Langzeit-Wärmespeicher bis in die Wintermonate gespeichert und mittels Wärmetauscher auch für die Raumheizung verwendet.

Durch dieses Anlagenkonzept kann der Wärmebedarf für Warmwasser und Raumheizung bis ungefähr in den Januar (abhängig von der Witterung) gedeckt werden. Der Restbedarf wird mit einem Gas-Brennwertkessel in der Heizzentrale gedeckt, der bei einem Absinken der Vorlauftemperatur im Verteilernetz zugeschaltet wird.

Sonnenkollektoren

Bei der dichten Baustruktur sind die Möglichkeiten zur passiven Nutzung der Sonnenenergie in den Gebäuden begrenzt.

Konsequenterweise wurden daher große zusammenhängende Kollektorflächen für die aktive Nutzung der Sonnenenergie auf den Dächern der drei- bis viergeschossigen Blockrandbebauung vorgesehen.

Die Kollektoren wurden nach Süden mit einer Neigung zwischen 20 und 30 Grad ausgerichtet. Für eine kostengünstige Installation wurden große zusammenhängende Kollektoren sowohl freistehend als auch in die Dachhaut integriert montiert.

Die Dächer der Gebäude dienen als Kollektorenflächen. Die Sonnenkollektoren sind teilweise aufgeständert und teilweise in die Dachhaut integriert.

Langzeit-Wärmespeicher

Das in den Sonnenkollektoren erwärmte Wasser wird in einem Kollektorverteilnetz gesammelt und in der Heizzentrale abgekühlt. Die mittels Wärmetauschern gewonnene Wärme wird in einem unterirdischen Edelstahlbehälter gespeichert, in dem das Wasser bis auf 95°C erwärmt wird. Das im Wärmetauscher erwärmte Wasser wird der obersten Schicht im Langzeitspeicher zugeführt, während im Gegenzug aus den untersten Schichten kühleres Wasser zur Erwärmung entnommen wird.

Bei Wärmebedarf wird warmes Wasser aus den

Ökologische Nachhaltigkeit

Langzeitspeicher und Heizzentrale liegen in einer Grünfläche, die nach der Realisierung des 2. und 3. Bauabschnittes das Zentrum des Stadtteiles bilden wird.

Der verdichtete Geschosswohnungsbau ermöglicht die Freihaltung großer Freiflächen, die neben der Wärmeversorgung auch der Erholungsnutzung dienen.

Wertvolle Landschaftsteile wie Streuobstwiesen konnten durch die verdichtete Bauweise teilweise erhalten werden.

obersten Schichten entnommen und über den Wärmetauscher dem Hauptversorgungsnetz zugeführt.

Bei der Planung des Langzeit-Wärmespeichers musste auf ein möglichst gutes A/V-Verhältnis geachtet werden, um die Wärmeabstrahlung gering zu halten. Dabei wurde die Form eines Zylinders gewählt, der oben und unten abgeschrägt wurde. Besondere Bedeutung kommt der Wärmedämmung des Speichers an den Seiten und nach oben zu, während nach unten auf die Wärmedämmung verzichtet wurde. Dies geschah aus konstruktiven Überlegungen (Druckproblem), wobei gleichzeitig die Wärmeabstrahlung nach unten einkalkuliert wurde, indem der Boden als zusätzliches Speichermedium eingesetzt wird.

Der Langzeit-Wärmespeicher wurde nach der Fertigstellung angeschüttet und mit Erde überdeckt, so dass er als Freifläche genutzt werden kann (Teil des Grünkonzepts).

Heizanlage

Die Heizanlage besteht aus einem Gas-Brennwertkessel (mit einer Leistung von 1659 kW) in einer Heizzentrale, die über ein Wärmeverteilnetz mit den Wohngebäuden verbunden ist. Die Wärmeverteilung erfolgt auf Niedertemperaturbasis, wodurch Wärmeverluste minimiert werden können. Mit Hilfe von Wärmetauschern erfolgt die Wärmeübergabe in den einzelnen Gebäuden.

Gebäudetypen und Wärmeschutz

Die dritte wesentliche Komponente im System der Nahwärmeversorgung neben der Heizzentrale und dem Langzeit-Wärmespeicher ist die Gebäudestruktur. Die Gebäudetypen und -formen wurden so gewählt, dass kompakte Formen mit einem günstigen Verhältnis zwischen Außenflächen und Volumen (A/V) entstanden. Bei den mehrgeschossigen Wohngebäuden ist der Anteil der innenliegenden Räume vergleichsweise hoch. Dadurch kann die Wärmeabstrahlung verringert werden, wodurch der Gesamtenergiebedarf reduziert wird.

Durch die Wahl einer niedrigeren Bebauung am südlichen Blockrand konnte in einem Block die

Die Blockrandbebauung nutzt weitgehend die passive solare Einstrahlung aus, dabei wurde der südliche Blockrand teilweise niedriger ausgebildet (3-geschossig) als der Nordrand (4-geschossig), um ungünstige Verschattungseffekte zu vermeiden. Die kompakten Formen der drei- bis viergeschossigen Wohngebäude tragen zur Reduzierung des Wärmebedarfs bei.

Der Gas-Brennwertkessel in der Heizzentrale dient zur Erwärmung des Wassers bei Spitzenbedarf, wenn die Vorlauftemperatur im Langzeitspeicher absinkt.

Besonnung verbessert werden, weshalb hier auch zusätzlich passive Wärmegewinne möglich sind.

Durch zusätzliche Maßnahmen konnten die Anforderungen der Wärmeschutzverordnung von 1995 unterschritten werden, allerdings wurden die Gebäude aus Kostengründen nicht nach dem Niedrigenergiestandard gebaut. Im Detail wären hier weitere Maßnahmen zur Energieeinsparung denkbar gewesen.

Ökologische Nachhaltigkeit

Resümee

Das Beispiel aus Friedrichshafen zeigt die Kombination unterschiedlicher technischer Energieerzeugungs- und Energienutzungssysteme, die mit den gewählten architektonischen und städtebaulichen Strukturen eine effektive Einheit bilden. Die Kombination von Gebäudetypen und Heiztechnik ermöglicht eine sinnvolle Nutzung der gewonnenen Energie. Dabei führt die hohe Dichte der Bebauung zur Schonung von Freiflächen, die sowohl für den Langzeit-Wärmespeicher als auch für die Erholung genutzt werden können.

Die Siedlung „Wiggenhausen-Süd" ist ein Beispiel für die Diskussion um sinnvolle Dichte im Sinne der Nachhaltigkeit und erträgliche Dichte im Sinne des Wohlbefindens seiner Nutzer. Die Aufgabe der Planung für die weiteren Bauabschnitte liegt in der Ausbalancierung dieser unterschiedlichen Ansprüche, die teilweise im Widerspruch zueinander stehen können. Energetisch sinnvolle Lösungen stoßen unter Umständen dort an Grenzen, wo die Akzeptanz bei den Bewohnern endet, d.h. es muss ein Kompromiss gefunden werden zwischen ökologischer und sozialer Nachhaltigkeit.

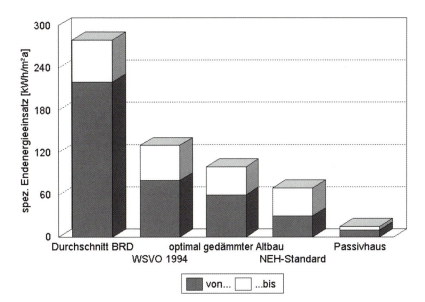

Abb.1: *Spezifischer Heizwärmebedarf verschiedener bautechnischer Standards (ebök, Tübingen 1998).*

Exkurs Olaf Hildebrandt:

Einflussgrößen der Schadstoffminderung im Städtebau - Energieeinsparung in Gebäuden

Die Verringerung der Emissionen klimarelevanter Spurengase, die bei der Verbrennung fossiler Energieträger freigesetzt werden, allen voran das Kohlendioxid (CO_2), ist ein vorrangiges Ziel des nationalen und internationalen Klimaschutzes. Um dem drohenden Treibhauseffekt entgegen zu wirken, müssen industrialisierte Länder wie die Bundesrepublik Deutschland ihren CO_2-Ausstoß bis zum Jahr 2005 um ca. 25% und bis zum Jahr 2050 um etwa 80% senken.

Vor diesem Hintergrund wurde im nationalen Aktionsplan zur nachhaltigen Siedlungsentwicklung des Deutschen Nationalkomitees HABITAT II der Klimaschutz zu den zentralen umweltpolitischen Aufgaben gezählt und den Kommunen empfohlen, auf die Verminderung der klimarelevanten Spurengase im Rahmen ihrer Möglichkeiten hinzuwirken.

Welche Einflussmöglichkeiten auf die Schadstoffreduzierung Kommunen insbesondere im Bereich der Stadtplanung haben, soll im Folgenden kurz beleuchtet werden.

Das zentrales Aktionsfeld zum Klimaschutz ist der Gebäudebereich

Heute ist bekannt, dass vor allem durch das konsequente Ausschöpfen von Energieeinsparmöglichkeiten und von Potenzialen zur rationellen Energienutzung im Energie- und Verkehrsbereich sowie durch den zunehmenden Einsatz von erneuerbaren Energiequellen die CO_2-Emissionen nachhaltig gesenkt werden können. In diesem Zusammenhang spielen die großen Einsparpotenziale im Gebäudebereich eine herausragende Rolle.

Die Bandbreite des Heizwärmebedarfs für Wohngebäude zeigt Abb.1. Im Vergleich zum Durchschnittswert für die Bundesrepublik Deutschland (Bestand) wird deutlich, dass die heute bereits technisch und wirtschaftlich sinnvollen Niedrigenergiehäuser (NEH) und optimal gedämmte Altbauten bei höherer Wohnqualität nur einen Bruchteil der Heizwärme benötigen. Passivhäuser mit unter einem Viertel des Heizwärmebedarfs von Niedrigenergiehäusern sind heute bereits erprobt und an der Schwelle zur Markteinführung.

Ein zentrales Handlungsfeld zum Klimaschutz ist die Erschließung der großen Einsparpotenziale im Altbaubestand. Über drei Viertel des Gebäudebestandes wurden vor 1978 erstellt und unterlagen keinerlei Anforderungen an den Wärmeschutz. Zur Motivation von Energiesparmaßnahmen wenden Kommunen inzwischen umfassende Strategien an, besonders hervorzuheben ist in diesem Zusammenhang die verstärkte Einführung von lokalen Wärmepässen, z.B. in den Städten Heidelberg, Münster, Offenburg und Tübingen.

Bei der Planung von Neubaugebieten haben Kommunen weitreichende Möglichkeiten zum Klimaschutz beizutragen. Dies ist um so wichtiger, als durch den Zuwachs von Wohn- und Gewerbeflächen der Energieverbrauch und die CO_2-Emissionen in der Kommune ansteigen.

Welche Einflussmöglichkeiten haben die Kommunen bei der Planung von Neubaugebieten?

Die Kommunen verfügen durch den Gestaltungsspielraum im Rahmen der Stadtplanung und Stadterneuerung, durch die kommunale Umweltverträglichkeitsprüfung (UVP), die vertraglichen Bindungsmöglichkeiten im Rahmen des Verkaufs kommunalen Baulandes und durch den direkten Einfluss auf ihre Wohnungsbaugesellschaften über eine Vielzahl von Steuerungsinstrumenten. Abb.2 zeigt die Einflussmöglichkeiten auf den Energieverbrauch und damit die Emissionen einer Stadt oder Siedlung in einer vereinfachten Übersicht.

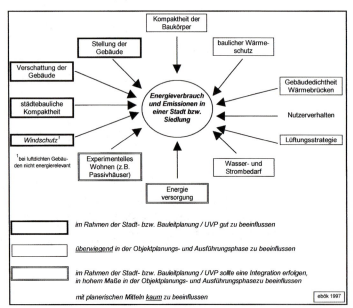

Abb.2: Einflussmöglichkeiten der Stadtplanung auf den Energieverbrauch einer Stadt bzw. Siedlung.

Im Rahmen der Stadt- bzw. Siedlungsplanung, Bauleitplanung und UVP sind folgende energierelevante städtebauliche Faktoren direkt zu beeinflussen:
- städtebauliche Kompaktheit
- Stellung der Baukörper (Orientierung von Fassaden-/Fensterflächen zur Sonne)
- Dachformen und -ausrichtung (Optimale Firstrichtung/Solaranlagen)
- Anordnung der Baukörper (Vermeidung gegenseitiger Verschattung)
- Anordnung der Bepflanzung (Vermeidung der Verschattung von Fassaden)
- Windschutz
- Integration von städtebaulich relevanten Aspekten von Versorgungseinrichtungen (z.B. Langzeitspeicher, Windpark etc.).

Energetisch dahingehend optimierte städtebauliche Strukturen reduzieren zwar nicht per se den Energiebedarf bzw. die Schadstoffemissionen, schaffen aber gute Voraussetzungen, bauliche und versorgungstechnische Strategien zur Schadstoffminderung in der Folge effektiv und kostengünstig einzusetzen. Bauliche und technische Faktoren sind überwiegend in der Objektplanungs- und Ausführungsphase zu beeinflussen:
- Kompaktheit der Gebäude (Vermeidung von „Kühlrippenarchitektur")
- baulicher Wärmeschutz (z.B. Niedrigenergiestandard)
- Luftdichtheit der Gebäudehülle und Wärmebrückenvermeidung
- Lüftungsstrategie (manuelle/kontrollierte Lüftung)
- Wasser- und Strombedarf (Spararmaturen, effiziente Geräte etc.).

Im Rahmen eines städtebaulichen Gesamtkonzeptes kann die Einflussnahme auf die Objekt- und Ausführungsplanung bereits vorbereitet werden.

Versorgungstechnische Faktoren können auf der stadtplanerischen Ebene vorbereitet werden, werden aber in hohem Maße in der Objekt- und Ausführungsplanung beeinflusst:
- zentrale/dezentrale Wärmeversorgung (Nah-/Fernwärme oder gebäudeweise Versorgung)
- Wahl des Energieträgers
- effiziente Speicherung und Verteilung der Wärme
- regenerative Unterstützung der Energieversorgung.

Die Stadtplanung hat hier nur recht geringe Einflussmöglichkeiten. Daher haben rechtzeitig aufgestellte Versorgungskonzepte, die sich nicht nur an Kosten und Wirtschaftlichkeit, sondern auch z.B. am Leitindikator CO_2 orientieren, eine hohe Bedeutung im Rahmen der Stadtentwicklung.

Abb.3: Integration von Versorgungseinrichtungen in den Städtebau: Südausgerichtete Kollektorflächen auf den Gebäudedächern zur solaren Wärmeversorgung mit Langzeitspeicher im Neubaugebiet Wiggenhausen-Süd in Friedrichshafen.

Einflußfaktoren	Einsparpotential/ Mehrverbrauch	Bezug/Anmerkungen
1. Bautechnik		
Verbesserter **Wärmeschutz**	NEH: -30% Passivhaus: -85%	Reduzierung des Heizwärmebedarfs gegenüber den baulichen Anforderungen nach Wärmeschutzverordnung 1995.
2. Versorgungstechnik		
Rationelle **Energieversorgung**	-40% (CO_2)	CO_2-Minderung einer Nahwärmeversorgung mit einem gasbetriebenen BHKW im Vergleich zu einer neuen Standard-Erdgasheizung.
3. Städtebau:		
Städtebauliche **Kompaktheit**	+/- 20%	Einsparpotential Heizwärmebedarf: sehr kompakter Geschoßwohnungsbau im Vergleich zu einer Reihenhauszeile mit 5 WE in Niedrigenergiebauweise Heizwärmemehrbedarf: wenig kompaktes freistehendes Einfamilienhaus im Vergleich zu der o.g. Reihenhauszeile.
Orientierung Ausrichtung der Gebäude (passive Sonnenenergienutzung)	NEH: +15% Passivhaus: +30%	Heizwärmemehrbedarf: sehr ungünstige Orientierung einer Reihenhauszeile mit 5 WE im Vergleich zur optimalen Südausrichtung.
Verschattung Anordnung der Gebäude (passive Sonnenenergienutzung)	NEH: +10% Passivhaus: +20%	Heizwärmemehrbedarf: massive Verschattung einer Reihenhauszeile mit 5 WE im Vergleich zur vollständigen Verschattungsfreiheit.
Ausrichtung / Neigung der **südorientierten Dachflächen** (aktive Sonnenenergienutzung)	(-10 bis -15%)	Reduzierung des Ertrags einer Solaranlage für die Brauchwasserbereitung bei ungünstiger Ausrichtung und Dachneigung im Vergleich zur optimalen Disposition der Dächer.
Windschutz (Lüftungswärmeverluste)	+3%	Heizwärmemehrbedarf: durchschnittlich luftdichtes (n_{50}=3,0) und stark windangeströmtes Gebäude (z.B. Kuppenlage) im Vergleich mit einem sehr gut luftdichten (n_{50}<=1,0) und gering windangeströmten Gebäude (Stadtlage).

Tab. 1: Zusammenfassung und Quantifizierung der Einflussgrößen der Stadtplanung auf den Energieverbrauch (Quelle: Überarbeitete und erweiterte Tabelle aus: UVP-Bewertungshandbuch der Stadt Köln, Amt für Umweltschutz und Lebensmittelüberwachung/ Dr. Goretzki/ebök, Köln 1998).

Welches Potenzial kann erschlossen werden?

Zur quantitativen Relevanz der obigen Einflussfaktoren gibt es bereits zahlreiche Untersuchungen und Veröffentlichungen. In Tab 1 werden die zu erschließenden Potenziale bzw. der zu vermeidende Mehrverbrauch für die wichtigsten Einflussfaktoren kurz vorgestellt (Die Einzelwerte können nicht einfach addiert werden!).

1. Das größte Einsparpotenzial und damit eine zentrale Aufgabe im Bereich der Schadstoffminderung besitzen die baulichen Entscheidungen und die Absicherung des Niedrigenergiestandards bzw. Passivhausstandards.

2. In ähnlicher Größenordnung können versorgungstechnische Entscheidungen die zukünftigen CO_2-Emissionen beeinflussen, wobei hier die Bandbreite recht hoch ist.

3. Politische, städtebauliche und entwurfsbezogene Entscheidungen bezüglich der städtebaulichen Kompaktheit sind ebenfalls von großer Bedeutung.

Der Einfluss der Gebäudeausrichtung und der Verschattung von Baukörpern ist nicht nur aus energetischer Sicht wichtig, denn die gute Besonnung von Fassaden bringt andere, nicht zu unterschätzende qualitative Vorteile mit sich wie die gute Belichtung von Wohn- bzw. Arbeitsräumen. Es sollte daher keinesfalls ohne Not auf diese Option verzichtet werden.

Sinnvoll ist es, das gesamte Spektrum an Einsparmöglichkeiten im Rahmen des städtebaulichen Entwicklungsprozesses optimal auszuschöpfen, um nachhaltigen Klimaschutz betreiben zu können. Das erfordert im Grunde auch ein Umdenken in der Planung und Realisierung.

Zur konsequenten Umsetzung ist prozessorientiertes Handeln erforderlich!

Die Optimierung des Energieverbrauchs eines Neubaugebietes darf nicht in der Phase der energiegerechten Bauleitplanung stehen bleiben, sondern muss sich den ganzen Prozess begleitend bis in die Bauausführung und Inbetriebnahme fortsetzen. Es macht wenig Sinn, mit sehr hohem Aufwand die städtebauliche Optimierung zu betreiben und das große Einsparpotenzial durch verbesserten Wärmeschutz dann nicht mehr zu nutzen. In diesem Sinne sind die folgenden drei Grundsätze für die Integration von Energie- und Klimaschutzaspekten in die Stadt- und Siedlungsplanung zu verstehen:

1. Der Aspekt des energiegerechten Planens und Bauens muss bei städtebaulichen Entwicklungsmaßnahmen immer ein Aspekt unter vielen sein. Entsprechend müssen natürlich auch Kompromisse eingegangen und - unter allen zu berücksichtigenden Aspekten - befriedigende und funktionierende Lösungen gefunden werden. Es wäre jedoch fatal, dem Aspekt der Schadstoffminderung im Städtebau keine Beachtung zu schenken.

2. Die dazu notwendige Abstimmung erfordert im Wesentlichen ein hohes Maß an Kommunikation: Das technische Fachwissen ist in der Regel vorhanden oder kann durch entsprechende Fachplaner in den Planungsprozess integriert werden. Informationen müssen nur zum richtigen Zeitpunkt der richtigen Person zur Verfügung stehen oder entsprechende Personen müssen rechtzeitig motiviert werden. Methodisch eignen sich dazu z.B. kooperative Planungsverfahren.

3. Energiegerechte Stadtplanung muss als Prozess gesehen werden, der in allen Planungsphasen Berücksichtigung findet. Daher ist - auch wenn die technischen Fakten bereits vorliegen oder bekannt sind - die Präsenz eines „Anwaltes für die Energieeinsparung" notwendige Voraussetzung für eine verlässliche Berücksichtigung der energetischen Belange im Planungsprozess. Ein gutes Energiekonzept aus der Phase der städtebaulichen Entwicklungsphase verliert auf dem langen Weg bis zur Umsetzung evtl. schnell an Konturen. Die Optimierung des Energieverbrauchs eines Neubaugebietes endet also nicht in der Phase der energiegerechten Bauleitplanung, sondern muss prozessbegleitend bis in die Phase der

Tab. 2: Integration der Aspekte der energiegerechten Stadtplanung in Planung und Umsetzung (ebök, Tübingen 1998).

Bauausführung und Inbetriebnahme Berücksichtigung finden. Die möglichen Integrationsschritte und Instrumente sind in Tab. 2 dargestellt.

Drei zentrale Empfehlungen lassen sich aus den Erfahrungen in der Praxis zusammenfassen:
- Konsens: Zielfindungsdiskussionen und Konsensbildung sollten rechtzeitig und unter Beteiligung von Verwaltungsspitze und Kommunalpolitik stattfinden; eine durchsetzungsfähige Person für die Prozesskoordination mit Rückendeckung „von oben" kann die Durchführung sehr erleichtern.
- Qualitätssicherung: Soll die Umsetzung der Vorgaben verlässlich gesichert werden, so ist eine kontinuierliche und sachkundige Begleitung und Prüfung der Projekte unverzichtbar. Insbesondere die Arbeitsverteilung und Finanzierung muss frühzeitig geklärt werden: „nebenbei miterledigen" lässt sich eine solche Baubegleitung nicht!
- Information und Beratung: Frühzeitige Information und Beteiligung von Investoren, Planern und Bauherren sowie ein qualitativ gutes individuelles Beratungsangebot sind die Voraussetzungen für Akzeptanz und reibungslose Projektabwicklung.

Derzeit fehlt die Integration eines Anwaltes für Energieeinsparung und Schadstoffminderung im üblichen Planungsverfahren. Wie dringend erforderlich jedoch die Einbindung eines Experten ist, belegen die aufgezeigten großen Handlungsspielräume. Dann steht einer „echten" Niedrigenergie-Siedlung Nichts mehr im Wege.

4. Urbanität der Zukunft

Urbanität der Zukunft, d.h. eine u.a. auch ökologisch nachhaltige Urbanität hat die folgenden Belange zu berücksichtigen und zu bewältigen:
- die Landschaftsökologie des Standortes
- die Zuordnung von Funktionen und
- die Stoff- und Energiekreisläufe innerhalb der verschiedenen Funktionsbereiche.

Im Laufe der Siedlungsentwicklung der vergangenen Jahrtausende wurden diese Belange in unterschiedlicher Intensität und Schwerpunktsetzung umgesetzt. Im Zeitalter des Zusammenwachsens von Metropolen und ihrer weltweiten Verflechtung untereinander entstehen heute hoch komplexe Anforderungen, deren Erfüllung nicht leicht ist und die eine gezielte Planung erfordern.

Angesichts der städtebaulichen Entwicklung der letzten vierzig Jahre kann man sich die Frage stellen, ob die Stadt überhaupt eine Zukunft hat. Das räumliche Funktionsgefüge wird heute von einer Vielzahl von Faktoren bestimmt, die kein einheitliches Erscheinungsbild der Stadt - wie wir es in Europa aus der Vergangenheit gewohnt waren - mehr erzeugen. Mit den teilweise auch missverstandenen Begriffen wie Collage City, Nichtplanbarkeit der Stadt, Chaos City [83] wurde nicht selten versucht, sich mit den veränderten Bedingungen der Stadtentwicklung und ihrer Planung zu arrangieren.

"...Es ist festzustellen, dass „Stadt" der Neuzeit auf der ganzen Welt in ihr Umland ausgreift und dabei eigene Formen einer verstädterten Landschaft oder einer verlandschafteten Stadt ausbildet.
Diese Siedlungsfelder nennen wir, einer alten Tradition folgend, noch immer „Städte". Oder wir bezeichnen sie mit so abstrakten Begriffen wie „Stadtagglomerationen", „Verdichtungsraum", „verstädterte Landschaft" etc., weil wir merken, wie unangemessen der Begriff „Stadt" für diese Siedlungsfelder ist, ein Begriff, der ganz andere Assoziationen hervorruft. In Ermangelung eines besseren Begriffs wollen wir diese Gebilde, die aus „Feldern" unterschiedlicher Nutzungen, Bebauungsformen und Topographien bestehen, Zwischenstädte nennen: Sie breiten sich in großen Feldern aus, sie haben sowohl städtische wie landschaftliche Eigenschaften. Diese Zwischenstadt steht zwischen dem einzelnen, besonderen Ort als geographisch-historischem Ergebnis und den überall ähnlichen Anlagen der weltwirtschaftlichen Arbeitsteilung, zwischen dem Raum als unmittelbarem Lebensfeld und der abstrakten, nur in Zeitverbrauch gemessenen Raumüberwindung, zwischen der auch als Mythos noch sehr wirksamen Alten Stadt und der ebenfalls noch tief in unseren Träumen verankerten Alten Kulturlandschaft". [84]

Man muss zur Kenntnis nehmen, dass sich die Bedingungen für das Werden und Wachsen einer Stadt in jüngster Zeit dramatisch verändert haben. Ausdruck dieser Veränderungen sind gesichtslos gewordene Ansammlungen von Nutzungsbauten und Infrastruktureinrichtungen, die oft ohne räumlich gestaltetes Gefüge auf der Fläche verteilt werden.

Von planerischer Seite wurde und wird immer wieder versucht, dieser Entwicklung entgegen zu steuern. In den letzten Jahren wurden sehr unterschiedliche Ideen, oft zu weit gegriffen Leitbilder genannt, formuliert, mit denen die Entwicklung im Siedlungsbereich gesteuert oder zumindest erfasst werden sollte.

Eine Idee, mit der versucht wird, der Entwicklung hin zur gesichtslosen und identitätsarmen Siedlung entgegen zu treten, ist das Bild der „Alten Stadt".

"Angesichts der beklagten gewaltigen Flächenausdehnung der Stadt und ihres gegenwärtig

[83] Koch, M., 1994, S. 223 f

[84] Sieverts, Th., 1997, S. 14

immer weiteren Ausgreifens wird in vielen Ansätzen propagiert, die traditionelle und dichtgepackte europäische Stadt mit ihrer Nutzungsmischung, ihrer Parzellenstruktur und ihren von Gebäudewänden gebildeten öffentlichen Räumen zum unmittelbaren und alleinigen Vorbild für den heutigen Städtebau zu machen. Hierfür werden gute Gründe angeführt: Die dichtgepackte Stadt ist energetisch wegen relativ geringer Oberfläche bei großem Bauvolumen sehr günstig. Sie optimiert die Nutzung der Siedlungsfläche insbesondere dann, wenn Nutzungen unterschiedlichen Tageslichtbedarfs und unterschiedlicher Empfindlichkeit vertikal auf der Parzelle gemischt werden. Dichte und Mischung ermöglichen kurze Wege. Diese Mischung wiederum führt in Verbindung mit Dichte zu einer Belebung des öffentlichen Raums und zu einem reichhaltigen Erfahrungsfeld, insbesondere für Kinder. Nicht zuletzt führt dieser Stadttypus zu eindeutigen, kontrastreichen Abgrenzungen zwischen Stadt und Land.

Trotz aller dieser einleuchtenden Vorteile können wir diesen Typus von Stadt oder Stadtteil heute nur noch ausnahmsweise neu produzieren: Zu tiefgreifend haben sich die gesellschaftlichen, wirtschaftlichen, kulturellen und politischen Voraussetzungen gewandelt.

Alle Versuche ... den Bild- und Strukturtypus der historischen europäischen Stadt mehr oder weniger direkt zum allgemeinen und verbindlichen Leitbild für Zukünftiges zu machen, sind meines Erachtens zum Scheitern verurteilt. Ja, ich gehe noch weiter: Es geht nicht nur darum, diesen Tatbestand kühl zur Kenntnis zu nehmen, sondern mit einem gehörigen Stück desillusionierender Trauerarbeit auch innerlich Abschied zu nehmen von diesem geliebten Bild, das wir im Boom des Städtetourismus immer wieder aufsuchen und das ja in der Tat in seiner kulturellen Vielschichtigkeit unerschöpflich ist: Wir sollten uns aber dessen bewusst sein, dass die Liebe zur Alten Stadt eine ziemlich neue Erscheinung ist; die Zeit ihrer Verdammung liegt erst eine Generation zurück!"[85]

Der Begriff Urbanität wird im Zusammenhang mit neuen Leitbildern des Städtebaus gern verwendet. Vor Jahren war es das „Leitbild" der „Urbanität durch Dichte", mit dem versucht wurde, den neuen Agglomerationen Leben einzuhauchen. Nach der Realisierung der ersten Siedlungen trat schnell eine Desillusionierung ein angesichts der erkennbaren Problematik der Monofunktionalität und der Sozialverträglichkeit von zuviel Dichte.

Der Begriff der Urbanität wird für sehr unterschiedliche Vorstellungen von Stadt verwendet. „Der Begriff Urbanität wurde insbesondere von Edgar Salin als eine besondere Qualität der aufgeklärten, bürgerlichen Stadt herausgearbeitet und bezeichnete eine kulturellgesellschaftliche Lebensform und nicht die Qualität städtebaulich räumlicher Struktur. Mit Urbanität sollte eine tolerante, weltoffene Haltung ihrer Bewohner zueinander und den Fremden gegenüber gekennzeichnet werden. Heute wird dieser Begriff häufig verengt auf das Bild der dichten Stadt des 19. Jahrhunderts, und infolgedessen wird ein allgemeiner Verlust an Urbanität beklagt und dementsprechend gefordert, die Stadtplanung habe für mehr Urbanität zu sorgen".[86]

Auf der Suche nach Lösungen werden immer wieder neue Leitbilder entworfen, deren Tragfähigkeit sich oftmals als sehr gering erweist. „Der beschleunigte Wechsel städtebaulicher Aufgaben hat zur Folge, dass die Frage nach einem langfristig gültigen Leitbild kaum noch zur Diskussion steht".[87]

„Spätestens seit Beginn der neunziger Jahre laufen Planungsleitbilder einerseits und Realitäten der Stadtentwicklung andererseits zunehmend auseinander".[88]

Im Zusammenhang mit der Diskussion über städtebauliche Entwicklungen ist der Begriff

[85] Sieverts, 1997, S. 23ff.

[86] Sieverts, Th., 1997, S. 32

[87] Zlonicky, P., 1998, S. 153

[88] Zlonicky, 1998, S. 160

Ökologische Nachhaltigkeit 117

„Leitbild" grundsätzlich problematisch, da er hohe Erwartungen weckt. Leitbilder vereinen in der Regel eine Vielzahl von Zielen aus unterschiedlichen Gruppen der Gesellschaft. Dieser Konsens geht den meisten der sog. städtebaulichen „Leitbilder" ab, weshalb in diesem Zusammenhang nur von „Leitlinien" oder Handlungsprinzipien gesprochen werden sollte, die eher maßnahmenorientiert sind.[89] Nachfolgend wird daher - wie bereits in den voraus gehenden Kapiteln - nur der Begriff des Prinzips verwendet.

Urbanität der Zukunft muss das Funktionieren der Stadt wieder zum Gegenstand haben, und nicht nur ihr äußeres Erscheinungsbild. Zum zukunftsgerichteten Funktionieren gehört eine neue Wechselbeziehung zwischen der Stadt und ihrem Umland, den Städten untereinander und den zwischen den verschiedenen Bereichen oder Funktionsfeldern agierenden Menschen, die den Anforderungen an Nachhaltigkeit mehr Rechnung trägt.

Für eine ökologisch orientierte Stadtentwicklung müssen die Kreise, die beeinflusst werden sollen, schrittweise erweitert werden. Es genügt nicht mehr, Insellösungen für Detailfragen anzubieten. Gefragt ist die Vernetzung unterschiedlicher Ansätze in der für jeden Planungsfall angemessenen Weise.

Eine Senkung der Umweltbelastungen durch Stadtentwicklungsplanung muss am Funktionsgefüge der Stadt ansetzen.[90]

Bei der Konzeption von Quartieren und Stadtteilen, die über die Gestaltung kleinerer Einheiten weit hinaus geht und bei der auch eine hohe planerische Komplexität zu bewältigen ist, ist eine Umsetzung aller Ansätze für ökologische Nachhaltigkeit kaum denkbar und selten auch sinnvoll. Die Kunst der Planung besteht bei wachsender Komplexität der Planungsaufgabe in der Integration und Kombination verschiedener Ansätze und in der Abwägung zwischen den einzelnen Ansätzen. Alle bekannten, bisher realisierten und in Realisierung befindlichen Beispiele weisen in verschiedene Richtungen der ökologischen Nachhaltigkeit mit unterschiedlicher Intensität. Unter den nachfolgend dargestellten Planungsbeispielen befindet sich keines, das als Musterbeispiel für die „Ökostadt" der Zukunft allein geeignet wäre, zumal die Stadt eine Vielzahl auch anders gearteter Ansprüche zu erfüllen hat. Alle Beispiele arbeiten mit weitgehend konventionellen Elementen. Oftmals besteht das Nachhaltigkeitsprinzip in der sinnvollen Kombination einzelner Elemente unter Setzung spezifischer, erst im jeweiligen räumlichen Kontext verständlicher Schwerpunkte.

Prinzip: Stadt der kurzen Wege bzw. der schnellen Erreichbarkeit

Einen zentralen Ansatz für die nachhaltig orientierte Planung im Funktionsgefüge der Stadt bietet der Verkehr. Der Energiebedarf einer Stadt für den Verkehr hängt wesentlich mit der Siedlungsstruktur und der Verflechtung der Stadt mit dem Umland zusammen. Dabei spielt der Energiebedarf, der für den Verkehr aufgewendet wird, eine große Rolle für die ökologische Nachhaltigkeit. Die Gesamtbewegungen des Verkehrs in einer Stadt sind sehr hoch; bezogen auf die Einwohnerdichte aber sind sie wesentlich geringer als auf dem Land. Gesamtbilanzen des Energiebedarfs eines Raumes zu erstellen ist schwierig und meist nur in einer groben Annäherung möglich.

„Einer amerikanischen Untersuchung ist zu entnehmen, dass Metropolen mit hoher Dichte tendenziell einen deutlich niedrigeren Benzinverbrauch haben als Metropolen mit geringerer Dichte.

Auch für die innere Organisation einer Metropole gilt: Je höher die (städtebauliche) Dichte, desto geringer der Kraftstoffverbrauch und

---

[89] vgl. hierzu Peters, H.-J., 1994, S. 153 und Rat von Sachverständigen für Umweltfragen, 1994

[90] Umweltgutachten 1978, Abs. 1045: zitiert in Hahn, 1984, S. 11

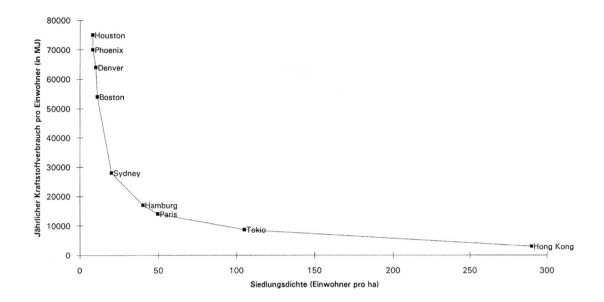

damit auch der CO_2 - Ausstoß. *Die Erklärung für die Regel ist auch hier nicht schwer: Je höher die Dichte, desto kürzer die Wege. Auch für die Verlagerung vom Individualverkehr auf ÖPNV kann eine höhere Dichte nur günstig sein. Das Liniennetz kann engmaschig gestaltet werden. Damit wird die Erreichbarkeit des ÖPNV verbessert. Die Wahrscheinlichkeit, dass das Angebot im ÖPNV genutzt wird, nimmt zu. Eine starke Inanspruchnahme des ÖPNV rechtfertigt ihrerseits eine dichte Zugfolge. Dies wiederum verbessert die Erreichbarkeit von Zielen mittels ÖPNV."* [91]

Das Prinzip der kurzen Wege wird vielfach erwähnt und selten praktiziert. Im Gegenteil erfolgt in der Praxis eine Explosion der Distanzen. Entfernungen werden aufgrund der leichten Verfügbarkeit von Verkehrsmitteln zu einem leicht zu überwindenden Hindernis. Die Aktionsradien der Menschen haben sich bei ungefähr gleichbleibendem zeitlichen Aufwand und höheren Geschwindigkeiten der Verkehrsmittel stetig vergrößert. Pendlerbewegungen zwischen Wohnort und Arbeitsstätte, die in verschiedenen Verdichtungsräumen liegen, sind keine Seltenheit mehr.

Eine Verkürzung von Wegen bei gleichbleibenden Ansprüchen an die Nutzungsvielfalt ist nur erreichbar durch höhere Dichte bzw. durch hohe Funktionsmischung. Der räumlichen Verdichtung von Nutzungen und Menschen sind ökologische und soziale Grenzen gesetzt. Hohe Dichte kann zu unerträglichen Umweltbedingungen und Störungen des sozialen Miteinanders führen. Insofern sind der Verkürzung der Wege Grenzen gesetzt, die nur mittels Verkehrstechnik überwunden werden können. Bei zu hoher Dichte muss das Prinzip der kurzen Wege ergänzt werden durch das Prinzip der schnellen Erreichbarkeit von Verkehrsmitteln, die zu einer umweltverträglichen Überwindung der Distanzen befähigen. Hier ist die Kombination von Fußläufigkeit und Anschluss an den öffentlichen, insbesondere den schienengebundenen Personenverkehr gedacht.

„Auf lange Sicht sollte der Kernpunkt der Entwicklung zur nachhaltigen Mobilität eine gezielt auf verkehrsarme Strukturen gerichtete Stadt- und Regionalplanung sein. Mit der Strategie der Verteuerung des Verkehrs werden bereits Effekte eingeleitet, die die Entwicklung zu immer verkehrsintensiveren Raumstrukturen bremsen können. Auf lange Sicht gesehen ist hier noch ein erhebliches weiteres, nachhaltiges Verkehrsminderungspotenzial vorhanden. Preispolitik, Raumordnungspolitik und regionale Wirtschaftsförderung müssen sich ergänzen, um Verkehrsvermeidung langfristig zu sichern." [92]

Das Prinzip der kurzen Wege hat neben den verkehrlichen Wirkungen auch Einfluss auf den Material- und Energiebedarf bei der Ver- und Entsorgung der Siedlung. Große Distanzen erhöhen den Bedarf an Materialien zum Bau von Ver- und Entsorgungsleitungen und sie führen zu einem erhöhten Bedarf an Energien zur Beförderung des Trink- und Abwassers bzw. sie erhöhen den Verlust beim Transport von Energieträgern oder Energie.

[91] Boeddinghaus, C., 1993, S. 28f

[92] Umweltbundesamt, 1997, S. 115

Ökologische Nachhaltigkeit

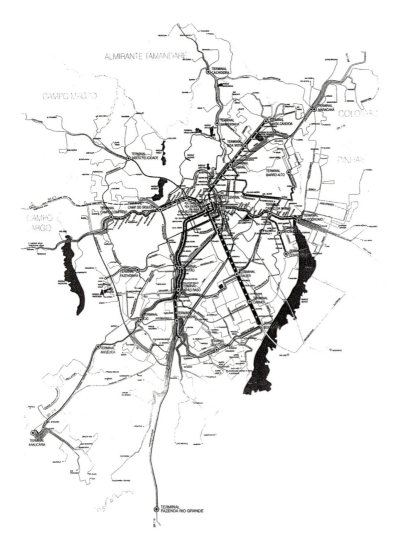

Curitiba verfügt über ein dichtes Netz von öffentlichen Verkehrsachsen. [94]

Wichtigstes und zentrales Instrument zur Lenkung und Kontrolle des Wachstums von Curitiba ist eine konzentrierte Strategie, die öffentliche Verkehrsmittel, Straßenbau und Bodennutzung umfasst. Bestimmte Gebiete, die an das städtische Versorgungsnetz angeschlossen werden können (insbesondere an öffentliche Verkehrsmittel) erhielten das Prädikat „potentielles Erschließungsgebiet". [93]

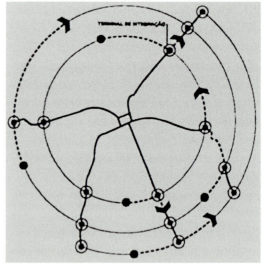

Fünf Hauptverkehrsachsen bilden die Grundstruktur von Curitiba. Die Stadtentwicklung vollzieht sich entlang des öffentlichen Verkehrsliniennetzes. [95]

Beispiel Curitiba: Synthese von Siedlungsentwicklung und Verkehrsplanung

Die Metropole Curitiba im Süden von Brasilien wird auch bei uns immer wieder als Beispiel für eine gelungene Stadtentwicklung vorgestellt mit einer sinnvollen Integration von Nutzungs-, Freiflächen- und Verkehrsplanung. Die Entwicklung der Stadt beruht auf einem 1943 vorgelegten Plan des Stadtplaners Agache (Plano Agache), in dem dem öffentlichen Verkehr gewisse Vorrangmaßnahmen eingeräumt wurden. Dennoch konnte auf dieser Grundlage keine koordinierte Stadtentwicklung erfolgen.

Erst durch die Erarbeitung eines Stadtentwicklungsplanes im Jahr 1974 (Plano Director) wurden das Verkehrssystem, das Straßennetz und die Flächennutzung aufeinander abgestimmt. Der Stadtentwicklungsplan ging im Jahr 1966 von einer Bevölkerung von 400.000 Einwohnern aus. Trotz seines Alters und der inzwischen überholten Bevölkerungszahl liefert der Plan auch heute noch eine wichtige Grundlage für die Stadtentwicklung.

Verkehrsachsen

Grundgedanke des Planes sind fünf Verkehrsachsen, die als Radiale das Zentrum mit dem Umland verknüpfen. Die Verkehrsachsen, die gleichzeitig auch die Entwicklungsachsen der Stadt darstellen, haben eine mehrfache Verkehrsfunktion. Sie fungieren als 3-Straßen-System, auf denen die unterschiedlichen Verkehrsarten abgewickelt werden:
- die inneren Spuren sind vom übrigen Verkehr getrennt und sind den Expressbussen vorbehalten;
- die äußeren Straßen sind dreispurige Einbahnstraßen für den Durchgangsverkehr;

[93] Ruano, 1999, S. 38

[94] Jäger, 1998, S. 590

[95] Ruano, 1999, S. 39

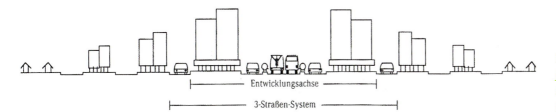

Prinzipskizze des 3-Straßen-Systems auf den Hauptverkehrsachsen Curitibas. [97]

- auf den seitlichen Straßen findet der lokale Verkehr statt mit Anbindung an Geschäfte und Dienstleistungseinrichtungen.

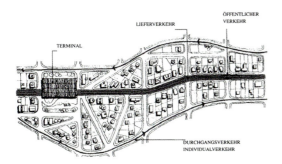

Die so genannten „strukturellen Alleen" fungieren als Rückrat für die Errichtung neuer Nachbarschaftsgebiete. Diese Alleen haben ein dreiadriges Verkehrssystem, bei dem der Pkw-Verkehr von den Fahrspuren der öffentlichen Verkehrsmittel getrennt fließt. Öffentliche Verkehrsmittel sind somit sowohl der Motor als auch das Rückrat des geplanten Bebauungsprojekts. [96]

Buslinien

Grundlage des öffentlichen Verkehrs ist ein Netz von unterschiedlichen Buslinien, die die verschiedenen Funktionen (Expressverbindungen, Zubringer, Direktverbindungen, Flächenerschließung) innerhalb des integrierten Transportsystems übernehmen. Die verschiedenen Linien sind über Terminals miteinander verbunden, der Umstieg ist bei gleichem Fahrpreis beliebig oft möglich. Die Terminals liegen an den fünf Verkehrsachsen sowie an einzelnen Nebenachsen an wichtigen städtebaulichen Punkten, die auch der lokalen Versorgung dienen, und bilden so einen tangentialen Ring um die Stadt.

Anders als viele andere Städte favorisiert die Stadt Curitiba bei den öffentlichen Verkehrsmitteln eine „Low-Tech"-Technologie, den Bus, und verzichtet auf zwar grandiosere, dafür aber schwerer zu finanzierende und langsamer umsetzbare Möglichkeiten. Allerdings wurde das herkömmliche Buslinennetz durch entsprechende Innovationen gehörig aufgemöbelt, um so technisch anspruchsvolleren Systemen in Sachen Effizienz das Wasser reichen zu können. [98]

Zu den Innovationen gehören: ein integriertes Busliniennetz, das von der öffentlichen Hand verwaltet und von privaten Dienstleistungsfirmen bedient wird, dazu eigene Busfahrspuren und Schnellbuslinien, integrierte Abfertigungshallen für die Passagiere öffentlicher Beförderungsmittel, Warteräume, ein netzweiter Einheitspreis etc. Das Fahrgastaufkommen beträgt mehr als 1,6 Millionen am Tag. [99]

[96] Ruano, 1999, S. 39

[97] Jäger, 1998, S. 587

[98] Ruano, 1999, S. 38

[99] Ruano, 1999, S. 40

Busse und Haltestellen

Der Stellenwert des Busverkehrs wird auch deutlich an der Technik, mit der Busse und Haltestellen ausgestattet sind. Zur schnelleren Abfertigung und Erleichterung des Ein- und Ausstiegs wurden an den Expresslinien die Haltestellen als Mittelsteig ausgebildet, der einen niveaugleichen Ein- und Ausstieg ermöglicht. Gleichzeitig verfügen die Busse über breite Türen, die ein schnelles Aus- und Einsteigen erleichtern. Auf diese Weise können auch Behinderte hindernisfrei befördert werden.

Die Einführung von Doppelgelenkbussen mit einer Kapazität für 270 Personen bietet einen hohen Standard an Beförderungsqualität in den dichtbesiedelten Teilen von Curitiba.

Probleme und Perspektiven

Das Bussystem stößt mittlerweile an seine Kapazitätsgrenzen, zumindest in den Rushhours. Die Fahrgastzahlen wachsen trotz des stetigen Ausbaus des Liniennetzes langsamer als die Zulassungszahlen für Pkw.

Für eine Weiterentwicklung des ÖPNV wird die Einführung einer Straßenbahn, wie sie in Brasilien für alle Großstädte geplant ist, mittelfristig unumgänglich werden, was bislang jedoch an Finanzierungsproblemen scheitert.

Exkurs Hartmut Topp: Kürzere Wege, mehr Mobilität, weniger Verkehr

Der Trend im Stadt- und Regionalverkehr ist klar: Entmischung und Suburbanisierung führen zusammen mit noch steigender Motorisierung, weiterem Ausbau der Verkehrsinfrastruktur, mehr Freizeit und differenzierteren Ansprüchen, Rationalisierung der Wirtschaft, geringeren Fertigungstiefen zu immer mehr Verkehrsaufwand - gemessen in Autokilometern, Energieeinsatz und Umweltbelastung - durch immer längere Wege und mehr Auto affine Tangentialbeziehungen im Umland und im Randbereich der Städte (Bild 1). Die Frage ist, muss das so sein?

Denn klar ist auch, dass der heutige Stadtverkehr mit hohen Autoanteilen unvereinbar

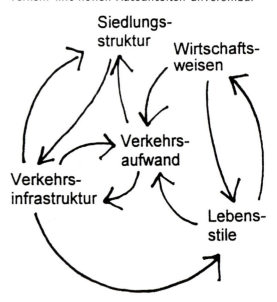

Bild 1: Einflussgrößen des Verkehrsaufwandes und ihre Rückkoppelungen.

ist mit Wohnen und Aufenthalt in Hauptverkehrsstraßen. Dies gilt für große und kleine Städte - und auch für die Städte, die im Vergleich zu anderen weniger Autoverkehr haben, wie Basel, Freiburg im Breisgau, Münster oder Zürich. An städtischen Hauptverkehrsstraßen ist der Lärm unerträglich mit Werten von 75 dB(A) und mehr, und wir messen alarmierend hohe Werte an Stickoxiden, Benzol und Dieselruß (Bild 2). An solchen hochbelasteten Hauptverkehrsstraßen wohnen 20 bis 25 % der Einwohner einer Stadt. Allergien, Atemwegserkrankungen und Leukämie sind hier häufiger als in „Reinluftgebieten"; besonders betroffen sind die Kinder.

Stickoxid (NO_2)-Konzentrationen:
- Kurzzeitgrenzwert Deutschland 200 g/m3
- Kurzzeitgrenzwert Schweiz 100 g/m3
- Messwerte Mittlerer Ring München 940 g/m3

Dieselruß-Konzentrationen
- Grenzwert 23. BImSchV 14 µg/m3
- Verordnungsentwurf 1991 8 µg/m3
- Messwerte Innenstadt München 41 µg/m3

Bild 2: Abgas-Konzentrationen an Hauptverkehrsstraßen in München.

Wie viel Autoverkehr verträgt die Stadt? Und wie viel Autoverkehr ist notwendig? Das sind die zentralen Fragen der Integration des Verkehrs in die Stadt. Wie viel Autoverkehr bezogen auf den heutigen Autoverkehr wirklich „notwendig" ist, haben wir in Karlsruhe und Kaiserslautern untersucht (Haag, 1996): Wegen Fahrtenketten, Gepäckmitnahme, zu großen Distanzen für zu Fuß oder Fahrrad, unzureichender Alternativen im Öffentlichen Personennahverkehr (ÖPNV) sind es unter heutigen Bedingungen in Karlsruhe 67 % und in Kaiserslautern 73 % aller Autofahrten. Diese Anteile verringern sich bei Umsetzung der ÖPNV-Planungen der Städte („besserer ÖPNV") und bei geänderter Zielwahl („kürzere Wege") auf 37 % beziehungsweise 54 % (Bild 3). Die Frage, wie viel Autoverkehr eine Stadt verträgt, wurde bisher in der kommunalen Verkehrsentwicklungsplanung wenig thematisiert. Dies hat drei Gründe: (1) traditionell geht die Verkehrsplanung von der Verkehrsnachfrage und der verkehrstechnischen Leistungsfähigkeit aus; (2) die Frage, wie man Autoverkehr auf das verträgliche Maß beschränken kann, ist unbeantwortet; und (3) bisher lagen keine anerkannten praktikablen Verfahren zur Ermittlung der noch stadtverträglichen Autoverkehrsmenge vor. Letzteres hat sich geändert: So ist zum Einen in Weiterentwicklung des kompensatorischen Ansatzes (Mörner/Müller/Topp, 1984) das „LADIR-Verfahren zur Bestimmung stadtverträglicher Belastungen durch Autoverkehr" (Collin/Müller/Rüthrich, 1993) entstanden und zum anderen die „Studie zur ökologischen und stadtverträglichen Belastbarkeit der Berliner Innenstadt durch den Kfz-Verkehr" (Garben et al, 1993).

	Heute	Szenario „besserer ÖPNV"	Szenario „kürzere Wege"	bezogen auf
Karlsruhe 280.000 E	67% 81%	47% 53%	37% 49%	Anzahl der Fahrten Autokilometer
Kaiserslautern 100.000 E	73% 85%	67% 77%	54% 72%	Anzahl der Fahrten Autokilometer

Bild 3: Anteil des „notwendigen" Autoverkehrs am gesamten (heutigen) Autoverkehr im Stadtgebiet.

Nun, wie kommt man zu weniger Autoverkehr in unseren Städten? Die Ansätze liegen auf drei Ebenen: (1) Verkehr vermeiden durch unterlassene Wege, kürzere Wege und Kopplung von Wegen zu Wegeketten, (2) Autoverkehr verlagern auf Busse und Bahnen, das Fahrrad und die „eigenen Füße" und (3) den verbleibenden Autoverkehr durch Verkehrslenkung und Fahrzeugtechnik verträglicher machen. Verkehrsvermeidung ist der übergeordnete und wichtigste, unter heutigen Rahmenbedingungen

Ökologische Nachhaltigkeit

aber auch der schwierigste Ansatz. Schwierig, weil Raumüberwindung billig ist und weil in der Konkurrenz von Stadt und Umland Regionalplanung nur wenig Einfluss auf die Siedlungsstruktur hat. Trotzdem: „Nutzungsmischung im Städtebau" und „Die Stadt der kurzen Wege" bestimmen wieder die Diskussion - unter anderem als Chance, den Trend zu immer mehr Verkehrsaufwand zu dämpfen. So hat die Zweite Konferenz der Vereinten Nationen über menschliche Siedlungen (Habitat II) im Juni 1996 in Istanbul in ihrer Agenda, die von den 170 teilnehmenden Staaten beschlossen wurde, ausdrücklich Alternativen zum Auto und verkehrsvermeidende Siedlungsstrukturen gefordert.

Mit „Nutzungsmischung im Städtebau" soll der Entmischung und Funktionstrennung entgegengewirkt werden, wobei Verkehrsvermeidung und Energieeinsparung zwei Hauptziele sind neben Schonung von Natur und Landschaft bis hin zu mehr Urbanität (BfLR, 1995).

Neben Nutzungsmischung ist Telematik ein Hoffnungsträger für weniger Verkehrsaufwand und für eine verkehrssparsamere Stadt. Die Wirkungen sind vielfältig: Telematik substituiert Verkehr durch Telebanking, Teleshopping oder Telearbeit; Telematik induziert Verkehr durch Ausweitung der Aktionsräume und Vervielfältigung der Kontakte; Telematik beeinflusst Lebensstile, Wirtschaftsweisen und Siedlungsstrukturen (Bild 4) - meist in Richtung mehr Verkehrsaufwand. Die Hoffnung auf weniger Verkehr ist trügerisch.

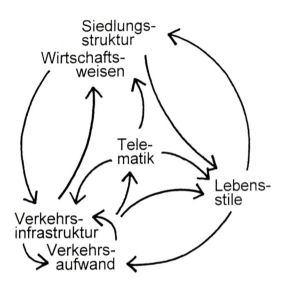

Bild 4: Verkehr und Telematik im (unvollständigen) Regelkreis von Einflussgrößen

Verkehrsvermeidung wird häufig mit Mobilitätseinbußen gleichgesetzt; dies geschieht zwangsläufig immer dann, wenn Mobilität mit Verkehrsleistung - das heißt mit zurückgelegten Kilometern - gleichgesetzt wird. Mobilität bedeutet aber nicht nur Raumüberwindung; Mobilität bedeutet vielmehr, den eigenen Lebensraum nutzen und erleben zu können. Mobil in diesem Sinne ist, wer viele Möglichkeiten für unterschiedliche Aktivitäten ohne großen Aufwand erreichen kann. Dichte urbane Stadtgebiete mit hoher Nutzungsmischung bieten also höchste Mobilität.

Die Diskussion um Nutzungsmischung und Nutzungsdichte muss allerdings von heutigen Ansprüchen und Lebensstilen ausgehen: große Wohnflächen, große Büro-, Laden- und Freizeitflächen, berufliche Flexibilität bei differenzierten Berufsqualifikationen und Arbeitsplätzen, autodominierte Mobilität mit hoher Entfernungstoleranz, spezialisierte Freizeitaktivitäten, individualisierte Lebensstile...

Das bedeutet: Nutzungsmischung allein führt nur begrenzt zu kurzen Wegen. Auch in dichten

Mischgebieten arbeiten nicht sehr Viele in ihrer unmittelbaren Nachbarschaft - aber deutlich mehr als in der suburbanen Peripherie. Unabhängig davon baut Nutzungsmischung Konzentrationen des Verkehrs auf Tageszeiten und Richtungen ab, was insbesondere den Öffentlichen Personennahverkehr wirtschaftlicher macht.

Das Thema „Verkehrsaufwand und Siedlungsstruktur" ist zur Zeit sehr aktuell: Mehr als in den letzten Jahrzehnten weisen Städte in den alten Bundesländern neue Baugebiete aus, und in den neuen Bundesländern lösen sich kompakte Stadtstrukturen auf mit dem besonderen Problem der Märkte auf der „grünen" Wiese - in einer Größenordnung und in einem Tempo, wie es das in den alten Bundesländern nie gegeben hat. Die Ballungsräume in den alten Ländern wachsen und stehen vor einem Maßstabssprung unter stärkerer Einbeziehung des weiteren Umlandes.

Für die räumliche Zuordnung von Wohnen, Arbeiten und anderen Nutzungen gibt es die Makroebene von Stadt und Region mit dem Ziel ausgeglichener Salden von Erwerbstätigen und Arbeitsplätzen sowie die Mikroebene der Stadtteile und Quartiere mit den Ansätzen (1) Erhalt der Funktionsmischung dort, wo sie überliefert ist und sich bewährt hat, (2) nachträgliches Herstellen durch ergänzende Nutzungen in den monofunktionalen Stadterweiterungen der 50er und 60er Jahre und (3) Schaffung von Nutzungsmischung in neuen Stadtquartieren und bei der Konversion von Brachflächen. Der Verkehrsaufwand hat allerdings auch bei ausgewogener Nutzungsmischung in den letzten Jahrzehnten deutlich zugenommen. Die „siedlungsstrukturellen Potenziale einer ausgewogenen Mischung werden individuell immer weniger in verkehrssparsames Verhalten umgesetzt" (Dörnemann et al, 1995). Die Gründe dafür liegen in angespannten Wohnungs- und Arbeitsmärkten, in weiterer Spezialisierung und Differenzierung von Berufsqualifizierungen und in der billigen und schnellen Raumüberwindung.

Es muss also klar unterschieden werden zwischen den Potenzialen räumlicher Strukturen zur verkehrssparsamen Nutzung und deren tatsächlichen Nutzung durch die Menschen. Maßnahmen der Verkehrsvermeidung durch Mischung und Zuordnung von Nutzungen müssen ergänzt werden durch organisatorische Maßnahmen und durch Anreize, räumliche Strukturen verkehrssparsam zu nutzen. Hierzu gehören höhere Verkehrspreise, aber auch Belegungsmanagement von Wohnungen, Umzugsmanagement, Nachbarschaftsläden, Mietergärten, Wohnumfeldverbesserung ...

Es gibt nur wenige Untersuchungen über die verkehrlichen Auswirkungen dezentraler oder zentraler Dienstleistungen. Was bedeutet es zum Beispiel, wenn ein Postamt geschlossen wird? In einem konkreten Fall nahm - infolge der längeren Wege zum nächsten Postamt - die Häufigkeit der Postamtsbesuche um ca. 60% ab; die Pkw-Nutzung stieg sprunghaft an von 6 % auf 37 % in der Modal-Split-Bilanz auf Kosten der Wege zu Fuß, die von 81 % auf 41 % zurückgingen (Maesel, 1994). Hier wird exemplarisch deutlich, wie die Zentralisierung von Dienstleistungen Mobilität im Sinne von Aktivitäten erschwert und autoabhängiger macht; hinzu kommt die soziale Komponente - insbesondere für ältere Menschen. Relativ wenig beachtet führt die Addition solcher Einzelmaßnahmen zu immer höherer Auto-Affinität unserer Siedlungsstrukturen und Lebensweisen.

Gegensteuern kann man nur durch viele, widerspruchsfrei miteinander koordinierte Maßnahmen, die Zersiedlung, Suburbanisierung von Wohnen, Gewerbe und Handel und weitere Konzentrationen von Dienstleistungen und

Versorgungseinrichtungen vermeiden. Gleichzeitig gilt es - im Sinne von Push-and-Pull (Bild 5) - Nutzungsmischung, Dichte und Nahorientierung zu fördern. Zu den Push-Maßnahmen der Verkehrsvermeidung gehören höhere Verkehrskosten zur Erhöhung des Raumwiderstandes. Insbesondere beim Auto sind die Kosten - relativ zu den allgemeinen Lebenshaltungskosten - in den letzten Jahrzehnten bei gleichzeitiger Beschleunigung des Verkehrssystems gesunken.

Maßnahmen mit push-Effekten
Reduzierung der Flächenangebote für verkehrserzeugende Nutzungen (interkommunale Zusammenarbeit), Erhöhung der Verkehrskosten (Mineralölsteuer, Road Pricing, ...)

Maßnahmen mit pull-Effekten
Erhöhung der Lebensqualität in der Stadt (Reduzierung von Lärm und Umweltverschutzung, Gestaltung des öffentlichen Raumes, Schaffung von Freiflächen hoher Nutzungsqualität, ...) Förderung wohnungsnaher Versorgunseinrichtungen, Förderung des Umweltverbundes (ÖPNV, Fuß, Rad), ...

Maßnahmen mit push- und pull-Effekten
Änderung der rechtlichen Rahmenbedingungen (BauNVO: z.B. Streichung der monofunktionalen Gebiete, LBauO: höhere Dichte durch Änderung der Abstandsregelung, Erweiterung der Erschließungspflicht auf den ÖPNV), Mobilisierung der innerstädtischen Flächenpotentiale zur Nachverdichtung, Reform der Besteuerung von Grund und Boden, funktionierender Wohnungsmarkt, Öffentlichkeitsarbeit, Bürgerbeteiligung und Marketing, ...

Bild 5: Push-and-Pull zur Verkehrsvermeidung (Haag, 1996).

Gemessen am Ziel der Verkehrsvermeidung ist die Kilometerpauschale für Fahrten zwischen Wohnung und Arbeitsstelle ein Anachronismus; statt dessen könnte man eher überlegen, gezielt Mobilitätsprobleme des ländlichen Raums ohne angemessenen Öffentlichen Personennahverkehr steuerlich abzufedern, besonders hohe Innenstadtmieten über Steuerprivilegien aufzufangen oder Förderprogramme für gemischt genutzte Standorte einzurichten. Noch immer werden dagegen periphere Standorte im Umland der Ballungsräume und an den Rändern der Städte subventioniert durch günstige Bodenpreise bei der Gewerbeansiedlung oder durch steuerliche Förderung des Eigenheims. Im letzteren Fall könnte die Förderung auf siedlungsstrukturell förderungswürdige Gebiete und Bauformen beschränkt werden. In Nordrhein-Westfalen werden „Wohngebiete in Nähe von Haltepunkten an der Schiene" (Erlass von 1995) mit DM 4.000 pro Wohneinheit gefördert; mit „Baulandgesprächen" auf kommunaler Ebene versucht man, Baulandpotenziale im Einzugsbereich von Haltestellen zu aktivieren. Für nicht integrierte Standorte werden seit langem Versiegelungsabgaben oder Stellplatzabgaben diskutiert. In den USA wird ein zulässiges Kfz-Verkehrsaufkommen in Baugenehmigungen festgeschrieben; die Grundstücksnutzer haben dann über Parkplatzpolitik und Förderung von Fahrgemeinschaften - Öffentlicher Personennahverkehr spielt in diesen Fällen eine geringere Rolle - dafür zu sorgen, dass dies nicht überschritten wird (Topp, 1993). In vielen Fällen sind heute Gewerbe und Wohnen miteinander verträglich; damit sind die reinen Wohngebiete und reinen Gewerbegebiete nach Baunutzungs-Verordnung nicht mehr zeitgemäß. Auch wird immer wieder überlegt, wie Gewerbeansiedlung mit Wohnungsbau kombiniert werden kann. So fordert das Bau- und Raumordnungsgesetz, bei der Ausweisung von Gewerbegebieten zugleich auch Wohnbauland auszuweisen. Verkehrserschließung gemäß Bau- und Raumordnungsgesetz hebt heute auf Zugänglichkeit der Grundstücke durch Straßenverkehr und auf die Stellplatzverpflichtung ab. Mit Einschränkungssatzungen für die Herstellung von Stellplätzen, deren Ablösung in Geld und mit der Verwendung der Ablösesummen auch für investive Maßnahmen des Öffentlichen Personennahverkehrs wurde der eng gefasste Erschließungsbegriff etwas aufgeweitet. Grundsätzlich sollte Erschließung eine ausreichende Bedienung durch den Öffentlichen Personennahverkehr einschließen. Bei den Maßnahmen mit Pull-Effekten handelt es sich um Bestandssicherung der dichten gemischten Altbaugebiete durch Wohnumfeldverbesserung, um Förderung von Nachbarschaftsläden in kleinen Orten - das Gegenteil passiert, wie am Beispiel der Zentralisierung der Postdienste gezeigt -, um Zuordnung und Mischung bei Umstrukturierung von Industrie und Gewerbe, bei Konversion militärischer Flächen, bei Wohnungsbauprogrammen ...

An Konzepten zur Reduzierung des Verkehrsaufwandes in einer Stadt der kurzen Wege ist kein Mangel; es hapert an deren Umsetzung. Die heutigen Ansätze sind Krisenmanagement: Sie reparieren hier und dort, sie dämpfen die Zunahmen des Autoverkehrs, sie sind aber unvollständig und daher ungeeignet, Verkehrsaufwand deutlich zu verringern. Zu einer solchen Zukunftsgestaltung des Verkehrs müssen sie ergänzt werden durch höhere Verkehrspreise, die Kostenwahrheit herstellen und knappe Infrastruktur verteilen. Dafür plädiert auch die EU-Kommission (1995) in ihrem kürzlich vorgelegten Grünbuch über „Faire und effiziente Preise im Verkehr".

Höhere Preise (Bild 6) sind die Voraussetzung für Siedlungsstrukturen und Wirtschaftsweisen kurzer Wege, für die Finanzierung des Öffentlichen Personennahverkehrs, für ein anderes Verkehrsverhalten und für schnelle Markteinführung neuer Fahrzeugkonzepte. Damit sind sie der Schlüssel zur Verkehrswende durch Ansätze auf den drei Ebenen:
(1) Verkehr vermeiden, (2) Autoverkehr verlagern und (3) den verbleibenden Autoverkehr verträglicher machen.

Höhere Verkehrspreise dürfen allerdings nicht dazu führen, dass der Standort Innenstadt in Relation zur Peripherie teurer wird. Sie müssen deshalb eingebunden werden in eine umfassende verkehrspolitische Strategie, die über höhere Mineralölsteuer, über Parkplatzabgabe, Versiegelungsabgabe, Parkraumbewirtschaftung auch auf der „grünen" Wiese Verkehr auch im Umland teurer macht - entsprechend Push-and-Pull zur Verkehrsvermeidung. Da allerdings eine Erhöhung der Abgabenlast insgesamt nicht in Frage kommt, kann deutlich teurerer Verkehr nur Bestandteil einer ökologischen Steuerreform sein.

Die nutzungsgemischte Stadt ist attraktiv; sie ist die Voraussetzung für kurze Wege. Aber zur Stadt der kurzen Wege ist es noch ein weiter Weg.

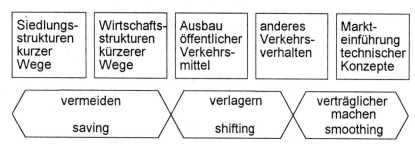

Bild 6: Kostenwahrheit und Knappheitspreise zur Zukunftsgestaltung des Verkehrs.

Prinzip: Funktionsmischung

Das Prinzip der Funktionsmischung hängt eng mit dem Prinzip der „Stadt der kurzen Wege" zusammen. Trotzdem müssen beide Prinzipien auseinander gehalten werden, da sie unterschiedliche Wirkungen haben können.

Die Funktionsmischung bietet keine Garantie für eine ökologische Nachhaltigkeit. Funktionsmischung ermöglicht u.U. den Verzicht auf Wege; sie kann aber nicht ausschließen, dass trotzdem Wege zur Überwindung von Distanzen nötig sind, weil das örtliche Angebot nicht den Erfordernissen oder Vorstellungen seiner Nutzer oder Bewohner entspricht.

Besonders augenfällig wird die Problematik bei der Ansiedlung von Arbeitsplätzen in der Nähe von Wohnstandorten. Nur selten können Bewohner auch in ihrem direkten Umfeld arbeiten, selbst wenn sie in einem Gebiet mit hoher Nutzungsmischung wohnen. Dies liegt mitunter an der Verfügbarkeit sowohl von Wohnungen als auch von Arbeitsplätzen. Die Ansprüche an Wohnraum ändern sich im Laufe des Lebens mehrfach. Ebenso ändern sich die Bedingungen in der Arbeitswelt immer schneller. Für die Versorgung eines Gebietes kann die Funktionsmischung einen spürbaren Effekt haben. Bei ausreichender Größe (sprich Kaufkraft) des Einzugsgebietes kann ein gutes Angebot an Versorgungseinrichtungen zur Vermeidung von Wegen führen, da zumindest der tägliche bzw. kurzfristige Bedarf großteils vor Ort gedeckt werden kann. Selbst bei hoher Funktionsmischung und hoher Nutzungsdichte kann nicht ausgeschlossen werden, dass bestimmte Bedürfnisse nicht vor Ort befriedigt werden können. In diesem Fall kommt es auf die Möglichkeiten der schnellen Erreichbarkeit an.

„*Die kleinräumliche Mischung aus Wohnen, Arbeiten und sozialer Infrastruktur, wie sie als Beispiel der alten europäischen Stadt immer wieder diskutiert wird, lässt sich unter heutigen Marktbedingungen nicht (mehr) herstellen, wird aber auch von vielen potenziellen Nutzern gar nicht nachgefragt.*

Nutzungsmischung muss heute im Gesamtkontext eines Quartiers verstanden werden, was unter Umständen bedeutet, dass die Nutzungen eher horizontal über das Quartier realisiert werden und nur in besonderen Situationen auch vertikal im Gebäude; das heißt, Mischung muss eher großmaßstäblicher akzeptiert werden."[100]

Planerisch stellt sich die Frage, ob Funktionsmischung verordnet werden kann oder ob sie sich nicht eher ergeben muss aufgrund unterschiedlicher Anforderungen von ansiedlungswilligen Nutzern.

„*Empirische Untersuchungen in Großstädten zeigen, dass zwischen 1970 und 1987 ...der Trend zur Funktionstrennung gebrochen ist; die aktuelle Stadt weist zunehmend Anzeichen einer erneuten Durchmischung der Funktionen Wohnen und Arbeiten auf. Unternehmen und private Haushalte tendieren sowohl aus betriebswirtschaftlichen als auch aus sozialen Kalkülen zu nutzungsgemischten Stadtstrukturen. Etwa ein Drittel bis zur Hälfte der standortsuchenden Unternehmen können als potenzielle Nachfrager von gemischt genutzten Standorten angesehen werden.*"[101]

Funktionsmischung hat einen wesentlichen Einfluss auf die soziale Nachhaltigkeit durch den Aufbau von menschlichen Beziehungen und einer gewissen Kontinuität der Bevölkerungszusammensetzung.

„*Ziel der kompakten und gemischt genutzten Stadt ist es vor allem:*

- Offenheit gegenüber neuen und unterschiedlichen Lebensstilen zu ermöglichen

- Möglichkeiten der Kooperation im Stadtteil zwischen Wirtschaft, Medien, Wissenschaft und kulturellen Einrichtungen zu schaffen sowie

- die Wiederherstellung des öffentlichen Raums

[100] Unger, G., 1998, S. 268

[101] Bonny, H.W., 1998, S. 241

als Angebot für das alltägliche Zusammenleben zu erreichen.
Die solidarische Stadt ist nicht nur eine Frage der gerechten Verteilung der Wohnstandorte, sondern viel mehr noch eine Frage des Zugehörigkeitsgefühls der verschiedenen Gruppen zum Stadtquartier in einer zusammengewürfelten Gesellschaft. Maßstab sind immer wieder die Kinder und Jugendlichen. Wir müssen uns fragen: was können gerade diese Gruppen mit unseren Plänen anfangen? Was gebraucht wird, sind Strukturen, die integrationsfähig, robust und konfliktfähig, weitgehend selbstregulierend gestaltbar und veränderbar sind." [102]

Beispiel Freiburg: „Rieselfeld"

Das Rieselfeld liegt im Westen von Freiburg im Übergang von den besiedelten Bereichen zur freien Landschaft des Rheintales. Für die Bebauung steht nur ein kleiner Teil (78 ha) des Rieselfeldes zur Verfügung, der überwiegende Teil (250 ha) steht inzwischen unter Naturschutz. Da Freiburg in seiner Entwicklung nach Osten durch die Berge des Schwarzwaldes stark begrenzt ist, stellt sich bei einer Siedlungserweiterung nach Westen die Frage nach dem Abschluss des Siedlungskörpers und nach dem Übergang zur Landschaft.

Trotz seiner randlichen Lage in einem sehr empfindlichen Naturraum sollte der neue Stadtteil an die Ortsteile Weingarten und Haslach und nach Süden an das Gewerbegebiet Heid mit ca. 3.000 Arbeitsplätzen städtebaulich und verkehrlich angebunden werden.

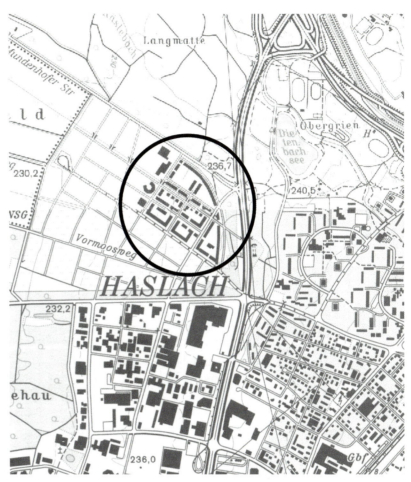

Wettbewerb

Im Jahr 1992 wurde ein städtebaulicher und landschaftsplanerischer Ideenwettbewerb durchgeführt. Ziele waren u.a. die Erarbeitung eines städtebaulichen Konzepts mit Naht- und Übergangszonen zum geplanten Landschaftsschutzgebiet, den Naturräumen sowie den bestehenden Bebauungen und eines Konzeptes für den Umgang mit den Naturräumen und geschützten Landschaftsbereichen. Dabei sollten die Rahmenbedingungen für eine ökologische Bauausstellung geschaffen werden.

Das geforderte Programm sah eine Bebauung für Wohnungen in unterschiedlichen Gebäudetypen in Verbindung mit öffentlichen Einrichtungen, Arbeitsplätzen und Versorgungseinrichtungen vor.

Mit dem 1. Preis wurde der Entwurf der Architektengemeinschaft Böwer - Eith - Murken - Spieker - Güdemann - Morlok - Meier (im weiteren Projektgemeinschaft Rieselfeld) ausgezeichnet. Dieser Entwurf bildete auch die

Mit der Erweiterung der Siedlungsfläche von Freiburg nach Westen auf dem Gelände der ehemaligen Kläranlage und dem Rieselfeld stellt sich die Frage nach den Grenzen des Wachstums. [103]

[102] Feldtkeller, A., 1998, S. 278

[103] Auszug aus der TK 7912/8012

Durch den vier bis fünf-geschossigen Wohnungs-bau wird eine hohe Dichte erzielt mit einem diffe-renzierten Wohnungsan-gebot in unterschiedlichen Gebäudetypen.

Grundlage für die nachfolgend aufgestellten Bebauungspläne.

Städtebauliches Konzept

Das städtebauliche Konzept beruht auf einer Karree-Struktur mit Varianten von Blockrandbebauung, Zeilenbebauung und Einzelgebäuden. Das städtebauliche Rückrat des Gebietes stellt die zentrale Achse der Rieselfeldallee mit der Stadtbahnlinie dar, die die Anbindung an den Ortsteil Weingarten herstellt und die eingerahmt wird von geschlossenen Blockstrukturen. Entlang dieser Achse sind Versorgungseinrichtungen, Büronutzungen und Wohnungen angesiedelt.

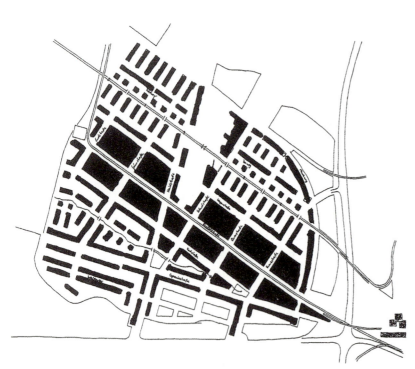

An der zentralen Achse der Stadtbahnlinie ist die bauliche Dichte erhöht. Hier liegen Versorgungs- und Dienstleistungsnutzungen in Kombination mit Wohnungen, zu den Rändern hin überwiegt die Wohnnutzung bei abnehmender Dichte. [104]

Die Rasterstruktur der Baublöcke wird durch zwei Grünkeile aufgelockert, die sich nach Westen und Norden zur umgebenden Landschaft öffnen. Der westliche Grünkeil stellt den Übergang zum Naturschutzgebiet her und dient der Lenkung des Freizeitverkehrs in die nördlich gelegene Landschaft, der nach Norden weisende Grünkeil bildet eine Freifläche mit öffentlichen Einrichtungen (Gymnasium mit Sporthalle und Grundschule). Die bauliche Struktur des Gebietes wird gebildet von drei Grundtypen:
- Stadthäusern,
- Reihenhäusern und
- Geschosswohnbauten.

Auf Einfamilienhäuser wurde verzichtet. Das Konzept sieht eine differenzierte Baustruktur mit 2- bis 5-geschossiger Bebauung und unterschiedlichen öffentlichen, halböffentlichen und privaten Bereichen vor. Am Ostrand bildet eine 5-geschossige bogenförmige Randbebauung die Begrenzung des Stadtteils zur stark befahrenen Verkehrsachse. Nach Westen öffnen sich die Blöcke zum Landschaftsschutzgebiet „Rieselfeld".

[104] Humpert, 1997, S. 55

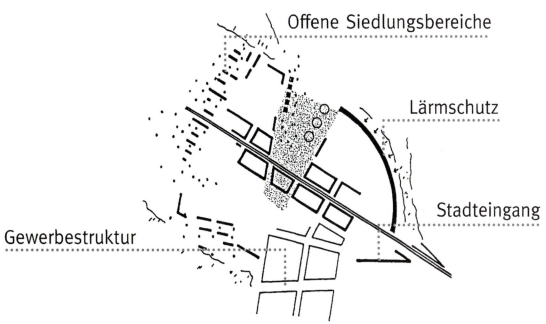

Die einzelnen Felder der Rieselfeldbebauung haben ihre spezifische Charakteristik durch unterschiedliche Randbedingungen und Schaffung von Übergängen zwischen den einzelnen Feldern und der umgebenden Landschaft.[105]

Die Architektur im Rieselfeld bietet auf den ersten Blick wenig Spektakuläres. Die Gebäudetypen sind hinlänglich bekannt und vielfach erprobt. Das Besondere der Siedlung liegt in der Mischung unterschiedlicher Wohn- und Eigentumsformen, die die soziale Mischung des Stadtteils günstig beeinflusst.

Grün- und Freiflächenkonzept

Das Grünkonzept besteht aus stark begrünten Straßenachsen und zwei keilförmigen öffentlichen Grünflächen, die sich in die Blockstruktur schieben.

Parallel zur Haupterschließung verläuft ein Wassergraben in Ost-West-Richtung, der die Verbindung zur umgebenden Landschaft betont und ein belebendes Element im Anschluss an private Gärten bildet und der Aufnahme von Regenwasser aus den privaten Grundstücken dient.

Es wurde ein Konzept zur flächenhaften Versickerung des Niederschlagswassers im Baugebiet und zur Ableitung über eine biologische Reinigungsanlage in das westliche Rieselfeld erarbeitet. Das gesamte Regenwasser des Baugebietes wird entweder direkt versickert oder in offenen Gräben bzw. im Kanalsystem der Bodenfilteranlage zugeleitet und im westlichen Teil des Rieselfeldes im Sinne des Naturschutzes über Polder dem Grund- und Oberflächenwasser wieder zugeleitet.

[105] Humpert, 1997, S. 59

Aufgrund des hohen Grundwasserstandes im Planungsgebiet wurde das Gelände gegenüber dem bestehenden Niveau angehoben. Dadurch konnten die Tiefgaragen im Blockinneren ebenerdig gebaut werden. Die Blockinnenbereiche sowie die Vorgartenbereiche im Straßenraum wurden aufgefüllt, wodurch ein erheblicher Teil des anfallenden Bodenaushubs wieder verwendet werden konnte.

Stufenweise Realisierung

Das Konzept sieht eine stufenweise Realisierung vor. Wichtige Voraussetzung für das Funktionieren der Infrastruktur ist die Bereitstellung von Schulen, Verkehrseinrichtungen und Versorgungseinrichtungen von Anfang an. Dabei werden Einrichtungen in der Anfangsphase teilweise finanziell gefördert, solange das Gebiet nicht vollständig bebaut wurde.

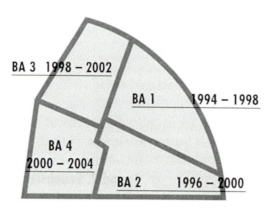

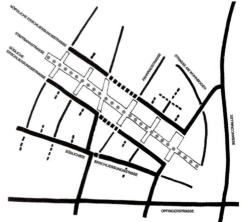

Freiburg Rieselfeld entsteht im Zuge der „lernenden" Planung. Dieses System gewährleistet, dass selbst für einen komplett durchgeplanten Stadtteil ein „natürliches" Wachstum simuliert werden kann.[106], (Abbildung oben).[108]

Für den Stadtteil wurde ein Gesamtverkehrskonzept erarbeitet. Die Gestaltung der Straßenquerschnitte wurde aus den Funktionen der einzelnen Straßen im Verkehrskonzept und aus den anzulagernden Nutzungen entwickelt. Entsprechend der Verkehrskonzeption der Stadt Freiburg liegt der Vorrang auf der Stadtbahn, dem Fuß- und Fahrradverkehr sowie der Ausweisung einer 30 km/h-Zone für den Individualverkehr im ganzen Stadtteil.[107]

Nahverkehr

Grundvoraussetzung für die ökologische Nachhaltigkeit des Stadtteils ist die Erschließung des Gebietes durch eine Straßenbahnlinie. Diese wurde ab September 1997 bereitgestellt, obwohl erst Teile des Gesamtgebietes bebaut sind.

[106] Humpert, 1997, S. 159

[107] Stadt Freiburg, 1997, S. 22

[108] Humpert, S. 115

Naturschutz

Das Rieselfeld stellt einen Bereich dar mit teilweise sehr hoher Bedeutung für den Artenschutz, der mittlerweile unter Naturschutz gestellt und für den ein Pflege- und Entwicklungskonzept erstellt wurde. Dieser Bereich wurde über den fünften Bebauungsplan gesichert, der gleichzeitig die erforderlichen Ausgleichs- und Ersatzmaßnahmen für die vier Bebauungspläne des Stadtteils enthält.

Umweltkonzept

Einen Schwerpunkt des Konzeptes für den Stadtteil Rieselfeld bildet das Energiekonzept das verschiedene Komponenten umfasst:
- Niedrigenergiebauweise,
- Anschluss an das Fernwärmenetz Weingarten mit Wärme-Kraft-Kopplung,
- Ausrichtung der Gebäude und Einhaltung von ausreichenden Abständen zur Nutzung der solaren Einstrahlung,
- Solare Brauchwasseranlagen,
- Fotovoltaik-Anlage auf dem Dach des Gymnasiums.

Die Komponenten werden teilweise durch Eigenleistung der Stadt Freiburg, teilweise durch vertragliche Vereinbarungen mit Erwerbern und Bauträgern realisiert.

Darüber hinaus wurde die Planung und Realisierung des Gebietes fachlich begleitet durch die Teilnahme am Forschungsprojekt „Schadstoffminderung im Städtebau", das inzwischen abgeschlossen wurde.

Im Rahmen der Bebauung wird auf die Verwendung umweltfreundlicher Baumaterialien geachtet, indem die Erwerber und Bauträger sich zur Einhaltung entsprechender Vorgaben verpflichten.

Umsetzung

Im Jahr 1993 wurde mit der Erschließung des Stadtteils begonnen. Seitdem wurde der neue Stadtteil Rieselfeld abschnittsweise erstellt. Insgesamt sind bis zum Jahr 2005 vier Bauabschnitte geplant, die nacheinander realisiert werden sollen. Im fünften Abschnitt werden die naturschutzrechtlichen Ausgleichsmaßnahmen umgesetzt, der sechste Abschnitt umfasst Einrichtungen für den Sport.

Bei der Realisierung des Stadtteils wird nach außen wenig Spektakuläres sichtbar. Sämtliche Komponenten sind hinlänglich bekannt und meistens im Rahmen von Einzelprojekten engagierter Bauherren bereits erprobt. Neu sind die Anwendungsbereiche im Rahmen des sozialen Wohnungsbaus und bei verdichteter Bebauung. Die Bedeutung der ökologischen Nachhaltigkeit des Stadtteils Rieselfeld liegt in der Summenwirkung vieler unterschiedlicher Komponenten. Die Festlegung des Niedrigenergiestandards im Geschosswohnungsbau und in dieser Dimension für ca. 10.000 Einwohner gibt es bislang nur in Freiburg.

Im Jahr 1997 war bereits ein Großteil der Gebäude in den beiden ersten Bauabschnitten realisiert oder in der Planung. [109]

[109] Stadt Freiburg, 1997, S. 23

Ökologische Nachhaltigkeit

Die grüne Achse des Rieselfeldgrabens stellt die Verbindung zum südlich angrenzenden Rieselfeld dar. Es ist das landschaftliche Pendant zur parallel verlaufenden und hoch verdichteten Stadtbahnachse. [110]

Die Bedeutung der Konzeption für das Rieselfeld liegt neben den ökologischen Aspekten auch im Bestreben, einen Beitrag zur sozialen Nachhaltigkeit zu leisten. Hierzu gehört eine besondere Vergabepraxis bei der Zuteilung von Baugrundstücken und deren Unterteilung. Durch unterschiedliche Zuschnitte der Grundstücke und unterschiedliche Wohnformen und Gebäudetypen wurde eine möglichst große soziale Mischung angestrebt. Darüber hinaus wurden spezifische Programme der Partizipation erarbeitet. Folgende Maßnahmen werden auf sozialer Ebene durchgeführt:
- Projekt Frau und Stadt
- Bürgerbeteiligung mit verschiedenen Arbeitskreisen
- Quartiersarbeit K.I.O.S.K.

Im Rahmen der konkreten Bauplanungen werden Bedürfnisse unterschiedlicher Nutzergruppen berücksichtigt. Die Wohnungen und ihre Umgebung sollen folgenden Ansprüchen genügen:
- Barrierefreies Wohnen
- Familien-Frauen-Kindgerechte Grundrisse
- Gemeinschaftsräume
- Gemeinsame Grünbereiche.

Die Umsetzung der genannten Maßnahmen ist nur möglich, wenn die Koordination der Planungen in kommunaler Hand bleibt und wenn über die Gestaltung von Verträgen Einflussmöglichkeiten auf die konkrete Umsetzung gegeben sind.

Der Stadtteil Rieselfeld stellt ein Beispiel für ein umfassendes Konzept mit vielen Komponenten der nachhaltigen Entwicklung dar. Neben den planerischen Aspekten des Konzeptes liegt ein wesentlicher Schwerpunkt im Rieselfeld auf der Beeinflussung und mittelfristigen Veränderung des Verhaltens seiner Bewohner und Nutzer. Ökologische Nachhaltigkeit braucht nicht nur eine innovative Technik und ein planerisches Konzept, sie muss vor allem durch den Kopf der Nutzer umgesetzt werden.

[110] Humpert, 1997, S. 114

Exkurs Reinhard Schelkes:
Kultur der Parzelle - der historische
Hintergrund, Ziele der Gegenwart,
Basis für Nachhaltigkeit

Der historische Hintergrund: Die Entstehung von Städten ist seit Jahrtausenden untrennbar von der Einzelparzelle in unterschiedlichen Dimensionen geprägt gewesen. Erst mit den sozialen Gedanken der 20er Jahre entstanden in Form der Genossenschaften Großprojekte wie der Karl-Marx-Hof in Wien, der mit einer Parzellenlänge von ca. 1 km neue Dimensionen in den Grundstücksstrukturen des Wohnungsbaues erreichte. Insbesondere die Satellitenstädte der Nachkriegszeit ließen Stadtquartiere entstehen mit Parzellengrößen ab 10.000 Quadratmeter. (Parzellengrößen des traditionellen Städtebaues liegen zwischen 800 und 3.000 Quadratmeter). Die Erfindung des modernen Städtebaus, mit völliger Negierung unserer europäischen Stadtbaugeschichte machte dies möglich. Hochhäuser mit 12 bis 24 Geschossen stehen frei auf großen Grundstücken. Licht, Luft und Sonne sind optimiert, die Nutzungen der Stadt getrennt. Alles ist autogerecht. Die Bauherren waren wenige große Wohnungsbaugesellschaften, synonym hierfür sei die „Neue Heimat" genannt. Es entstanden Stadtquartiere, die im Gesamtstadtkörper als sehr grobe Strukturen erkennbar sind. Individualität war nicht gefragt. Es gibt alles, was man braucht, nur keine Räume in menschlichem Maßstab. Seit den siebziger Jahren hat es verschiedene Beispiele für eine Renaissance des Parzellenkonzeptes in kleinerem Rahmen gegeben (Konviktstraße Freiburg, Dokumenta Urbana Kassel, Römer Frankfurt, Pumpen Lederle Freiburg etc.).

Mit dem Projekt Rieselfeld versuchen wir für einen ganzen Stadtteil für ca. 10 000 Einwohner die Parzelle als Städtebauinstrument neu zu kultivieren. Wir verstehen die Parzelle als Grundbaustein für die lange Entwicklungs- und Lebenszeit eines Stadtquartiers. Wir bauen für lange Zeiträume, evtl. für mehrere Jahrhunderte. Je feiner die Grundstruktur ist, um so entwicklungsfähiger wird ein Quartier sein. Denn auch in Stadtstrukturen ist zu erkennen, dass es Tendenzen zu „Grundstücksfusionen" aber sehr selten zu Grundstückstrennungen gibt. Ein breites Angebot von Grundstücksgrößen, zusammen mit einer Vielfalt von Gebäudetypen bringt zunächst eine Vielfalt von Bauherren in Form von privaten Bauherren, Investoren, Hausgruppen und Baugesellschaften. Es ist klar zu erkennen, dass diese sich wesentlich intensiver um „Ihr" Projekt kümmern, als dies ein anonymer Investor kann. Die Rolle des Bauherren oder der Baufrau wird dadurch sehr ernst genommen. Ich denke, und habe bereits erfahren, dass dies eine vorzügliche Basis ist, um die Elemente der Nachhaltigkeit grundlegend einzuführen und umzusetzen.

Der gestalterische Aspekt, Identifikation:

Es gibt weitere wichtige Gründe für die Kultur der Parzelle. Mit ihr ist es möglich, ein erhebliches Maß an Vielfalt in der Gestaltung der Gebäude entstehen zu lassen. Im Rieselfeld sind jetzt ca. 1/3 des Projektes gebaut, und es sind bereits ca. 80 Architekten für etwa 160 Bauherren und ca. 2000 Einwohner tätig geworden. So entsteht wieder „Stadt auf vielen Schultern" mit vielfältigen, individuellen Gesichtern. Eine Bürgerstadt, keine reine Investorenstadt. Die Menschen identifizieren sich mit Ihrem Haus, die Baugruppe mit ihrem Baugruppenhaus. Gerade die vielfältigen Baugruppen sind ohne das Parzellenkonzept zusammen mit der Vermarktung durch die Stadt Freiburg nicht denkbar. Es sind Menschen, die

Parzelle: Umweltziele und deren Umsetzung

Auf den Parzellen im Rieselfeld, von 8 Metern Breite bis zur Größe eines halben Blockes, werden im Rahmen der Bebauungspläne individuelle Niedrigenergiehäuser gebaut.

Jedes Projekt wird vom Stadtplanungsamt Freiburg, dem die städtebauliche Oberleitung obliegt, mit zwei bis fünf Besprechungen betreut. In der Eingangsbesprechung werden die Projektphilosophie erläutert und die Umweltziele Energie, Verkehr, Wasserkonzept sowie die besonderen Rahmenbedingungen des Projektstandortes.

Damit ist für den Bauherren und seinen Architekten die Basis gelegt, um die Projektziele und speziell die Umweltziele möglichst gut in die Gebäudeplanung aufnehmen zu können.

Abb.1: Rieselfeldallee.

gemeinsam ein oder mehrere Häuser bauen, um zum einen ihre Wohnung, oder ihr Haus, optimal nach ihren Wünschen zu planen, zum anderen die Kostenvorteile des gemeinsamen Bauens zu nutzen. Es ist eine Form der Partizipation am Entstehen der Häuser möglich, wie es sie sonst kaum gibt, bzw. nur mit großem Aufwand in Form von Bewohnerbeteiligung organisiert werden kann. Über diesen Weg wird der Grundstein für ein Stück soziale Nachhaltigkeit gelegt. Auf diese Weise entstehen stabile Strukturen mit einem hohen Maß an Identität mit dem Stadtteil. Dies ist bereits erkennbar.

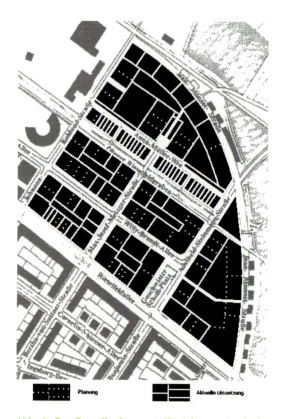

Abb. 2: Das Parzellenkonzept (Projektgemeinschaft Rieselfeld).

Die Kaufverträge fixieren die Punkte, die umgesetzt werden müssen: Niedrigenergiebauweise (65 kWh/qm/a) und Barrierefreiheit der Erdgeschosse. Das Wasserkonzept ist entsprechend der Abwassersatzung und dem Planungskonzept mit teilweise offener Wasserführung oder Versickerung zu realisieren.

Diese Kaufverträge werden ergänzt durch eine freiwillige Vereinbarung zwischen Bauherr und Stadt Freiburg, in der der Bauherr angibt, welche weiteren Qualitäten aus dem großen Wunschkatalog (Ergebnis der Bürgerbeteiligung) er umsetzen wird. Dies sind folgende Themen:
- Niedrigenergiehausplanung,
- Planungsweg, Ing. Büro,
- Ökologische Baumaterialien,
- Solaranlage,
- Barrierefreiheit,
- Frauengerechte Grundrisse/ Alltagstauglichkeit,
- Sicherheit und weitere Punkte.

Wie erkennbar, wollen wir nur die absoluten Essentials per Vertrag durchsetzen, setzen bei allen weiteren und vielfältigen Aspekten darauf, dass Bauherren ihr Projekt unter Langfristigkeit sehen und deshalb offen und sensibel für die freiwillige Umsetzung dieser Punkte sind. Man muss allerdings auch sehen, dass das Bauen von den Baukosten und der Zinssituation her derzeit sehr günstig ist und dadurch „Öko-Mehrkosten" gut verdaut werden können. Das Projekt wäre sicherlich nicht soweit fortgeschritten, wenn wir alle Qualitätspunkte im Kaufvertrag festgeschrieben hätten. Dies hätte wahrscheinlich viele Interessenten vom Kauf abgehalten.

Bei manchen Investoren findet man auf dem Bauschild inzwischen die städtischen Ziele als Werbeziele des Unternehmens: NEH-Bauweise, familienfreundlich und barrierefrei. Hier ist es gelungen, die städtischen Anliegen in die Vermarktung einfließen zu lassen. Manch ein Wohnungsbauer hat durchaus verstanden, dass die

Abb. 3: Blick ins Rieselfeld.

Inhalte, die wir erarbeitet haben, auch seine Vermarktungsargumente sein können. Ein kleines Stück Erfolg in unserer nachhaltigen Arbeit.

Der wirtschaftliche Aspekt im Sinne von Nachhaltigkeit.

Im Laufe der Zeit wurde erkennbar, dass die „Kultur der Parzelle" viel mehr als ein städtebaulich gestalterisches Thema ist. Es ist ein Wirtschaftsförderungsthema ersten Ranges. Auf dem Rieselfeld arbeiten mit geringen Ausnahmen fast nur Freiburger Firmen oder Firmen aus dem Umland. Ebenso arbeiten Architekten und Ingenieure aus Freiburg und Umgebung. Wie weiter vorne schon erwähnt, sind bislang rund 80 Architekten mit einer entsprechenden Zahl von Ingenieuren hier tätig. Dies bedeutet eine breite Verteilung der Arbeit und kurze Wege zwischen Bauherren, Architekten und Baustelle. Übrigens sind alle Baustellen im Rieselfeld mit der Straßenbahn erreichbar! Die Vielfalt der Architekten bedeutet auch Austausch über Baumaterialien, Details etc. Es wird in Maßen experimentiert, z.B. im Holzbau mit bis zu vier Geschossen, teilweise in Brettstapelbauweise. Diese Projekte werden von

den Kolleginnen und Kollegen besonders beobachtet. Was ist daran nachhaltig? Die Verteilung von Arbeit ist ein besonders wichtiger Punkt, der hier geleistet wird. Mit einer großen Zahl von Beteiligten, die sich intensiv mit dem Projekt und seinen Zielen auseinandergesetzt haben, ist die Chance gegeben, die Aspekte der Nachhaltigkeit besser umsetzen zu können als mit zehn Großinvestoren und deren fünfzehn Architekten (Beisp. Potsdam Kirchsteigfeld oder Berlin Karow-Nord).
Die Themen nachhaltiger Entwicklung stecken in den Köpfen der vielen Bauherren und späteren Bewohner und werden so langfristig umgesetzt werden können.

Zusammenfassung

Die Parzelle ist die Grundlage der städtischen Entwicklung. Sie spiegelt wieder, wer die Stadt oder den Stadtteil gebaut hat. Je feiner die Parzellenstruktur ist, umso vielfältiger ist die soziale Struktur und die Umsetzung der ökologischen Ziele. Vielleicht sind dichte, kleinparzellierte urbane Strukturen mit sehr guten Infrastrukturen ab einer Größe von 10 000 bis 15 000 Einwohner für die nächsten Jahrhunderte am ehesten gerüstet, um umbaufähig und erneuerbar zu sein. Im Sinne der Nachhaltigkeit sind sie geeignet, sparsam mit dem Boden umzugehen, durch Mischung und ÖPNV-Angebot Wege bzw. Verkehr zu vermeiden und aufgrund der Kompaktheit der Strukturen und der Gebäude von Grund auf Energie zu sparen. Flächig auf Highlights zu setzen war nie unser Ziel. Flächig einen hohen Umweltlevel zu erreichen, bringt messbare Erfolge in der CO_2-Minderung, beim Wasserkonzept, beim Verkehr und im Bewusstsein der Bewohner. Trotzdem sind architektonische und ökologische Highlights als Werbung für eine ökologische Entwicklung nicht zu verschmähen. Die „Kultur der Parzelle" ist zwar mit sehr viel Arbeit verbunden, aber Arbeit, die sich im Sinne von Investitionen in die Zukunft lohnt. Je mehr wir jetzt in die Entstehung eines neuen Quartiers investieren, umso weniger müssen zukünftige Generationen in teure Nachbesserungen oder Scharen von Sozialarbeitern investieren (so hoffen wir).
Bei der Entwicklung von einem neuen Stadtteil oder Teilbereichen der Stadt geht es darum, die Entwicklungsbasis im Städtebau wie in der Dorfökologie für die Zukunft zu schaffen, und dies auf möglichst hohem Niveau.

Prinzip: Dezentrale Konzentration

Das Prinzip der dezentralen Konzentration beruht auf Ideen zur Entlastung von Kernstädten innerhalb größerer Agglomerationsräume. In den Niederlanden wurde der Begriff der Randstadt geprägt als Modell für die Konzentration von Siedlungsflächen im Randbereich der bestehenden Großstädte Rotterdam, Amsterdam, Utrecht und Den Haag. Mit diesem Modell sollte der Dezentralisierung, die bis dahin ein Ziel der Raumordnung zur Herstellung gleichwertiger Lebensbedingungen gewesen war, entgegengewirkt werden bei gleichzeitiger Entlastung der Zentren.

In Anlehnung an die Bestrebungen der niederländischen Raumordnung entstand der Begriff der dezentralen Konzentration. Damit war die Entwicklung von Siedlungsstandorten in den Randzonen der großen Städte gemeint als Ergänzung zu der Aufwertung und Wiederbelebung der Kernstädte, die aber keinen Platz bieten für großflächige Ansiedlungen. Bei der dezentralen Konzentration werden den Randbereichen multifunktionale Aufgaben zugewiesen, wodurch ihre Eigenständigkeit gestärkt werden soll.

Die dezentrale Konzentration dient als Prinzip für eine geordnete, regionale Innenentwicklung, mit dem unterschiedliche, positive Effekte für den Raum verbunden sind. Die erstrebte Senkung der Belastung in den Kernstädten zielt auf die Erhaltung der Funktionsmischung bzw. auf die Vermeidung der Abwanderung aus den Kernstädten in die suburbanen Randzonen, in denen dann eine disperse, unkontrollierte Entwicklung stattfindet. Durch die Verlagerung von Funktionen kann u.U. ein gewisser Anteil des Verkehrs, insbesondere des Pendelverkehrs vermieden werden.

Durch das Konzept der Entlastungsorte kann u.a. auch flexibel auf umweltbedingte Restriktionen innerhalb einzelner Gemarkungsflächen reagiert werden, wodurch Eingriffe und Beeinträchtigungen des Naturhaushaltes und der Landschaftsökologie vermieden oder wenigstens vermindert werden können.[111]

Das Prinzip der dezentralen Konzentration fördert den Abbau der Konkurrenz zwischen den Städten, wobei eine Art von Regionalstadt entsteht. Eine räumliche Weiterentwicklung der Randstadt-Idee stellt die Netzwerk-Stadt dar, die als Städteverbund weit über die engen administrativen Grenzen einer einzelnen Stadt hinausreicht. Die Grenzen und Übergänge zwischen der Randstadt und dem Stadtnetz sind fließend und abhängig von der Größe der jeweiligen Einzugsgebiete.

Beispiel Ostfildern: Neuer Stadtteil „Scharnhauser Park"
Planungssituation im
Verdichtungsraum Stuttgart

Der Verdichtungsraum Stuttgart stößt in vielen Bereichen an Grenzen für die Siedlungserweiterung. Restriktiv wirken sich die zunehmend stärker belasteten und kleiner werdenden Freiräume aus, die in ihrer landschaftsökologischen Leistungsfähigkeit beeinträchtigt werden. Besonders problematisch erscheinen auch die bislang unkoordinierten Entwicklungen von Siedlung und Verkehr bzw. die Erzeugung von motorisiertem Individualverkehr durch Siedlungsentwicklungen abseits schienengebundener Verkehrsmittel. Gerade Stuttgart als eine radial angelegte Landeshauptstadt mit ihrer topografisch beengten Kessellage leidet besonders unter dem motorisierten Individualverkehr aus einem großen Einzugsbereich.

Im neuen Entwurf des Regionalplanes wurde diese Problematik aufgegriffen, indem künftige Siedlungserweiterungen insbesondere entlang schienengebundener Verkehrsmittel geplant werden sollen. Dadurch lassen sich die bestehenden Verkehrsprobleme zwar nicht lösen,

[111] vgl. hierzu Bergmann, 1996, S. 84

Ökologische Nachhaltigkeit 139

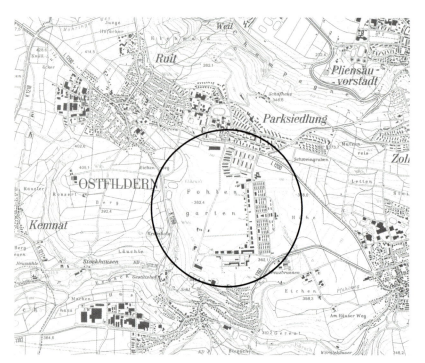

Die Stadt Ostfildern besteht aus vier ehemals selbständigen Dörfern. Das Gebiet des Scharnhauser Parks entsteht als fünfter Ortsteil im Zentrum der Kunststadt. [112]

[112] Auszug aus der TK 7221

eine Verschärfung durch zusätzliche unkoordinierte Siedlungsflächenausweisungen kann jedoch teilweise gebremst oder zumindest verlangsamt werden.

Der Planungsprozess bei der Konversion des Areals der Nellingen Barracks

Die Planungen zur Konversion der Nellingen Barracks in Ostfildern stellen einen ersten konkreten Ansatz zur Koordination von Siedlungs- und Verkehrsstruktur dar. Sie sind im Einzelnen nichts grundsätzlich Neues, das Beispiel zeigt aber die Anwendung des Standes der Kenntnisse und der Möglichkeiten in beispielhafter Form. Es zeigt insbesondere die Möglichkeiten, die sich bei der Konversion militärischer Flächen für die Umsetzung von neuen planerischen Ansätzen ergeben. Das Besondere hierbei ist die Optimierung und Koppelung technischer Infrastruktursysteme mit ökologisch optimierten Siedlungsflächenausweisungen.

Ausgangssituation

Die Stadt Ostfildern liegt im Südosten von Stuttgart unmittelbar an der Gemarkungsgrenze. Ostfildern ist eine „Kunststadt", die sich aus vier ehemaligen Dörfern zusammensetzt. Das Areal der Nellingen Barracks liegt inmitten der Gemarkungsfläche, wodurch sich u.a. eine Chance für die Zusammenführung der einzelnen Ortsteile ergibt.

Der Abzug der Amerikaner aus dem Gebiet der Nellingen Barracks vollzog sich im Jahr 1992. Bereits im Jahr 1990 stand fest, dass das Gebiet geräumt werden sollte, weshalb die Stadt den Auftrag für eine Machbarkeitsstudie zur Umnutzung frühzeitig vergab.

Trotz der Lage am Rand von Stuttgart bestand das Problem, dass kein schienengebundenes Verkehrsmittel nach Ostfildern führte. Mit der Konversion der Nellingen Barracks ergab sich die Möglichkeit zur Verlängerung der Stadtbahn, die am Stadtrand von Stuttgart in Heumaden endete, über Ruit bis nach Nellingen.

Machbarkeitsstudie

Bereits zu Beginn der Planungsarbeiten für Ostfildern wurden im Rahmen einer Machbarkeitsstudie neben den städtebaulichen, architektonischen, infrastrukturellen und insbesondere verkehrstechnischen Voraussetzungen für die Konversion die möglichen Restriktionen aus Umweltsicht geprüft.

Trotz erschwerter Bedingungen - aufgrund eines Betretungsverbots des Geländes während des Golf-Krieges im Jahr 1990 - erfolgte eine erste Einschätzung der Umwelterheblichkeit der geplanten Konversion auf der Grundlage vorhandener Unterlagen. Diese Ersteinschätzung lieferte Planungsbedingungen aus Umweltsicht, die schließlich in die Formulierung von Wettbewerbsbedingungen für einen städtebaulichen Ideenwettbewerb mündeten.

Ergebnis dieser ersten Analysephase war die

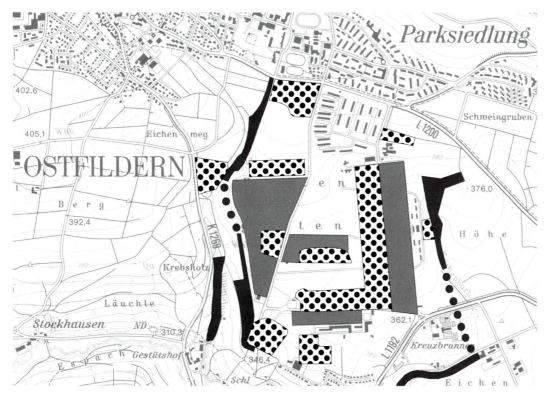

Die an das Kasernenareal angrenzenden, wertvollen Biotope (schwarze Flächen) bieten Ansatzpunkte für die Planung eines Biotopverbundes unter Nutzung der vorhandenen besonderen Standortbedingungen. Innerhalb des Kasernenareals liegen sowohl wertvolle Biotope (dunkelgrau schraffierte Flächen) als auch Altlasten- und Altlastverdachtsflächen (Kreisschraffur), die saniert werden müssen. Für die Planung ergaben sich somit Restriktionen einerseits und Chancen zur Verbesserung der Umweltqualität andererseits.

Abgrenzung der überplanbaren Flächen und die Erarbeitung von konzeptionellen Ansätzen für die künftige Landschaftsentwicklung. Dabei wurden die Randbereiche um das ehemalige Kasernenareal mit Bächen, Hecken und Streuobstbeständen als schützenswert eingestuft. Auch Teile des Wiesengeländes innerhalb des Areals gelten als wertvoller Lebensraum für Tiere und Pflanzen, der bei der Überplanung zu integrieren ist.

Ein wesentlicher Vorteil der Konversion militärisch genutzter Flächen liegt in der Vermeidung von Beeinträchtigungen landschaftsökologischer Funktionen. Bei dem Areal der Nellingen Barracks ist dies auf einem Großteil des künftigen Siedlungsgebietes der Fall, da das Gelände bereits bebaut und großteils versiegelt war und die Änderung der Art und des Maßes der Nutzung und der Bebauung keine wesentliche zusätzliche Beeinträchtigung landschaftsökologischer Funktionen mit sich bringen muss. Zum Teil ergeben sich sogar Ansätze zur Verbesserung der bestehenden Situation. Eine wesentliche zusätzliche Beeinträchtigung kann sich bei der Konversion für den Arten- und Biotopschutz ergeben, wenn in vorhandene Vegetationsbestände eingegriffen wird, die eine erhöhte Bedeutung haben. Bei dem Areal der Nellingen Barracks wurden - nach Durchführung des städtebauliche Ideenwettbewerbs - zusätzliche Erhebungen der Tier- und Pflanzenwelt durchgeführt, auf die während des Golfkrieges verzichtet werden musste. Hierbei wurde die Ersteinschätzung teilweise dahingehend korrigiert, dass das Maß von Eingriffen teilweise höher bewertet werden musste. Dies hat wesentliche Auswirkungen auf das Konzept des Ausgleichs der Eingriffe, das erst im Rahmen der verbindlichen Bauleitplanung erarbeitet werden muss. Ausschlusskriterien gegen eine Überplanung des Areals haben sich jedoch nicht ergeben.

Eine durchgeführte Baumbewertung hatte zum Ergebnis, dass ein Teil der seit ungefähr 40 Jahren nicht gepflegten Pappelbestände aus Sicherheitsgründen beseitigt werden musste.

Der städtebauliche Ideenwettbewerb

Auf der Grundlage der Machbarkeitsstudie wurden die Auslobungsbedingungen für einen städtebaulichen Ideenwettbewerb formuliert. Alle ausgezeichneten Arbeiten erfüllten die in der Wettbewerbsauslobung formulierten Umweltanforderungen, wobei sich zeigte, dass Restriktionen aus Umweltsicht keine Hemmnisse für die Planung eines Gebietes darstellen müssen. Beim städtebaulichen Ideenwettbewerb wurden zwei Arbeiten mit dem 1. Preis und eine

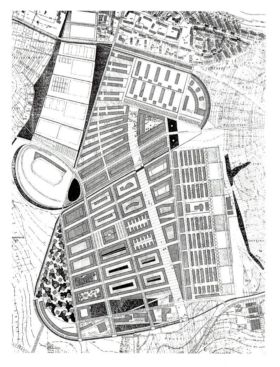

Der Entwurf des Büros Janson und Wolfrun erhielt einen Sonderpreis und wurde den weiteren Planungen zugrunde gelegt.[113]

Arbeit mit einem Sonderankauf ausgezeichnet. Die drei Entwürfe wurden anschließend überarbeitet. Für die weitere Planung wurde der Entwurf des Büros Janson und Wolfrun zugrunde gelegt.

Das städtebauliche Konzept

Kernstück des Konzepts vom Büro Janson und Wolfrun ist eine „Landschaftstreppe", die das gesamte Gebiet von Nord-West nach Süd-Ost durchzieht. Sie verbindet verschiedene Siedlungsteile, die zum Teil bestehen (Offizierswohnungen im Norden, ehemaliger Fliegerhorst im Süden) bzw. in ihrer Struktur übernommen werden sollen (Mannschaftsquartier am Ostrand) und an die sich die Neubaugebiete anschließen.

Wesentliche Vorgabe für die Planung des Gebietes stellt die Führung der Stadtbahnlinie dar mit den weitgehend vorgegebenen Haltestellen im Norden, in der Mitte und im Süden des Gebietes.

Die zeilenartige Bebauungsstruktur des Offizierquartiers im Norden des Parks wird ergänzt und verdichtet, wobei neben Zeilenbebauung auch Punkthäuser als neue Elemente eingeführt werden. Entlang der beiden Hauptverkehrsachsen in Ost-West- bzw. in Nord-Süd-Richtung ist eine verdichtete Blockrandbebauung vorgesehen, die auch für Versorgungs- und Dienstleistungseinrichtungen genutzt werden soll.

Das Quartier östlich der Stadtbahnlinie ist als Wohngebiet mit Reihenhausbebauung konzipiert, wobei die Stellung der Gebäude der ehemaligen Struktur der Mannschaftsquartiere folgt, die mittlerweile vollständig zurückgebaut wurden. Die Erhaltung der Struktur ermöglicht eine weitgehende Berücksichtigung der vorhandenen Grünstruktur.

Der Bereich westlich der Landschaftstreppe erhält eine blockartige Struktur, die unterschiedlichste Bauformen (blockrandartige Bebauung, Zeilenbauten, Reihenhäuser, Doppelhäuser, Punkthäuser etc.) ermöglichen soll. Bei der sukzessiven Realisierung soll die Struktur entsprechend den jeweiligen Anforderungen ausgefüllt werden, wobei sich wandelnde

[113] wettbewerbe aktuell Heft 11/1992, S. 39

Bau- und Wohnvorstellungen Berücksichtigung finden sollen.

Der südliche Teil des Neubaugebietes soll gewerblich genutzt werden. Der ehemalige Fliegerhorst, der als Ensemble unter Denkmalschutz steht, wird als Wohngebiet ausgewiesen, wobei die bestehende Baustruktur durch sog. Stadtvillen und Reihenhäuser ergänzt wird. Die relativ kompakte Bebauung der Gesamtkonzeption, die gestalterisch harte Grenzen zur Landschaft bildet, ermöglicht die Freihaltung von Freiflächen im Westen, die teilweise als Sportflächen ausgewiesen bzw. als Freibereiche für die landwirtschaftliche Nutzung und die Erholung vorgehalten werden.

Umweltrelevante Konzepte

Neue technische Möglichkeiten zur Minimierung von Eingriffen in den Naturhaushalt lassen sich in Bestandsgebieten wie in Neubaugebieten nur bedingt umsetzen. Bei der Konversion militärisch genutzter Areale bieten sich dagegen aufgrund der besonderen Planungssituation (Verfügbarkeit der Flächen) Möglichkeiten zur Umsetzung von Konzepten in verschiedenen Infrastrukturbereichen oder auch im Bereich des Arten- und Biotopschutzes. Für das Areal der Nellingen Barracks wurden verschiedene Konzepte erarbeitet.

Das Verkehrskonzept als Ansatz für eine ökologisch nachhaltige Siedlungsentwicklung

In Ostfildern gab es nicht von Anfang an ein Konzept für eine ökologisch nachhaltige Siedlungsentwicklung. Es gab - wie oben dargestellt - verschiedene Ansätze zur Berücksichtigung von Umweltbelangen. Die Schritte in Richtung auf eine nachhaltige Siedlungsentwicklung kamen in Ostfildern sukzessive während der Bearbeitung bzw. sie ergaben sich durch Zufall: die Anpassung der Infrastruktur

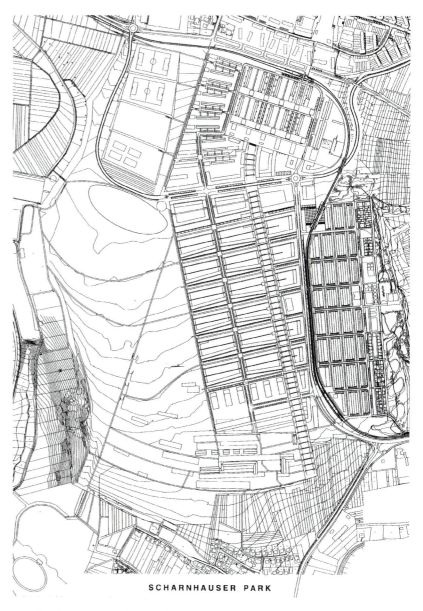

SCHARNHAUSER PARK

an die Siedlungsstruktur und umgekehrt. Die mögliche Siedlungsentwicklung machte ein neues Verkehrskonzept erforderlich. Dass sich dabei die Verlängerung einer bestehenden Stadtbahnlinie ergab, durch die nicht nur das geplante Neubauareal erschlossen werden konnte, sondern darüber hinaus bestehende Siedlungsgebiete mit insgesamt über 10.000 Einwohnern erschlossen werden konnten, deren Erschließung sich bislang allein nicht rechnete, war reiner Zufall. Gerade dieser verkehrsstrukturelle Aspekt rechtfertigt aber eine Ansiedlung von möglichst vielen Menschen entlang der künftigen Stadtbahnlinie, sofern die landschaftsökologischen Funktionen dies zulassen. Anders als in dicht besiedelten und

Im Städtebaulichen Konzept werden bestehende Siedlungsteile integriert und über eine zentrale Landschaftstreppe miteinander verbunden. Gegenüber dem Wettbewerbsbeitrag wurde das städtebauliche Konzept im Rahmenplan überarbeitet, wobei insbesondere die Gesamtfläche reduziert wurde.

Ökologische Nachhaltigkeit 143

stark belasteten Gebieten stellt sich in Ostfildern nur in begrenztem Umfang die Notwendigkeit zur Umwandlung des Areals in eine Freifläche zur Wiederherstellung beeinträchtigter Funktionen des Naturhaushaltes.

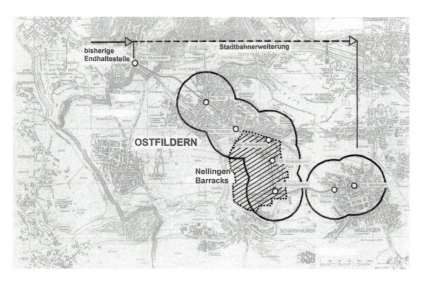

Die Bebauung der Nellingen Barracks bietet die Voraussetzung für die Verlängerung der Stadtbahnlinie nach Nellingen.

In Ostfildern wurde ein Verkehrskonzept entwickelt, das darauf angelegt ist, den Anteil des ÖPNV zu erhöhen zu Lasten des motorisierten Individualverkehrs. Das Straßennetz wurde im Zusammenhang mit der Konversion so geändert, dass der Durchgangsverkehr in Richtung Stuttgart erschwert wird, wodurch sich ein positiver Ansatz für die Verminderung bestehender Verkehrsprobleme und für eine attraktive Alternative in Form der Stadtbahn ergibt.

Energieversorgungskonzept

Das Gebiet der Nellingen Barracks wurde zur Zeit der militärischen Nutzung mit Fernwärme versorgt, die in einem eigenen Gas-Heizkraftwerk erzeugt wurde. Für die Energieversorgung des künftigen Scharnhauser Parks wurde ein Konzept erarbeitet[114], das eine zentrale Wärmeversorgung mit einem zentralen Heizwerk und ein Wärmeverteilnetz zu den einzelnen Gebäuden vorsieht. In den Gebäuden sind Wärmeübergabestationen mit Trinkwasser-Erwärmern und Übergabeeinheiten für die Heizwärme geplant.

Auf der Grundlage einer groben Wärmebedarfsermittlung für das künftige Gebiet wurden u.a. Investitionskosten, der fossile Brennstoffbedarf, die Jahresgesamtkosten bis hin zu den CO_2-Emissionen ermittelt. Das Spektrum der technischen Möglichkeiten umfasste die konventionelle Wärmeversorgung mit fossilen Brennstoffen bis hin zu CO_2-neutralen Konzepten unter Ausnutzung der Sonnenenergie. Die verschiedenen geprüften Varianten unterscheiden sich durch unterschiedliche Ansätze bei der Deckung des Wärmebedarfs bei Grundlast, Mittellast und Spitzenlast.

Folgende Varianten der Wärmeversorgung wurden miteinander verglichen:[115]

Variante 1: Wärmeversorgung mit Gas-Brennwertkessel und Heizöl-Spitzenkessel (Referenzfall für den Vergleich der notwendigen Investitionen und der möglichen CO_2-Einsparungen);

Variante 2: Gas-Blockheizkraftwerk in der Grundlast, Gaskessel mit Ölspitzenkessel;

Variante 3: Gas-Blockheizkraftwerk in der Grundlast, Holzhackschnitzelwerk in der Mittellast, Gas/Ölspitzenkessel;

Variante 4: Gas-Blockheizkraftwerk in der Grundlast, Holzhackschnitzelwerk in der Mittellast, Gas/Ölspitzenkessel, Solaranlage (5000 m²) zur Warmwasserbereitung;

Variante 5: CO_2-neutrale Strom- und Wärmeversorgung, Holzvergaseranlage mit Solaranlage und Langzeit-Wärmespeicher;

Variante 6: Gas-Blockheizkraftwerk in der Grundlast, Holzhackschnitzelwerk in der Mittellast, Gas/Ölspitzenkessel, Niedrigenergiebauweise;

Variante a: Solaranlage (5000 m²) zur Warmwasserbereitung;

Variante b: Solarsystem mit Langzeitspeicher in Teilgebieten.

---

[114] Steinbeis-Transferzentrum, Energiekonzeptstudie, 1994

[115] Steinbeis-Transferzentrum, Energiekonzeptstudie, 1994, S.5

Kosten / Wirkungen	Var. 1	Var. 2	Var. 3	Var. 4	Var. 5	Var. 6a	Var. 6b
Investitionskosten (in Mio. DM)	14,7	17,4	19,5	23,5	89,1	20,1	29,8
Jahresgesamtkosten (Mio. DM/a)	3,3	3,2	3,4	3,8	9,7	3,2	4,2
CO_2-Emissionen (t/a)	6.742	8.998	5.204	4.393	0	3.912	3.912

Der Vergleich der verschiedenen Konzepte [116] zeigt, dass große Unterschiede bezüglich der Investitionskosten, der Jahresgesamtkosten und der CO_2-Emissionen bestehen.

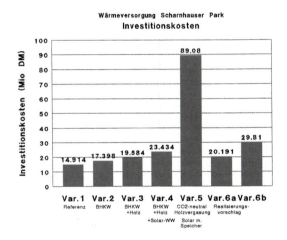

Vergleich der Investitionskosten für die sechs Varianten.[117]

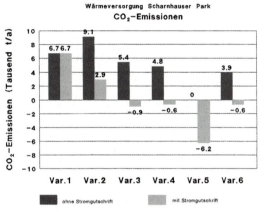

Vergleich der CO_2-Emissionen.[119]

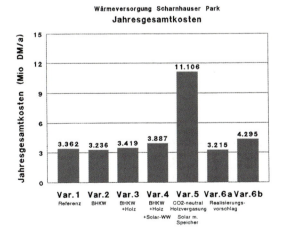

Vergleich der Jahresgesamtkosten.[118]

Für den Scharnhauser Park wurde die Variante 6 gewählt, die eine technische Nachrüstung bei gegebenem Bedarf ermöglicht. Die geologischen Verhältnisse in Ostfildern erschweren die Realisierung eines Langzeitwärmespeichers, da stellenweise das Grundwasser hoch ansteht, was den Bau eines Heißwasserspeichers erschwert, und das Gestein (Schwarzer Jura, Lias alpha) keine direkte Wärmespeicherung erlaubt. Aufgrund der von Seiten der Stadt vorgeschriebenen Niedrigenergiebauweise weist diese Variante einen um ca. 30% reduzierten Wärmebedarf im Vergleich zum Referenzfall auf.

[116] Steinbeis-Transferzentrum, Energiekonzeptstudie, 1994, S. 6

[117] Steinbeis-Transferzentrum, Energiekonzeptstudie, 1994, S. 6

[118] Steinbeis-Transferzentrum, Energiekonzeptstudie, 1994, S. 7

[119] Steinbeis-Transferzentrum, Energiekonzeptstudie, 1994, S. 8

Ökologische Nachhaltigkeit

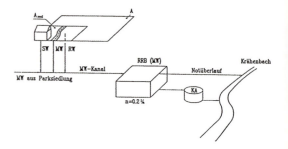

VARIANTE 0

Konzept zur Regenwasserbewirtschaftung

In der Planung wird das Stichwort von der „Regenwasserversickerung" heute vielfach verwendet. Leider ist dieser Begriff zu eng gefasst, da die Versickerung von Niederschlagswasser aufgrund der Untergrundverhältnisse oft nicht möglich ist. Sinnvoller ist eine umfassende Regenwasserbewirtschaftung, die insbesondere das Ziel verfolgt, Niederschlagswasser möglichst dosiert und verzögert dem natürlichen Wasserhaushalt zuzuführen.

Auch in Ostfildern ist die Versickerung von Niederschlagswasser aufgrund der geringen Durchlässigkeit der Böden (Schluff- und Tonböden in einer Abfolge von Löß und Lößlehm) nicht in größerem Umfang möglich. Daher muss das Niederschlagswasser in die umgebenden Oberflächengewässer abgeleitet werden. Um bei extremen Niederschlagsereignissen die Abflussspitzen zu reduzieren, mussten verschiedene Maßnahmen zur Retention und Drosselung des Gebietsabflusses ergriffen werden. Aufgrund des Reliefs entwässert der größte Teil des Gebietes in Richtung Süd-Osten zum Krähenbach.

Das Schmutzwasser wird zusammen mit dem Niederschlagswasser der beiden Hauptverkehrsstraßen der Kläranlage zugeführt. Zur Rückhaltung von Abflussspitzen wurde ein Regenüberlauf und ein Regenrückhaltebecken vorgesehen.

Das anfallende Niederschlagswasser von Dachflächen und den untergeordneten Verkehrsflächen wird über Rinnen und Gräben abgeleitet und in semizentralen Mulden gereinigt. Unter diesen Mulden wurden Rigolen angelegt zur Retention des Regenwassers. Der notwendige Speicherraum wurde aus Kostengründen und zur Verringerung der Flächen innerhalb der Siedlung in die Randbereiche im Osten des Scharnhauser Parks ausgelagert.

Im Zuge der Planung wurden verschiedene Varianten mit unterschiedlichen Elementen untersucht. Zur Realisierung kam eine modifizierte Variante 5.

Das Konzept wird in vier Baugebiete untergliedert, in denen unterschiedliche Elemente zum Einsatz kommen:
- in der „Westrandbebauung" fließt das Regenwasser von den Dachflächen über Rinnen und Gräben, die Regenwasser von den Verkehrsflächen über Querprofile in ein Mulden-Rigolen-Element. Die einzelnen Mulden-Rigolen-Elemente sind parallel und in Reihe an das Drosselnetz angeschlossen, das in Richtung Osten zu den ausgelagerten Retentionsräumen entwässert.

Var.	Ableitung	Reinigung	Retention	Versickerung
Mischsystem				
0	Rohrleitung	0	(RRB für MW)	nicht zulässig
Trennsystem				
1	Rohrleitung	0	Regenrückhaltebecken (RRB)	durch RRB
2	Rinnen, Gräben; Rohrleitg.	Vegetationspassage im Retentionsraum (Absetzschächte)	Retentionsraum (nicht gedichtet)	durch Retentionsraum
3	Rigolen	Mulden	Mulden-Rigolen System (nicht gedichtet)	durch Rigolen
4	Rinnen, Gräben; Rigolen	Mulden Vegetationspassage im Retentionsraum (RR)	Mulden-Rigolen System (nicht gedichtet)	durch Rigolen
5	Rinnen, Gräben; Rigolen	Mulden Vegetationspassage im Retentionsraum	Mulden-Rigolen System (nicht gedichtet) Retentionsraum (nicht gedichtet)	durch Rigolen und Retentionsraum

Untersuchungsvarianten zur Regenwasserbewirtschaftung.[120]

[120] Atelier Dreiseitl, Kurzfassung zur Regenwasserbewirtschaftung, 1997, S. 6

VARIANTE 1-4

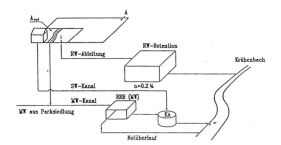

VARIANTE 5

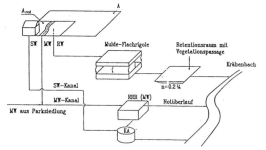

Darstellung der Grundvarianten.[121]

- Im Bereich des „Family-housing" fließt das Niederschlagswasser von Dach- und Verkehrsflächen über Rinnen und Gräben durch die Grün- und Erschließungshöfe bis zum „Baumdach", unter dem ein flächig angelegtes Mulden-Rigolen-System liegt. Zur Vergrößerung des Retentionsvolumens sind den Mulden-Rigolen Retentionsteiche vorgeschaltet, die auch als dauergestaute Teiche genutzt werden können. Das zusätzliche Retentionsvolumen wird wie bei der Westrandbebauung mit ausgelagerten Retentionsräumen geschaffen.
- Im Bereich „Zwischen den Zeilen" wird das Niederschlagswasser in Rinnen und Gräben in den Grünhöfen gesammelt und anschließend entlang den Wohnsammelstraßen abgeleitet. Das Wasser fließt flächigen Mulden-Rigolen-Elementen in den Grünstreifen am Ostrand der Bebauung zu, denen zusätzlicher Retentionsraum nachgeschaltet wird.
- Im „Neubaugebiet" wurde das Kernstück des Gesamtkonzeptes, die sog. Landschaftstreppe, in das Konzept der Regenwasserbewirtschaftung einbezogen. Die einzelnen Abschnitte der Landschaftstreppe, die von den jeweiligen Überwegen gebildet werden, werden als begrünte Mulden ausgebildet, die bei Regenereignissen die Funktion eines Rückhaltebeckens übernehmen. So kann sich bei stärkeren Niederschlagsereignissen die Landschaftstreppe nach und nach mit Wasser füllen, das allmählich an die nachgeschalteten Pufferflächen bzw. an den Bach weitergeleitet wird.

Das weitverzweigte und großflächige System aus offenen Rinnen und Gräben, Versickerungs- und Verdunstungsmulden und unterirdischen Kiesspeichern (Rigolen) hat vielfältige Wirkungen auf die Umwelt: neben der Verzögerung der Hochwasserspitze ergibt sich eine Filterung in den Kiesspeichern, was der Wasserqualität zugute kommt. Darüber hinaus entstehen innerhalb der Siedlung Flächen, die für das Mikroklima und für die Vegetation sowie als Erlebnisraum für die Bewohner von besonderer Bedeutung sind.

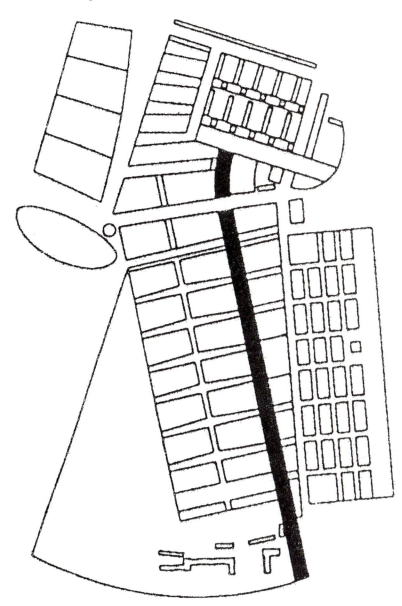

Der Mittelbereich der Landschaftstreppe fungiert als Regenrückhaltebecken.

[121] Atelier Dreiseitl, Kurzfassung zur Regenwasserbewirtschaftung, 1997, S. 7

Ökologische Nachhaltigkeit 147

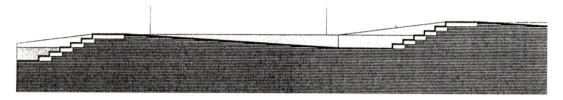

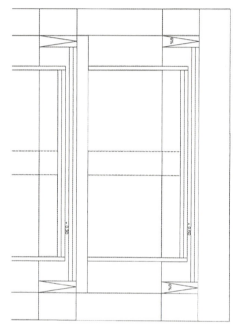

Zur Ermittlung des Rückhaltevolumens wurden verschiedene Muldentypen konzipiert und geprüft.

Die Pufferflächen im Randbereich des Gebietes nehmen das Niederschlagswasser auf, das aus dem Siedlungsgebiet gefasst und abgeleitet wird. In den Pufferflächen kann das Wasser zurückgehalten werden, es kann teilweise versickern und verdunsten bevor der Rest als Überlauf in den angrenzenden Krähenbach abgeleitet wird.

Konzept zum Recycling der Baumaterialien und des Aushubs

Ein zentrales Problem bei der Umnutzung bestehender Siedlungsflächen besteht in der Beseitigung vorhandener Bausubstanz, die sich nicht sinnvoll weiter nutzen lässt. Insbesondere bei militärisch genutzten Gebäuden, die u.U. auch einen veralteten baulichen Standard aufweisen, ergeben sich bei der Planung von Nachfolgenutzungen große Schwierigkeiten, weshalb oftmals ein Teil der Bebauung abgerissen werden muss.

Für die Konversion des Areals der Nellingen Barracks wurde die bauliche Substanz auf ihre Weiterverwendbarkeit hin geprüft mit dem Ergebnis, dass nur der nördliche Teil der Wohnbebauung mit den ehemaligen Offiziersquartieren sinnvoll umgenutzt werden kann. Die übrigen Gebäude, insbesondere die Mannschaftsquartiere, weisen sowohl eine sanierungsbedürftige Bausubstanz sowie einen ungeeigneten Gebäudezuschnitt für die Nutzung als Wohngebäude auf. Daher musste ein großer Teil der bestehenden Gebäude (ca. 100) beseitigt werden. Im Rahmen der Planungen wurde geprüft, ob das anfallende Abbruchmaterial für bauliche Maßnahmen auf dem Areal verwendet werden konnte. Die Prüfung ergab, dass eine flächige Auffüllung des Areals sinnvoll war, wobei das Abbruchmaterial zur Geländegestaltung sowie als Unterbau für den Straßenbau verwendet werden konnte. Ein Preisvergleich zwischen dem gezielten Rückbau der Gebäude einschließlich Recycling der verschiedenen Baumaterialien einerseits und der Deponierung des Abbruchs andererseits ergab, dass (zum damaligen Zeitpunkt) das Recycling der Gebäude kostengünstiger war als die Deponierung.

Der Abbruch der Gebäude wurde als Rückbau konzipiert, bei dem zunächst die einzelnen Baumaterialien getrennt wurden. Dabei wurden für jeden verwendeten Stoff unterschiedliche Gruppen gebildet, die sich in der Verwendbarkeit der Materialien unterscheiden. So wurde Holz in drei Kategorien unterteilt: in unbehandeltes Holz zur Wiederverwendung, in gestrichenes und in beschichtetes Holz, das eine gezielte Entsorgung erforderlich macht. Der Anteil an Sondermüll konnte auf diese Weise erheblich reduziert werden.

Den größten Teil des Bauschuttes stellt das Abbruchmaterial von Mauern und Betonteilen dar. In Steinbrechern können diese Abbruchmaterialien zu Baustoffen z.B. für die Gründung von Verkehrswegen aufbereitet werden.

Nach dem Ausbau und der Trennung der Baustoffe wurden die Gebäude eingerissen. Der Beton aus Decken und Fundamenten wurde mit einer Steinzange zerkleinert, so dass der enthaltene Armierungsstahl entfernt werden konnte. Die Betonreste wurden anschließend in einem Steinbrecher zerkleinert und zu Bauschutt aufbereitet, der als Unterbau für den Straßenbau verwendet werden konnte.

Darüber hinaus wurde eine Erdmassenbilanz erstellt, bei der das Potenzial und der Bedarf an Auffüllmaterial im Gebiet des Scharnhauser Parks einander gegenüber gestellt wurden. Ziel war es, das anfallende Material im Gebiet unterzubringen, um den Transport und die Deponierung von Erdmaterial zu vermeiden.

Ökologische Nachhaltigkeit

In einzelnen Bereichen bestand von vornherein Bedarf für Auffüllmaterial (Verfüllung des Hangargeländes im Süden der Barracks, Terrassierung der Sportanlagen). Da durch diese vorgesehenen Verfüllungen das anfallende Material nicht untergebracht werden konnte, wurden die Bauflächen im Scharnhauser Park insgesamt um 30 bis 60 cm aufgehöht.

Für die Unterbringung der anfallenden Bau- und Erdmassen wurde eine neue Geländegestaltung vorgenommen, bei der das Baugebiet insgesamt angehoben wurde. Im Bereich der Sportplätze wurde das Material zur Terrassierung verwendet, im Süden der Barracks wurde eine bestehende Mulde verfüllt.

Sanierung von Altlasten

Altlasten stellen in den meisten Fällen ein besonderes Problem ehemals militärisch genutzter Flächen dar. Bei der Konversion bietet sich - auch unter finanziellen Gesichtspunkten - die Möglichkeit, vorhandene Belastungen aus Ablagerungen oder Leckagen der Leitungssysteme zu beseitigen. Auch auf dem Gelände

Bereits im Rahmen der Machbarkeitsstudie wurden mögliche Altlastenverdachtsflächen ermittelt, deren Sanierung im Zuge der weiteren Planungen vorgesehen war. Das kontaminierte Aushubmaterial wurde in einem abgedichteten Zelt vor Ort dekontaminiert.

der Nellingen Barracks gab es bekannte Altlasten sowie Altlastenverdachtsflächen, die im Zuge der Konversion saniert werden konnten. Gerade die Sanierung von Altlasten stellt zwar kein technisches, wohl aber ein finanzielles Problem dar, das gelöst werden muss, will man eine sinnvolle Konversion durchführen.

Die ggf. erhöhten Kosten für die Sanierung von Altlasten bei Konversionsflächen führen in der Praxis schnell zum Zwang einer optimalen Ausnutzung der Siedlungsflächen. Hierbei werden unter dem Diktat der finanziellen Optimierung - insbesondere bei der gegenwärtigen Finanzlage der Kommunen - häufig Umweltbelange hintangestellt.

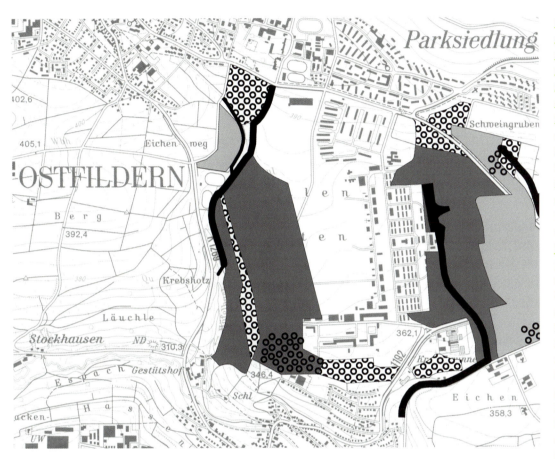

Das Ausgleichskonzept sieht die Entwicklung der Landschaft an geeigneten Stellen im Umfeld des Siedlungsgebietes vor. Das Ausmaß der erforderlichen Kompensationsmaßnahmen wird bestimmt von der künftigen Bebauung, die im Rahmen der weiteren Planungen entsprechend modifiziert werden kann. Vorgesehen sind die Ausweisung von Uferrandstreifen entlang der Bachläufe (dunkle Flächen), Pflege und Entwicklung von Gehölz- und Streuobstbeständen (Kreise) und die Extensivierung der Grünlandnutzungen und Feuchtwiesenbereiche sowie eine Extensivierung intensiv genutzter ackerbaulicher Flächen. Im Sinne eines Ökokontos sollen die einzelnen Maßnahmen nach Möglichkeit gebündelt werden, um eine Biotopvernetzung zu erreichen.

Ausgleichskonzept (Ökokonto)

Auch in Bezug auf die Eingriffsregelung des Naturschutzgesetzes, die im Rahmen der weiteren Planungen zum Tragen kommt, ergeben sich bei der Konversion Möglichkeiten, ein zusammenhängendes Ausgleichskonzept zu erarbeiten, bei dem die einzelnen Maßnahmen so zueinander in Beziehung gesetzt werden, dass sie eine größtmögliche Wirkung insbesondere für den Artenschutz erzielen.

Bereits auf der Ebene des Rahmenkonzeptes wurde eine überschlägige Berechnung über die voraussichtlich zu erwartenden Beeinträchtigungen des Naturhaushaltes durch die Bebauung vorgenommen. Darauf aufbauend konnten grobe Angaben zu den erforderlichen Flächen für Kompensationsmaßnahmen gemacht werden.

Bei der Erarbeitung des Programms zeigte sich, dass eine Vielzahl von Flächen bereits planungsrechtlich durch andere Vorhabensplanungen (Flughafenausbau, Straßenbau, Stadtbahnbau) belegt ist. Die Verfügbarkeit von Flächen für Ausgleichsmaßnahmen wird in Zukunft ein zunehmend größeres Problem bei Planungen darstellen. Daher wird es langfristig sinnvoll sein, entsprechende Konzepte großräumig im Sinne eines Ökokontos anzulegen.

Alle genannten Konzepte sind jedes für sich genommen Beispiele für den fortgeschrittenen Stand der Technik. Das Besondere am Beispiel des Scharnhauser Parks stellt die Bündelung und Integration der verschiedenen Konzepte im Rahmen der Gesamtplanung dar.

Die Umsetzung

Planung und Realisierung des Areals werden von der stadteigenen Sanierungs- und Entwicklungsgesellschaft mbH (SEG) koordiniert, die auch als Auftraggeber in Erscheinung tritt. Im Vergleich zu rein städtischen Ämtern kann die SEG häufig schneller reagieren. Im Unterschied zu einem rein ökonomisch ausgerichteten Investor kann die SEG auch andere Ziele, wie z.B. hohe Umweltstandards, verfolgen.

Änderung der Flächennutzungsplanung und sonstige Fachplanungen

Die geplante Konversion erforderte eine Änderung des Flächennutzungsplanes. Da die Planung UVP pflichtige Vorhaben (Straßen, Stadtbahnverlängerung) beinhaltet, wurde bereits im Zuge der Änderung des Flächennutzungsplanes eine UVP durchgeführt.

Darüber hinaus wurden für die Stadtbahnverlängerung sowie für den geplanten Neubau von Straßen und den Rückbau bestehender Straßen Umweltverträglichkeitsstudien, Landschaftspflegerische Begleitpläne und Grünordnungspläne für die jeweiligen Genehmigungsverfahren erstellt. Diese Arbeiten konnten z.T. mit verringertem Aufwand durchgeführt werden, da auf vorhandene Unterlagen aus vorangegangenen Studien zurückgegriffen werden konnte.

Im Rahmen der Flächennutzungsplanänderung wurde ein Ausgleichsprogramm erarbeitet, das die prinzipiellen Möglichkeiten für Ausgleichs- und Ersatzmaßnahmen aufzeigt. Ein konkreter Nachweis des Ausgleichs in Form einer Eingriffs-Ausgleichs-Bilanz muss aber auf der nachfolgenden Planungsebene erfolgen. Der Vorteil einer Ausweisung von Bereichen, die sich für Ausgleichsmaßnahmen eignen, im Flächennutzungsplan liegt darin, dass einzelne Maßnahmen gebündelt werden können, so dass ein funktionaler Zusammenhang mit größerer Wirkung entstehen kann.

Städtebauliche Entwicklungsmaßnahme

Grundlage für die Umsetzung des städtebaulichen Konzepts bildet die Festlegung der Maßnahme als städtebauliche Entwicklungsmaßnahme nach § 165 BauGB.

Ein wesentlicher Ansatz besteht in der Festschreibung des Niedrigenergiestandards für die Gebäudeplanung, wodurch erheblich Energieeinsparpotenziale entstehen. Weitere Ansätze beziehen sich auf die Festlegung von Materialien z.B. für die Erschließungsflächen oder auf die Festschreibung von Dachbegrünungen u.ä., die im Prinzip heute zum technischen Standard zu rechnen sind, in der Planungspraxis aber leider häufig außer Acht gelassen werden.

Die Gebäude werden mit Niedrigenergie-Standard erstellt. Die Einhaltung des Standards wurde nicht im Bebauungsplan festgesetzt, sondern im Rahmen der Grundstücksvergabe über die Kaufverträge geregelt.

Durch vertragliche Vereinbarung der Sanierungs- und Entwicklungsgesellschaft mit den einzelnen Bauträgern können Standards vereinbart werden, die über die gesetzlichen Anforderungen weit hinaus gehen. Dies wird u.a. praktiziert bei der Festschreibung des Niedrigenergiestandards für die Wohngebäude. Auch durch die Auswahl der Bauträger werden unterschiedliche Standards (vom kostengünstigen Reihenhaus bis hin zur anspruchsvollen Solararchitektur) angeboten.

Stufenweise Realisierung
Die Umsetzung des Gesamtkonzeptes erfolgt schrittweise. Erste Teile des Gebietes (ehemaliges Offiziersquartier) sind bereits bezogen, andere befinden sich inzwischen im Bau. Die Realisierung des Gesamtgebietes soll sich über 15 bis 20 Jahre hin erstrecken. Dabei ist damit zu rechnen, dass Teile des Konzeptes im Laufe der Zeit modifiziert werden.
Nachdem im Rahmenkonzept sowie in den begleitenden fachlichen Konzepten die Bedingungen der künftigen Entwicklung des Scharnhauser Parks festgelegt wurden, erfolgt die Umsetzung und Weiterentwicklung der verschiedenen Ansätze auf der Ebene der Bebauungspläne.
Als zentrale Maßnahme des Konzepts wurden bereits zu Beginn der Bau der neuen Stadtbahnlinie und die Änderung des Straßensystems umgesetzt.

Sozialkonzept
Für die Entwicklung des Scharnhauser Parks spielt die soziale Mischung eine wichtige Rolle. Zur Entwicklung eines entsprechenden Wohnungsangebots wurde eine Studie erarbeitet, die die unterschiedlichen Ansprüche von Benutzergruppen analysierte und entsprechende Empfehlungen für die Planung formulierte.

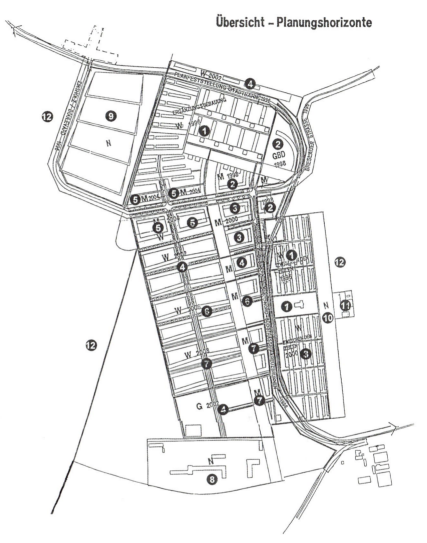

Übersicht – Planungshorizonte

Einzelne Planungsaufgaben (z.B. die Gestaltung von Freibereichen und Plätzen) wurden gemeinsam mit den Nutzern und Bewohnern bearbeitet und umgesetzt.

Planerrunde
Der Planungsprozess wird begleitet von einer Planerrunde, die sich regelmäßig trifft und der neben dem Bürgermeister Vertreter verschiedener Ämter (Planungsamt, Tiefbauamt, Liegenschaftsamt), der SEG sowie verschiedene Gutachter angehören. Darüber hinaus wurde ein Forum „Scharnhauser Park" eingerichtet, der einen erweiterten Fachbeirat darstellt, in dem u.a. örtliche Instanzen und Vereine vertreten sind.

Der neue Stadtteil Scharnhauser Park wird stufenweise über einen Zeitraum von zwanzig Jahren realisiert. Dadurch kann auf den jeweiligen Bedarf flexibel reagiert werden.

Ökologische Nachhaltigkeit

Durch kompakte Reihenhausbebauungen wird eine hohe Dichte in unmittelbarer Nähe zur Stadtbahn erreicht.

Resümee

Die Dimension einer Konversion in der Größenordnung von ca. 140 ha zeigt, welche Chancen sich auftun können, wenn in eine bestehende Siedlungsstruktur neue große Teile eingefügt werden, die neue Siedlungs- und Infrastrukturen ermöglichen, die auch einen Schritt in Richtung auf eine Verbesserung der Verkehrssituation oder die Entlastung der Umwelt von Emissionen durch die Energieversorgung darstellen. Das Beispiel zeigt aber auch die Bedeutung eines koordinierten Planungsprozesses für die frühzeitige Abstimmung und Integration verschiedener konzeptioneller Ansätze

Nutzung von Förderprogrammen

Die Größenordnungen von Planung und Realisierung der Maßnahme haben einen Umfang, der die Möglichkeiten einer Stadt von der Größe Ostfilderns bei Weitem übersteigt. Insbesondere die notwendigen Vorleistungen stellen Belastungen finanzieller Art dar, die derzeit nicht in vollem Umfang auf spätere Käufer und Investoren umgelegt werden können, zumal das Gebiet innerhalb von 20 Jahren bebaut werden soll, so dass die Vorleistungen über einen längeren Zeitraum vorfinanziert werden müssen.

Die Planungen und Umsetzungen innovativer Konzepte erfordern ebenfalls einen erhöhten Aufwand an Finanzmitteln, die für den Scharnhauser Park durch Nutzung vorhandener Förderprogramme aus Landes-, Bundes- und EU-Haushalten erschlossen werden konnten. So wurden z.B. für die Realisierung des Landschaftskonzeptes, insbesondere der Landschaftstreppe, Geldmittel im Rahmen der Durchführung einer Landesgartenschau im Jahr 2002 bewilligt.

Die Erschließung der Siedlung durch die Stadtbahn erfolgte als eine der ersten Maßnahmen.

auf. Interdisziplinarität ist ein zentrales Kennzeichen einer ökologisch ausgerichteten Stadtentwicklungsplanung.

Exkurs Michael Koch:
Bestandsmanagement-
Chancen der Konversion

Konversionsflächen stellen eine Herausforderung für die jeweiligen Kommunen in mehrfacher Hinsicht dar. Die Größe der zur Konversion anstehenden Flächen erfordert häufig hohe finanzielle Vorleistungen der Kommunen beim Erwerb der Flächen, eine fachübergreifende Planung zur Lösung der vielfältigen Aufgaben, häufig verbunden mit der Notwendigkeit der Sanierung von Altlasten. Diese Anforderungen, die manche Gemeinden überfordern können, bieten aber gleichzeitig auch Chancen zur Verwirklichung vorausschauender Konzepte.
Eine zentrale Chance liegt in der guten Verfügbarkeit der Flächen, die in der Regel in den Besitz der Kommune übergehen. Dadurch können Gesamtkonzepte entwickelt werden, die sich bei dem sonst üblichen Streubesitz nur langsam und über Umwege (z.B. durch Förderprogramme) realisieren lassen. Gerade für Infrastrukturprojekte im Verkehrs- und Energiebereich sind häufig hohe Anfangsinvestitionen erforderlich, die eine zügige Realisierung erfordern. Die Chance zur Realisierung kann genutzt werden durch Verpflichtung der Erwerber oder Bauträger zur Realisierung in den Kaufverträgen oder städtebaulichen Verträgen. Dabei besteht keine Notwendigkeit, die jeweiligen Anforderungen, z.B. den Anschluss an die Fernwärmeversorgung oder die Einhaltung des Niedrigenergiestandards, planungsrechtlich in einem Bebauungsplan abzusichern.
Nicht alle Gebiete, deren Nutzung sich ändert und die daher einer Konversion zugeführt werden (müssen), eignen sich als Bausteine für die Ökologisierung der Stadt: manche Militärflächen liegen außerhalb der Städte und abseits von verkehrlichen oder versorgungstechnischen Infrastruktureinrichtungen. Man darf die Chancen für eine Ökologisierung der Stadtentwicklung durch Konversionsprojekte nicht überschätzen.
Das größte Problem stellt die Finanzierung der Projekte dar. Eine Finanzierung der Stadtentwicklung über die Vermarktung von Grundstücken erfordert hohe Planungs- und Realisierungsgeschwindigkeiten, sie ermöglicht keine langfristige, kontinuierliche Entwicklung.
Bei freiwerdendem Bahngelände stellt die oftmals gegebene Notwendigkeit zur schnellen Vermarktung der Flächen u.U. eine zu hohe Hürde für die Umsetzung ökologischer Planungsansätze dar. Schnelle Vermarktung bzw. Veräußerung aller Grundstücke einer Konversionsfläche in kurzer Zeit verursachen durch das hohe Angebot einen Verfall der Grundstückspreise, weshalb sich die kalkulierten Erlöse u.U. nicht mehr realisieren lassen. Hierdurch entsteht Druck bei den Veräußerern, weshalb bei Investoren auf die Einhaltung bestimmter ökologisch orientierter Anforderungen manchmal gerne verzichtet wird.
Für die Siedlungsentwicklung der Zukunft, und dazu gehört in erster Linie auch die Entwicklung des Bestandes, stellt sich die Frage, welche Mittel sich anbieten zur Umsetzung ganzheitlicher Lösungen im Sinne der Nachhaltigkeit und wie diese umgesetzt werden können bei den sonstigen Gebieten, die in Zukunft für eine Konversion bzw. Umnutzung anstehen (z.B. bei Industriebrachen, aufgelassenen Bahnanlagen oder sonstigen derzeit ungenutzten Arealen). Hier dürften die größeren Chancen für eine nachhaltige Entwicklung bestehen, wenn Kommunen selber die Entwicklung vorantreiben und sie diese nicht Investoren allein überlassen.
Eine gute Chance ergibt sich durch die Schaffung einer neuen Identität. Viele Konversionsprojekte verfügen über eine ausreichende Größe,

um eine entsprechende Identität zu entfalten, die nach außen wirken kann. Dadurch können Konversionsprojekte auf eine Stadt als Ganzes positiv wirken, da sie als Leitprojekte wirken können.

Prinzip: Netzwerk-Stadt
Die Idee der Netzwerk-Stadt stammt aus den Niederlanden. In der Vierten Nota zur Raumordnung von 1988 und in der Ergänzung der Vierten Nota Extra (VINEX) von 1990 wurde die Notwendigkeit zur räumlichen Strukturierung der Siedlungsentwicklung erkannt. Insgesamt 13 Knotenpunkte wurden in den Niederlanden festgelegt, an denen eine gezielte Förderung des Ausbaus der Infrastruktur erfolgen soll.

„Ziel des Programms ist einerseits die Begrenzung des Verkehrsaufkommens durch die Ausweisung von zentral gelegenen und gut erreichbaren Standorten, andererseits die Beseitigung von Schwachpunkten des Verkehrs durch den Ausbau von Verkehrswegen, von öffentlichen Verkehrsträgern und von Telekommunikationsnetzen." [122]

„Die Auswirkungen des VINEX-Konzepts auf die Struktur der Städte gehen jedoch weiter als die bisherigen Einzelprojekte vermuten lassen. Wenn man diese in ihrer Summe betrachtet, so wird ein neues Modell von Stadt sichtbar, das wir bisher vor allem aus den USA, aus Japan und aus anderen außereuropäischen Ländern kennen. Die Netzwerk-Stadt entwickelt sich nicht mehr konzentrisch um eine historisch gewachsene Innenstadt, sondern orientiert sich in ihrem Wachstum an den Netzwerken des Verkehrs. Ihr Zentrum ist nicht länger in der historischen Innenstadt zu finden, sondern in Kulminationskernen, die an Knotenpunkten mit höchster Erreichbarkeit entstehen. Der Transformationsprozess übersteigt zudem die administrativen Grenzen der Städte. Es entstehen regionale Netzwerke, deren Verbindungskapazität größer ist als die Anbindung an die bisherigen Stadtzentren, mit der Folge, dass sich ehemalige Stadtränder in Zwischengebiete und weiter in neue Entwicklungsgebiete umwandeln und dass sich neue, größere städtische Einheiten herausbilden, deren planerische Koordination ebenfalls neue und größere Verwaltungseinheiten auf regionaler Ebene erforderlich macht." [123]

Die Netzwerk-Idee hat unter ökologischen Gesichtspunkten nicht nur für die Entwicklung neuer Standorte eine große Bedeutung, sondern insbesondere für die Umstrukturierung bestehender Siedlungsgebiete. Bei der Idee des Netzwerkes geht es um die Bildung und Stärkung eines Systems, das aus verschiedenen Elementen (Knoten, Linien, Maschen) besteht, zu dem auch der zwischen den Knoten liegende Freiraum zählt.

Ein Großteil der Siedlungsfläche der Zukunft ist heute bereits vorhanden. Ursprünglich kleine Orte sind im Zuge des Wachstums größerer Gemeinden als selbständige Einheiten verschwunden. In Verdichtungsbereichen stoßen die großen Gemeinden und Städte teilweise direkt mit ihren Siedlungsflächen aneinander, wodurch räumlich neue Einheiten entstehen, die mit dem Begriff der Regionalstadt bezeichnet werden könnten.

In der Vergangenheit haben sich bereits vielfach Vernetzungen zwischen den einzelnen Städten und Gemeinden ergeben. Bekanntes Beispiel hierfür ist das Ruhrgebiet, das sich heute als komplexe Regionalstadt darstellt, ohne dass die Grenzen zwischen den einzelnen Kommunen ablesbar und erkennbar wären. Nach dem Planungsverständnis der Vergangenheit wurden diese Verdichtungsbereiche selten als räumliche Einheiten geplant. Sie ergaben sich vielmehr zufällig. Heute stellt sich die Frage nach der Ausbildung und Gestaltung des Netzes zwischen diesen Städten. Insbesondere

---

[122] Rosemann, J., 1998, S. 361

[123] Rosemann, J., 1998, S. 362

in jenen Verdichtungsbereichen, die an die Grenzen ihres Wachstums durch Außenentwicklung stoßen, stellen sich im Zuge notwendig werdender Konversionen von brachfallenden Flächen neue Aufgaben für die Planung.
Für die Gestaltung der verschiedenartigen Siedlungsbereiche werden sich unterschiedliche Netze ergeben.
Die Vielfalt der funktionalen Ansprüche der Bewohner an den Raum bietet heute keine Chance mehr dafür, dass eine einzige Stadt allein auf engem Raum die heterogenen Bedürfnisse erfüllen kann. Hier ergibt sich die Chance für eine interkommunale Kooperation mit entsprechender Funktionsergänzung in Form eines Zusammenschlusses. Der Zusammenschluss kann rein funktional begrenzt sein (Beispiel touristische oder kulturelle Kooperation), ohne dass sich daraus direkte räumliche Anforderungen ergeben.
In aller Regel erfordert der Zusammenschluss von Städten eine verkehrliche Verbindung. Verkehrsverbünde wurden in der Vergangenheit bereits in allen großen Verdichtungsbereichen in Deutschland gebildet mit dem Ziel der Verbesserung der regionalen Mobilität. Eine Rückkoppelung auf die Siedlungsstruktur fand und findet aber kaum statt.
In den Niederlanden wurde mit dem sog. VINEX-Programm ein Impuls zur Siedlungsentwicklung bzw. Siedlungsstrukturierung unter verkehrlichen Gesichtspunkten geschaffen. Ziel dieses Programms ist die Verbesserung der Standortbedingungen für Investoren, wobei die verbesserten Möglichkeiten der Erreichbarkeit von Standorten durch entsprechende Anbindung an Verkehrsinfrastrukturen auch zur Effizienzsteigerung des Öffentlichen Verkehrs beitragen können.
In jenen Siedlungsbereichen, die heute durch hohe Dichte bzw. geringe Freiflächenausstattung gekennzeichnet sind, kann ein neues Netz in Form von Landschaft entstehen, die zwischen den Siedlungsflächen sowie durch Rückbau von Siedlungsbrachen entwickelt werden kann.
„Der Freiraum der Landschaft wird zu dem eigentlichen Gestaltungsfeld, das die Identität, die Eigenart der Zwischenstadt bewahren und herstellen muss." [124] *„Für die großen Städte sind die Berührungszonen zwischen Stadt und Landschaft von unschätzbarem Wert. In den nächsten Jahrzehnten wird dem Schutz und der Entwicklung der stadtumgebenden Landschaftsräume größte Bedeutung zukommen, vergleichbar mit der Aufgabe, die urbanen Viertel der Städte durch Sanierung vor dem Untergang zu retten. Die Qualität der Städte bemisst sich nicht zuletzt nach ihrer Einbettung in Landschaft."* [125]
Die Idee der Netz-Stadt oder der Stadtnetze ist untrennbar verbunden mit Mobilität und neuen Verhaltensmustern der Bewohner, die geprägt werden durch Kommunikations- und Informationstechniken.
Die Idee der Netz-Stadt stellt teilweise einen Gegenpol zur kompakten Stadt dar.
Gleichzeitig ist sie aber auch die Verbindung zwischen Randstadt und Kompakter Stadt.
„Die Entwicklung zur Netz-Stadt lässt sich durch Planung nicht aufhalten oder revidieren, sondern allenfalls ›zivilisieren‹ und qualifizieren, was allerdings mit dem traditionellen Repertoire nicht gelingen kann und eine Revision der Konzepte und Verfahren erfordert; es bedeutet nicht weniger oder mehr Planung, sondern ein anderes Planungsverständnis, und zwar auf allen räumlichen Ebenen: auf Regions-, Quartiers- und Objektebene.
Es ist eine Binsenweisheit, dass die Revision der Regionalplanung sowie ihrer Konzepte und Instrumente längst überfällig ist und neue Formen der interkommunalen Kooperation etabliert werden müssen, weil sich die bisherige Konkurrenz zwischen Kernstadt und Umlandgemeinden

[124] Sieverts, Th., 1997, S. 139

[125] Adrian, H. zitiert in: Sieverts, Th., 1997, S. 146

Ökologische Nachhaltigkeit

Das Ruhrgebiet ist eine Siedlungscollage mit Versatzstücken unterschiedlicher Nutzungen, die durch Infrastrukturen wie Autobahnen, Kanäle und Schienen zusammengehalten werden. Städte im eigentlichen Sinne fehlen ebenso wie freie Landschaft.

kontraproduktiv auswirkt und alle gleichermaßen schwächt. Eine Raumordnungspolitik und Regionalplanung, die die veränderten ökonomischen, sozialen und siedlungsstrukturellen Realitäten berücksichtigt, wird immer unabweisbarer. Hier sei nur verwiesen auf die Neukonzeption der Regionalplanung in den Niederlanden (...), die experimentellen Ansätze zur interkommunalen Kooperation in Stadtnetzen (...) und die exemplarischen Kooperationsformen zwischen Kommunen und Land, wie sie im Rahmen der IBA Emscher Park praktiziert werden (...)."[126]

Die Entwicklung polyzentraler Strukturen stellt neue Anforderungen an die Raumplanung, insbesondere an die Regionalplanung, aber auch an die Stadt- und Landschaftsplanung.

[126] Jessen, J., 1998, S. 500 f.

[127] Zlonicky, P., 1998, S. 161

[128] Zlonicky, P., 1998, S. 163 f

Beispiel Internationale Bauausstellung - "Emscher Park"

Die IBA Emscher Park stellt unter den Beispielen für ökologisch orientierte Planung aufgrund ihrer Aufgabenstellung, ihrer Größenordnung (Planungsgebiet 800 km² mit 2,5 Mio Einwohnern in 17 Städten) und ihrer Organisationsform (Interkommunale Arbeitsgemeinschaften) eine Besonderheit dar. Die IBA ist ein Strukturprogramm, das vom Land Nordrhein-Westfalen im Jahr 1988 initiiert wurde und an dem sich 17 Städte im nördlichen Ruhrgebiet beteiligen.

„Das Ruhrgebiet ist heute von einer Siedlungsstruktur geprägt, die Ergebnis einer mehrfachen Überlagerung jeweils unabhängiger Entwicklungen ist. Besonders im nördlichen Ruhrgebiet bestand nie eine Chance, >richtige Städte< zu entwickeln: Von der Industrialisierung im großen Maßstab erfasst, verbraucht und verlassen, in den Restflächen aufgefüllt mit peripheren Nutzungen bietet es heute den Eindruck eines städtebaulichen Flickenteppichs, der keine klaren Orientierungen zulässt."[127]

„Auch das Ruhrgebiet hat seine über die industrielle Entwicklung gewonnenen Identität verloren. Dies gilt erst recht für den Emscher-Raum, der auch historisch kaum eine eigene Identität entwickeln konnte. In der tiefen Identitätskrise war es hier das Land Nordrhein-Westfalen, das mit der >Internationalen Bauausstellung Emscher Park< die Politik eines ökonomischen und ökologischen Umbaus vorantrieb. Grundlage ist ein Programm der strategischen Planung. Nach der Abwertung der alten, allein auf die Anforderungen industrieller Entwicklung gebauten Infrastrukturen kann die Landschaft als neue Infrastruktur begriffen werden. Dafür ist ein zusammenhängendes Netz von Freiräumen als regionale Infrastruktur neu aufzubauen."[128]

Der Problematik der Region mit ihren verschiedenartigen Problemen entsprechend versteht sich die IBA als Werkstatt zur Erneuerung alter Industriegebiete.

„Die IBA Emscher Park stellt die ökologische Frage in den Mittelpunkt als Voraussetzung für neue Formen von Arbeit, Wohnen und Kultur... Die Bauausstellung soll Innovation in allen gesellschaftlichen Bereichen hervorrufen. Die technologischen, sozialen und organisatorischen Innovationen selbst sind Gegenstand."[129]

„Das 800 qkm große Siedlungsband im Zentrum des Ruhrgebietes ist gebaut. Die Zwischenstadt, die weder unserem Bild von Stadt noch unserer Sehnsucht nach intakter Landschaft entspricht, lässt sich mit den schwachen Wachstumspotenzialen der vor uns liegenden Zeit nicht mehr umbauen. Man muss sie als gegeben annehmen und die versteckten Qualitäten herauspräparieren. Man muss Ordnung schaffen und Bilder entwerfen, die diese verschlüsselte Landschaft lesbar machen. Daraus könnte sich ein neuer Typ von Regionalplan ergeben."[130]

Für die IBA Emscher Park wurden sieben Arbeitsfelder - sog. Leitprojekte - formuliert, die den konzeptionellen Rahmen bilden, in den sich ursprünglich 70 Einzelprojekte einfügen sollten.

Leitprojekte der IBA Emscher Park:[131]
1. Leitprojekt: Emscher Landschaftspark
2. Leitprojekt: Ökologischer Umbau des Emscher-Systems
3. Leitprojekt: Kanäle als Erlebnisraum
4. Leitprojekt: Industriedenkmäler als Zeugen der Geschichte
5. Leitprojekt: „Arbeiten im Park"
6. Leitprojekt: Wohnungsumbau und -modernisierung/ Integrierte Stadtteilentwicklung
7. Leitprojekt: Neue Angebote für soziale und kulturelle Aktivitäten.

Den thematischen Rahmen des Projektes bilden das Leitprojekt 1 durch die Reintegration von Landschaft in Form von sieben Grünzügen und das Leitprojekt 2 durch den ökologischen

Die Regionalen Grünzüge im Emscher Landschaftspark

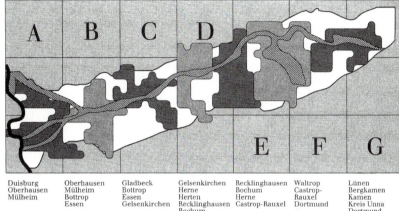

Die beteiligten Städte werden durch die Regionalen Grünzüge im Emscher Landschaftspark verknüpft, die in interkommunalen Arbeitsgemeinschaften kooperieren.[132]

Umbau der Emscher als zentralem landschaftsökologischen Funktionselement der Region. Aufgrund der bereits hohen vorhandenen Dichte in diesem Teil des Ruhrgebietes erfolgt die Ausbildung des Netzes zwischen den Siedlungen nicht durch weitere Verdichtung (Verstärkung der Knoten), sondern durch eine Wiederbelebung von Landschaft (Vergrößerung der Maschen).

Das informelle Planungssystem

Für den Emscher Landschaftspark wurde ein informelles Planungssystem auf drei Ebenen installiert.

1. Kommunalverband Ruhrgebiet: Auf der Ebene der Leitplanung (Maßstab 1:50.000) findet die Konzeptentwicklung, die Kommunikation und Koordination für das Gesamtprojekt statt.
2. Interkommunale Arbeitsgemeinschaften: Für jeden der sieben Grünzüge werden im Rahmen der Rahmenplanung (Maßstab 1:10.000) die Realisierungsmaßnahmen vorbereitet.
3. Kommunen, Kommunalverband und sonstige Träger: Trittsteine bilden die unterste Planungsebene (Maßstab 1:100 bis 1:1) für die Realisierung von Projekten im Park.

[129] Präambel zur IBA Emscher Park, zitiert aus: Hahn, E., 1991, S. 158

[130] Ganser, K. zitiert in Sieverts, 1997, S. 139

[131] Stadtbauwelt 110, Bauwelt Heft 24/1991, S. 1218 f

[132] Kommunalverband Ruhrgebiet, 1996, S. 80

Die Siedlung Schüngelberg in Gelsenkirchen ist ein Beispiel für die integrierte Stadtteilentwicklung, indem die bestehende alte Zechensiedlung erweitert wurde durch Neubauten.

Die Halde Rungenberg wurde zur wohnungsnahen begehbaren Landschaft umfunktioniert. Durch Gestaltung der Halde und Installation von zwei Lichtkanonen, die den einstigen Abraum zur Skulptur und damit zur Landmarke werden lassen, wird eine neue Interpretation der alten Industrielandschaft geboten.

Im Laufe der Zeit wurden die ursprünglich konzipierten Projekte teilweise realisiert, neue Projekte wurden entwickelt und befinden sich in der Realisierung. In die IBA wurden nur solche Projekte aufgenommen, die eine Chance auf Realisierung im Zeitraum von 1989 bis 1999 hatten. Manche Projekte sind herausgenommen worden, weil keine Aussichten auf Umsetzung bestanden. Andere Projekte sind hinzu gekommen. Mittlerweile wurden 120 Projekte vom Lenkungsausschuss der IBA Emscher Park aufgenommen, von denen ein Großteil bereits fertiggestellt werden konnte. [133]

Als Region mit hohem Siedlungsflächenanteil stellt sich im Emschergebiet die Notwendigkeit nach Rückbau brachgefallener Flächen, nach der Einfügung von Landschaft, nach der Schaffung von neuen Identitäten.

„Die IBA Emscher Park hat eine Grundlage zu einer neuen Form der Regionalplanung gelegt, die nicht mehr auf Wachstum angelegt ist, sondern auf Kreislaufwirtschaft und innere Qualifikation in Form stetiger innerer Transformation. Das geht überraschenderweise nicht ohne eine intensive kulturelle Durchdringung." [134]

Die In-Wert-Setzung und Umcodierung von alten Siedlungsteilen und Industriebrachen, wie sie im Rahmen der IBA Emscher Park durch zahlreiche Einzelprojekte vorgenommen wird, ist die Grundlage für eine neue Identität der Region.

[133] Internationale Bauausstellung Emscher Park, 1999

[134] Sieverts, Th., 1997, S. 128

Die Vielzahl und Größe der alten, freiwerdenden Industrieflächen macht eine Umgestaltung und Umnutzung in kurzer Zeit unmöglich. Manche Flächen werden nach ihrer Stilllegung als stumme Zeitzeugen bestehen bleiben, bis sie von neuen Nutzern angeeignet werden. Dabei ergeben sich Spielräume, die in der Industrielandschaft sonst nicht gegeben sind. Das Projekt IBA Emscher Park war auf eine Laufzeit von 10 Jahren festgelegt. Es war ein zentrales Ziel der IBA, den Regionalpark bis zum Jahr 1999 erlebbar zu machen. Darüber hinaus sollte aber auch eine dauerhafte Trägerstruktur geschaffen werden, die die Entwicklung des Emscher Landschaftsparks auch nach dem offiziellen Ende der IBA sichert. Für die Fortentwicklung wird insbesondere auf die interkommunalen Arbeitsgemeinschaften gesetzt, mit denen man positive Erfahrungen während der IBA gemacht hat.

Überreste der alten Industrielandschaft dokumentieren die Historie des Ortes und erhalten Aspekte der ursprünglichen Identität.

Die zentrale Achse des Gewerbeparks Erin bildet ein Wasserlauf, der naturnah gestaltet wurde.

Auf der ehemaligen Zeche Erin in Castrop-Rauxel wurden die Zeugnisse der alten Industrielandschaft bis auf den Zechenturm und die Halde beseitigt. Das freigewordene Gelände wurde zu einem Dienstleistungs- und Gewerbezentrum umgebaut mit neuen Arbeitsplätzen. Ein Großteil des Geländes (ca. 50%) wurden als Grünflächen ausgewiesen, wobei die Halde in eine irisch anmutende Steinlandschaft verwandelt wurde.

Ökologische Nachhaltigkeit

Stillgelegte Anlagen wie die Zeche Meiderich in Duisburg-Nord bieten Gelegenheit zur Aneignung für Freizeitnutzungen wie Klettern, Spielen oder Radfahren. Hierdurch entstehen Spiel- und Bewegungsräume, die in der alten Industrielandschaft nur eingeschränkt gegeben waren.

Alte Industriegebäude wie die Kokerei Zollverein in Essen stellen Räume dar, die sich für kulturelle Nutzungen (Ausstellungen, Treffs, Konzerte) sehr gut eignen. Sie liefern Kulissen, die einen starken Kontrast zu dem traditionellen Kulturbetrieb ergeben.

Flächen, die nicht sofort anderen Nutzungen zugeführt werden können wie die Zeche in Gelsenkirchen-Bismarck, bieten eine Reserve für künftige Siedlungsentwicklungen.

Der Bau einer Photovoltaik-Anlage auf dem Dach der Kokerei Zollverein in Essen symbolisiert - in Verbindung mit anderen Projekten wie dem Wissenschaftspark in Gelsenkirchen, dem Kraftwerk Mont-Cenis in Herne oder der Solarfabrik Gelsenkirchen - den Übergang von dem Kohle- zum Solarzeitalter.

Resümee

Die IBA Emscher Park ist über die Bildung von Stadtnetzen hinaus bedeutsam als Beispiel für die mögliche Reorganisation unseres Siedlungsbestandes. Der Anteil der neu gebauten Siedlungsteile wird bei hohem Siedlungsbestand immer geringer. Selbst Ideallösungen aus ökologischer Sicht für Einzelprojekte wie das Konzept des Passivhauses ändern an der Problematik der ökologischen Krise des Bauens kaum etwas. Mit dem Projekt Emscher Park wird der Blick auf die notwendige Umstrukturierung des Siedlungsbestandes gerichtet, die eine wesentliche Zukunftsaufgabe für die Raum- und Umweltplanung sein wird.

Neue Instrumente

Neue Rollenverteilung

Planungsprozesse

Ausblick

Umsetzungsstrategien

Das Leitbild der nachhaltigen Entwicklung ist seit der Konferenz von Rio im Jahr 1992 auf breite Zustimmung und Verbreitung gestoßen. Nachhaltigkeit ist zu einem Schlagwort geworden, das auch im politischen Bereich häufig gebraucht wird. Von daher sind die Voraussetzungen günstig, dass dieses Leitbild auch zur Grundlage für konkretes Handeln wird. Allerdings bedarf es zur Umsetzung eines derartigen, auf Langfristigkeit angelegten Leitbildes auch angemessener und angepasster Umsetzungsstrategien.

In der städtebaulichen Planung haben Leitbilder oft nur eine kurze Lebensdauer. Dies wird u.U. dadurch begünstigt, dass Leitbilder von Experten entworfen werden, meistens ohne ausreichende Unterstützung seitens bzw. Akzeptanz in der Öffentlichkeit. Die Planungswirklichkeit folgt oft anderen Gesetzmäßigkeiten als den Anforderungen der theoretisch und oft abstrakt formulierten Leitbilder.

„Spätestens seit Beginn der neunziger Jahre laufen Planungsleitbilder einerseits und Realitäten der Stadtentwicklung andererseits zunehmend auseinander. Das Leitbild der „kompakten Stadt" ist angesichts des ungezügelten Flächenverbrauchs kaum glaubhaft zu machen; bis heute werden täglich Flächen in einer Größenordnung von 140 Fußballfeldern in der Bundesrepublik neu versiegelt oder überbaut. Auch das Leitbild der „Stadt der kurzen Wege" stimmt mit der gesellschaftlichen Realität nicht überein; Individualisierung von Lebensformen, Teilzeitjobs, die besonderen Anforderungen an alleinerziehende und erwerbstätige Frauen haben eher längere Wegeketten zur Folge. Das Leitbild der „Nutzungsmischung" folgt dem idealtypischen Bild der europäischen Stadt und wird in einer Zeit eingefordert, in der die Stadt eben diese Qualität verliert. Seit den siebziger Jahren hat die Stadt zunächst das Wohnen an die Peripherien verloren, dann das Arbeiten ausgelagert. Zurzeit scheint sie auch die noch verbleibende Funktion des Einkaufens in der Stadtmitte aufzugeben. Angesichts von Größenordnung und Umsatz nichtintegrierter Einkaufszentren erhält die historische Stadtmitte mehr den Charakter eines schönen Schaufensters - der eigentliche Einkauf findet dann an der Peripherie statt. Und für die Entwicklung der städtischen Peripherien gibt es bisher kein Leitbild.

Wie lässt sich angesichts einer Entwicklung, in der städtebauliche Leitbilder zunehmend von den strukturellen und baulichen Realitäten abheben, wieder Boden unter den Füßen gewinnen? Sollte der Begriff des Leitbildes aufgegeben werden zugunsten offener Orientierungen, die allenfalls mit „Leitplanken" Grenzen markieren zum Beispiel für ökologisch vertretbare Entwicklungen? Wie kann der Raum für solche Entwicklungen bestimmt werden? Welche Ansätze bieten strategische Planungen?" [135]

Für die Aufgaben der Stadtentwicklung und des Stadtumbaus müssen einzelne Leitprinzipien auf ihre Umsetzbarkeit im konkreten Fall hin geprüft werden. Jeder Raum hat andere Bedingungen und erfordert daher unterschiedliche Leitbilder mit differenzierten Lösungen. Für eine nachhaltige Stadtentwicklung sind lokale Leitbilder zu entwickeln, die auf den Gegebenheiten und Besonderheiten des Raumes aufbauen und die das Potenzial seiner Bewohner berücksichtigen.

„1. Ökologisch orientierter Städtebau betrachtet die Stadt in der Gesamtheit ihrer inneren Wirkungszusammenhänge, äußeren Abhängigkeiten und Wechselwirkungen. Die Gesamtheit der „naturgegebenen" Faktoren, der anthropogenen Einflüsse und Veränderungen sind Gegenstand dieser systemaren Betrachtungsweise. Die Beachtung der Wechselwirkungen und Abhängigkeiten der einzelnen Wirkfaktoren steht dabei im Vordergrund des Interesses. Denn nur so lassen sich die Ursachen bestimmter

[135] Zlonicky, P., 1998, S. 160 f

Wirkungen erkennen, negative Wirkungen vermeiden und langfristig positive Entwicklungen einleiten (Vorsorge).

Die Gesamtheit der subjektiven Faktoren fließt ebenso in die Betrachtung ein, nicht nur deshalb, weil in einem Arbeiterviertel die allgemeinen Umweltbedingungen mit denen eines Villenviertels kaum zu vergleichen sind.

Hier sind auch die sozialen und umweltbezogenen Verhaltensweisen vorzufinden. Ebenso differenziert sind die jeweiligen Ansprüche an den privaten und öffentlichen Raum. Für die verschiedenen Benutzer eines städtischen Bereiches ist die bedürfnisgerechte Benutzbarkeit ein wesentliches Qualitätsmerkmal.

Darüber hinaus sind die übergeordneten gesamtgesellschaftlichen Rahmenbedingungen in die Betrachtung einzubeziehen, die mit politischen Wertungen, Gesetzen und Geldern, Richtlinien und technischen Normen das Wohnumfeld meist stärker prägen als individuelles Gestalten.

2. Dies zusammengenommen führt zu einer erheblichen Erweiterung bisheriger Aktionsfelder: Es geht nicht mehr „nur" um mehr Grün, modernere Wohnungen, weniger Verkehr usw. Es geht auch um Bildung, Kultur, Arbeitslosigkeit, Freizeit, Verbraucherverhalten, Gesundheit, soziales Klima usw. Es geht also um die Verbesserung der Lebensqualität im weitesten Sinne. Dies erfordert eine politische Umorientierung, die das herrschende Primat der Ökonomie durchbricht.

3. Die Ökologisierung von Fachplanung und Politik ist notwendige Voraussetzung zur Verbesserung der Lebensqualität und zu ihrer langfristigen Sicherung. Das heißt konkret: Schaffung einer stabilen wirtschaftlichen Basis und Abbau der Arbeitslosigkeit und damit Stabilisierung der zur Verfügung stehenden Mittel für die weiteren, investitionsintensiven Aufgaben (z.B. für die Verbesserung des Stadtklimas, die Optimierung von Stoff- und Energieumsätzen, die Verbesserung der Gewässerqualität und den Natur- und Landschaftsschutz).

4. Wesentliche Voraussetzung für erfolgreiche ökologische Orientierung im Städtebau ist aktuelles Wissen über die gegebenen Umweltqualitäten: Genaue, kontinuierliche Umweltbeobachtung ist hierfür unverzichtbar. Dies gilt für Sofortmaßnahmen zur Behebung dringender Schäden und erst recht für die Entwicklung längerfristiger Programme.

5. Ökologisch orientierter Städtebau folgt strikt dem Vorsorgeprinzip. Das bedeutet, dass die Vermeidung von Eingriffen in den Naturhaushalt oberstes Beurteilungskriterium ist. Die bloße Verminderung von schädlichen Wirkungen ist nur dann akzeptabel, wenn die alternative „Null-Variante" nicht tragbar ist. Wirkungsanalysen sind das hierfür unabdingbare Instrument.

6. Dabei gilt mit gleicher Striktheit das Verursacherprinzip, indem nicht mehr nur an Symptomen kuriert wird, sondern tatsächlich die Ursachen der jeweiligen Probleme freigelegt werden und das Handeln im Sinne eines vorsorgenden Umweltschutzes bestimmen.

7. Zur möglichst umfassenden und schnellen Umsetzung ökologischer Zielsetzungen muss das Kooperationsprinzip erheblich breiter angewandt werden. Denn ökologisch orientierte Stadtgestaltung muss die bisher gültigen Grenzen zwischen öffentlichem und privatem Bereich teilweise in Frage stellen - nämlich da, wo individuelles Verhalten in der Summe zur Naturbelastung und damit zum Nachteil für die Gesamtheit wird.

Ökologisch orientierte Stadtgestaltung bedarf neuer Formen im Umgang mit den Bürgern. Zusammenhänge und Entscheidungen müssen offengelegt werden. Verwaltungsvorschläge und/oder politische Beschlüsse müssen erläutert und diskutiert werden, damit sie nicht als

1. Neue Instrumente

Willkür oder Bevormundung empfunden werden. Das Koordinationsprinzip erfordert in jeder Planungsphase intensive Mitwirkung der Öffentlichkeit und führt so zu einer Integration von Planern, Entscheidern und Betroffenen.
8. Ökologisch orientierter Städtebau erfordert problem- und aufgabenadäquate Handlungs- und Entscheidungsstrukturen. Ämterübergreifendes interdisziplinäres Arbeiten muss gefördert und Ressortkonkurrenz abgebaut werden, damit integrierte Entwicklungskonzepte abgeleitet und umgesetzt werden können.
9. Ökologisch orientierter Städtebau ist ein permanenter Prozess, der mit der Analyse der Umweltsituation beginnt, Problem- und Zieldefinitionen, Entwicklung von Alternativen und Entscheidungsprozesse einschließt. Mit der Projektrealisierung ist der Prozess noch nicht abgeschlossen, sondern es müssen Wirkungsanalysen und Erfolgskontrollen durchgeführt werden, damit die Verfahren in zukünftige Verfahren einfließen und Fehler korrigiert werden können.
10. Ökologisch orientierter Städtebau ist auch ein permanentes Experiment. Das heißt, eine Stadt muss so gestaltet werden, dass sie den sich wandelnden Bedürfnissen an Funktionen und räumliche Gliederung leicht angepasst werden kann, und dass auch die nächsten Generationen Raum und Möglichkeiten haben, sich „ihre" Stadt herzurichten." [136]
„Unverzichtbar erscheint es, jeweils dem Ort, der Zeit und der Gesellschaft verpflichtete Bilder zukünftiger Entwicklungen im Diskurs zu entwerfen; und als unverzichtbar gilt heute mehr denn je, gesellschaftliche Verantwortung für die Konsequenzen struktureller Entwicklungen und politischer Entscheidungen zu übernehmen." [137]

Der Ruf nach neuen Instrumenten wird schnell erhoben, wenn es um die Umsetzung neuer Inhalte geht. Oft ist das Festhalten an alten Verhaltensmustern und Regelungen in der Tat ein Hemmnis für Neuerungen. Im Umkehrschluss darf aber die Einführung einer Neuregelung nicht gleichgesetzt werden mit dem Willen zur Umsetzung. Viele Veränderungen täuschen nicht mehr als einen medienwirksamen Aktionismus vor, der manchmal von fehlendem Bewusstsein und Veränderungswillen ablenken soll.
Ein Beispiel für formalen Bürokratismus ohne wirklichen Umsetzungswillen liefert die Umweltverträglichkeitsprüfung samt Gesetz und Verwaltungsvorschrift, die von Europa vorgegeben wurde, die aber im Planungsalltag - wenn immer es geht - umgangen wird. Gesetzliche Schlupflöcher und Ausnahmeregelungen haben den implizierten Vorsorgegedanken vielfach ad absurdum geführt.
Gerade im Umweltschutz bestehen viele gesetzliche Regelungen zur Verbesserung oder Sicherung der Umweltqualität. Es mangelt nicht an gesetzlichen Vorgaben, es mangelt vielmehr an der Anwendung der vorhandenen Instrumente und an einer Kontrolle der Einhaltung vorgegebener Standards.
Bei aller Skepsis kommt man aber nicht umhin, über eine Änderung vorhandener Instrumente nachzudenken. Für die anstehenden Aufgaben des Umbaus und der Neuorganisation unserer gebauten Siedlungsstrukturen bedarf es neuer Instrumente. Dabei muss der Schwerpunkt auf ganzheitliche und übergeordnete Ansätze gelegt werden.
„Stadtplanung ist eine noch relativ junge Disziplin. Für die wichtigsten Aufgaben der Vergangenheit wurden Instrumente entwickelt, die sich im Wesentlichen auf den Neubau von Gebieten konzentrierten.
Diese Instrumente sind nicht immer gut geeignet für „Schrumpfungs- und Rückbaumaßnahmen"." [138]

[136] Grohe, 1988, zitiert in Mohrmann, 1994, S. 5 ff

[137] Zlonicky, P., 1998, S. 166

[138] Albers, G., 1992, S. 271

Umsetzungsstrategien 167

Eine wesentliche Aufgabe bei der Bewältigung der planungsbedingten Umweltprobleme kommt der Raumplanung auf den höheren Ebenen zu, insbesondere der Regionalplanung. Viele Umweltaspekte können nur im Zusammenwirken über Kommunalgrenzen hinweg Berücksichtigung finden. Dies gilt in erster Linie für Fragen des Klimas, des Wasserhaushaltes, des Verkehrs und der Erholungsvorsorge, zunehmend gilt dies aber auch für den Arten- und Biotopschutz, der für eine bessere Effektivität von Maßnahmen zur Sicherung und Entwicklung eine Konzentration und Bündelung der unterschiedlichen Einzelaktivitäten notwendig macht.

Die Novellierung des Raumordnungsgesetzes hat diese Erkenntnis berücksichtigt durch die Eröffnung der Möglichkeit zur Erstellung eines regionalen Flächennutzungsplanes, sofern sich Gemeinden und Gemeindeverbände zu regionalen Planungsgemeinschaften zusammenschließen. [139]

„Von einer politischen und administrativen Reform der Zwischenstadt ist die Wirklichkeit weit entfernt. Regionalplanung in Deutschland stagniert, intellektuell-wissenschaftlich, verwaltungsmäßig und vor allem politisch." [140]

„Verwaltungsreformen auf regionaler Ebene sind überfällig! Die heutigen regionalen Planungsverbände wurden in den 60er und 70er Jahren gegründet. Ihre Möglichkeiten, Entwicklungen zu steuern, beruhen auf dem Konsensprinzip. Inzwischen sind die Konflikte zwischen Kernstädten und Peripherie so hart geworden, dass zu vielen Themen Einvernehmen nicht mehr zu erzielen ist.

Die Peripherie kann nur dann vor weiterer Zerstörung geschützt werden, wenn reformierte regionale Verbände Planungen auch gegen die einzelne Stadt oder Gemeinde durchsetzen können." [141]

Der Wille zur Veränderung setzt die Bereitschaft zur Übernahme von Verantwortung voraus. Kompetenzschwierigkeiten zwischen den verschiedenen Planungs- und Politikebenen sowie die Neigung zur verbalen Besetzung von Politikthemen verhindern oder verzögern zumindest konkrete Veränderungen.

„Schließlich könnte unter der Obhut der Regionalverbände eine wachsende Zahl von Zweckverbänden für viele Einzelaufgaben begründet werden, möglicherweise mit verschiedenem Flächenzuschnitt. Das könnte der Theorie Rechnung tragen, dass sich Einzugs- und Verflechtungsbereiche nicht mehr eindeutig bestimmen lassen, sondern dass es sich je nach Aufgabe um „oszillierende Felder" (Siebel) handelt." [142]

Unter der Anforderung einer nachhaltigen Entwicklung kommt man an einer Regionalisierung der Planung nicht vorbei.

„Man muss die rasante Entwicklung der Peripherie unserer Stadtregionen auch im Vorderhirn zur Kenntnis nehmen. Die alten Instrumente der Raumplanung sind nicht mehr in der Lage, geordnete und nachhaltig akzeptable Verhältnisse herbeizuführen.

Neue Strategien sind erforderlich. Ihre wichtigsten Elemente:
- *Eine regionale Verwaltungsreform, die die Entwicklung wieder steuerbar macht.*
- *Akzeptieren suburbaner Lebensformen als großstädtisches Element. Man muss ihnen Raum geben.*
- *Großräumiger und nachhaltiger Schutz und Entwicklung wichtiger Landschaft.*
- *Die Kernstädte dürfen sich nicht auf die Wirkung regionaler restriktiver Instrumente allein verlassen. Sie müssen sich aggressiv dem Wettbewerb stellen."* [143]

Im Sinne einer Regionalisierung der Planung müssen auch Planungsgrundlagen aus der fachsektoralen Untergliederung der Verwaltungsstruktur herausgelöst und in zusammenfassenden Planwerken gebündelt werden. Hierzu soll u.a. das Instrument der Umweltgrundlagenpla-

---

[139] vgl. ROG, § 9 Abs. 6

[140] Sieverts, Th., 1997, S. 143

[141] Adrian, H. zitiert in Sieverts, Th., 1997, S. 143 f

[142] Adrian, H. zitiert in Sieverts, Th., 1997, S. 145

[143] Adrian, H. zitiert in Sieverts, Th., 1997, S. 147

nung dienen, das im Entwurf zum Umweltgesetzbuch vorgesehen ist. Dieses Instrument trägt dem Anspruch der Umweltverträglichkeitsprüfung nach Vorsorgeorientierung der Planung Rechnung.

Die genannten Ansätze zur Änderung von Planungsinstrumenten zeigen, dass es um die Anpassung vorhandener Instrumente geht, und nicht unbedingt um die Schaffung neuer Instrumentarien. Inwieweit diese vom Gesetz eingeräumten Möglichkeiten dann in der Praxis tatsächlich angewendet werden, wird die Zukunft zeigen.

In diesem Zusammenhang muss auch über eine andere Verteilung der Verantwortung für die Planung nachgedacht werden. Lokales Handeln bedarf der regionalen und überregionalen Koordination, je nach Handlungspfad entstehen dabei neue Bindungen und Verbindungen.

„Die Gründung von Regionalstädten ist dringlich, um sich verfestigende Fehlentwicklungen zu verhindern oder, wo möglich, auch rückgängig zu machen: ‚Die Besiedlung der regionalen Peripherien schreitet rascher fort als die Entwicklung der Kernstädte, denen es viel zu langsam gelingt, ihre Baulandreserven zu mobilisieren. Viele Leute werden deswegen an die Peripherie der Region vertrieben, weil die Städte an ihren Rändern suburbane Wohnmilieus nicht mehr zulassen. Die Peripherie ist in Gefahr, ihre Qualitäten zu verlieren und durch einen Betonring aus ungesteuerter Industrieansiedlung, Speditionen und Shopping-Center sich selbst zu ersticken.' (Adrian) Regionalstädte müssen mit der Zeit eigenes Regionalbewusstsein entwickeln und begreifen, dass die strikte Trennung in Kernstadt und Peripherie nicht mehr gelten darf."[144]

Erste Ansätze zur Reform der Verantwortung auf administrativer Ebene gibt es bei der Neuorganisation von regionalen Verbänden wie z.B. im Verband Region Stuttgart, der neben der Kompetenz für die Aufstellung des Regionalplanes auch Kompetenzen für den regionalen Verkehrsplan oder für die Wirtschaftsförderung hat.

Einen zentralen Ansatz für die Umsetzung des Leitbildes der Nachhaltigkeit bietet die Wirtschaft, die die Grundlage für eine langfristige Entwicklung eines Raumes liefern muss.

Ökologische Nachhaltigkeit muss ein hehres Ziel bleiben, solange sie nicht verknüpft wird mit ökonomischer Nachhaltigkeit. Dabei muss aber auch die ökonomische Nachhaltigkeit neu definiert werden, sie muss mehr beinhalten, als die betriebswirtschaftliche Abwicklung von kurzfristigen Projekten. Hier verbinden sich die drei Säulen der Nachhaltigkeit, die ökologische, die ökonomische und die soziale. Die zukunftsfähigste Wirtschaftsentwicklung ist jene, die auch die langfristige Einbindung des Arbeitspotenzials der Menschen berücksichtigt (vgl. hierzu auch Reinhard Schelkes: Kultur der Parzelle).

„Denkmodelle und Planungskonzepte sind notwendig, entscheidend für eine humanere Entwicklung der Zwischenstadt wird aber das Verhältnis der Menschen zu ihren Mitmenschen, zur kulturellen Qualität ihrer Stadt und zur Natur ihrer Umwelt sein. Ohne ein ‚Beackern' des Feldes der Zwischenstadt in gesellschaftlicher, kultureller und ökologischer Hinsicht bleiben - davon bin ich überzeugt - alle technischen und ökonomischen Anstrengungen letztlich fruchtlos. Eine unabdingbare Voraussetzung für ein solches ‚Beackern' ist eine neue politische und administrative Verfassung der Zwischenstadt."[145]

[144] Sieverts, Th., 1997, S. 145

[145] Sieverts, Th., 1997, S. 143

Exkurs Michael von Hauff: Ansätze einer umweltorientierten kommunalen Wirtschaftsförderung

Die ökologische Stadtentwicklung weist heute eine Vielfalt von Handlungsspielräumen bzw. konkreten Konzepten und Projekten auf (Hamm 1998, S. 37 ff.). Dabei wird in der Regel auf die „Lokale Agenda 21" als gemeinsamem Leitbild Bezug genommen. Obwohl in Deutschland die „Lokale Agenda 21" 1995 durch den deutschen Städtetag ihre Konkretisierung erfahren hat, gibt es bei der Implementierung eine unterschiedliche Gewichtung und Abgrenzung umweltpolitischer Handlungsfelder auf lokaler Ebene. Es fällt jedoch auf, dass neben den klassisch gewordenen Aufgaben des ordnungsrechtlichen Umweltschutzes der Kommunen wie Wasser und Abwasser, Energie und Klimaschutz, Luftreinhaltung, Bodenschutz und Altlasten und Abfallwirtschaft als zentrale Aufgabe kommunaler Daseinsvorsorge zunehmend Handlungsfelder der vorsorgenden kommunalen Umweltpolitik thematisiert werden (Feser, Flieger 1996, S. 9). Dabei werden jedoch Möglichkeiten und Ansätze einer umweltorientierten kommunalen Wirtschaftsförderung bisher weitgehend vernachlässigt.

Die Neuorientierung kommunaler Wirtschaftsförderung

Die kommunale Wirtschaftsförderung beschränkte sich bis in die siebziger Jahre auf die Bereitstellung von Gewerbeflächen und auf Bemühungen zur Ansiedlung von Unternehmen und Betrieben. Diese traditionellen Aufgaben waren in der kommunalen Verwaltung angesiedelt und als typische Verwaltungsaufgaben eingeordnet. In den siebziger Jahren begann eine Neuorientierung bei der kommunalen Wirtschaftsförderung, die hauptsächlich durch die Bestandspflege der ortsansässigen Unternehmen und Betriebe und durch eine vorsorgende Gewerbepolitik eingeleitet wurde (Quante, 1996). Es kam somit zu einem Wandel von einer Verwaltungsaufgabe (reaktive kommunale Gewerbepolitik) zu einer aktiven und gestaltenden kommunalen Wirtschaftsförderung.

In den neunziger Jahren geht es neben der Schaffung eines positiven „Innovationsklimas" und der Förderung von lokalen Netzwerken in zunehmendem Maße um eine umweltorientierte kommunale Wirtschaftsförderung. Die wachsende Bedeutung der Umweltorientierung hat verschiedene Ursachen. Die UN-Konferenz für Umwelt und Entwicklung (UNCED) 1992 in Rio de Janeiro führte zu der Erkenntnis, dass viele Probleme und Lösungen im Bereich der Umwelt und Entwicklung in besonderem Maße die Kommunen betreffen. Bei dieser Konferenz unterzeichneten 170 Staaten das globale Aktionsprogramm „Agenda 21" (v. Hauff 1998, S.9 ff). In Kapitel 28 der Agenda werden die Kommunen dazu aufgerufen, ein lokales Programm (Lokale Agenda 21) zu erarbeiten und umzusetzen. Die Maxime hier ist: „Global denken, lokal handeln".

Daraus erklärt sich die Notwendigkeit einer ökologischen Wirtschaftsförderung auf kommunaler Ebene. Dies ist jedoch nicht der einzige Begründungszusammenhang für eine ökologische Wirtschaftsförderung. Das gewachsene Umweltbewusstsein, die Erkenntnis, dass Umweltzerstörung in der Regel hohe Folgekosten zur Beseitigung nach sich zieht und die wachsende Bedeutung der Märkte für Umweltgüter begründen die Wichtigkeit des Themas noch in einem anderen Zusammenhang: Ökologische Wirtschaftsförderung erhält bzw. steigert die Lebensqualität bzw. das Wohlbefinden der Bewohner in den Städten und ist wirtschaftlich sinnvoll.

Aus den genannten Gründen wird eine gezielte und kreative ökologische Wirtschaftsförderung immer stärker zu einem Wettbewerbsfaktor zwischen Städten auf nationaler, aber auch internationaler Ebene. Zukunftsorientierte Unternehmen, die entweder neue Umwelttechnologien produzieren oder die ein umweltorientiertes Managementkonzept einführen, werden sich dort ansiedeln, wo sie die entsprechenden kommunalen Rahmenbedingungen vorfinden. Ferner zeigen neuere Befragungen von hochqualifizierten Führungs- und Arbeitskräften, dass Umweltkriterien für ihre Arbeitsplatzwahl ein wichtiger Entscheidungsfaktor sind.

Ökologisch orientierte Wirtschaftsförderung

In der Fachliteratur, aber auch in der Praxis zur kommunalen Wirtschaftsförderung ist der Begriff der ökologisch orientierten Wirtschaftsförderung bereits eingeführt. Es wird immer mehr erkannt, dass eine einseitig auf wirtschaftliche Entwicklung abzielende Kommunalpolitik zu Fehlentwicklungen führt, die mit entsprechenden Folgekosten belastet sind. Daher wird die wechselseitige Abhängigkeit von ökonomischer, sozialer und ökologischer Entwicklung in einer Reihe von Städten zumindest erkannt (Majer 1997, S. 55 ff). Die Relevanz einer stärkeren ökologischen Ausrichtung der Wirtschaft findet in vielfältigen Konzepten zum „ökologischen Umbau der Wirtschaft" oder im Rahmen von umweltpolitischen Instrumenten wie der ökologischen Steuerreform oder dem Öko-Audit nicht nur wachsendes Interesse, sondern auch eine konkrete Umsetzung bzw. Anwendung.

Es gibt eine Vielzahl von Maßnahmen zur ökologisch orientierten kommunalen Wirtschaftsförderung von denen einige genannt werden sollen (Grabow, Henckel 1993):
- Förderung der Produktion von Umwelttechnologien und somit zukunftsorientierten Unternehmen,
- Förderung der Umstrukturierung von Krisenbranchen/-betrieben zu Umwelttechnologien, wobei vorhandenes Know-how modifiziert eingesetzt wird (z.B. Recycling, Altlastenbeseitigung),
- Förderung umweltorientierter Dienstleistungsbranchen (z.B. Beratungsfirmen/-institute, Forschungs- und Technologiezentren zur Entwicklung neuer Umwelttechnologien),
- Informationsvermittlung und Beratung über umweltfreundliche Produkte,
- Abfallvermeidung und Abfallverwertung, Entwicklung integrierter Verkehrskonzepte,
- Altlastenbeseitigung und Reaktivierung von Gewerbebrachen,
- Ökologisch begründete Ausweisung von Gewerbegebieten,
- Ökologische Arbeitsfelder und Projekte im Rahmen des zweiten Arbeitsmarktes.

1995 wurde in der Bundesrepublik eine empirische Untersuchung über kommunale Wirtschaftsförderung durchgeführt (Hollbach-Grömigk 1996). Von 191 angeschriebenen Städten mit mehr als 50.000 Einwohnern antworteten 170 Städte. Danach verfügen nur 4 von 170 Städten über ein realisiertes Konzept einer ökologisch orientierten Wirtschaftsförderung. Weitere 19 Städte sind gegenwärtig in der Planung einer entsprechenden Konzeption und 23 Städte haben vor das Thema in nächster Zukunft aufzugreifen. Auffällig ist, dass Städte mit einer Größenordnung von 200.000 bis 500.000 Einwohnern diesem Themenbereich besonders zurückhaltend gegenüber stehen. Zwei Städte zeichnen sich durch ein besonders interessantes Konzept aus. Diese Konzepte sollen im Folgenden kurz vorgestellt werden.

München: Dort erfolgte die Ausweisung mehrerer Gewerbegebiete mit ökologischen Ausgleichsmaßnahmen wie der Bepflanzung der öffentlichen und privaten Freiflächen. Ferner kam es zu der Auflage, bei Baumaßnahmen umweltfreundliche Baustoffe und Energieformen zu verwenden und großflächige Biotope und einen entsprechenden Baumbestand zu garantieren. Weiterhin wurden bei der Auswahl der Betriebe, die Interesse an einer Ansiedlung bekundeten, ökologische Aspekte gefordert. Es werden besonders die verschiedenen betrieblichen Emissionen, Belastung durch Abwässer, das Aufkommen von Sondermüll und das induzierte Verkehrsaufkommen berücksichtigt. Weiterhin werden ökologisch innovative Betriebe besonders begünstigt. In diesem Zusammenhang werden Betrieben Beratungsleistungen bei ökologischen Problemen bzw. Fragestellungen angeboten.

Konstanz: An der Universität Stuttgart wurde ein zweijähriges Forschungsprojekt für den Gewerbepark „Stromeyersdorf" durchgeführt. Das Ziel dieses Projektes war, in enger Kooperation mit der Stadt und ihren Gremien ein Modell zu entwickeln, das den Ansprüchen einer ökologisch orientierten Wiedernutzung einer Gewerbebrache gerecht wird. Dabei wurde explizit ein Ausgleich zwischen ökologischen und ökonomischen Interessen angestrebt und auch erzielt. Wichtige Anforderungen an die Konzeption waren: Die Vermeidung oder Reduzierung von Schadstoffen und Lärmemissionen und der Erhaltung der Grundwasser- und Luftqualität. Weiterhin haben Landschafts- und Naturschutz einen gleichrangigen Stellenwert wie ein schlüssiges Verkehrskonzept.

Für die Realisierung dieses Konzepts war von Bedeutung, schon im Vorfeld eine entsprechende Abstimmung mit den potentiellen Investoren vorzunehmen. Im Rahmen der Wirtschaftsförderung wurden schließlich Unternehmen und Betriebe ausgesucht, die nach den Nutzungskriterien für das Gewerbegebiet in Frage kamen. Das Projekt fand großes überregionales Interesse und wird nicht nur als ökologischer Beitrag, sondern auch als wesentliche und innovative Maßnahme für die Wirtschaftsentwicklung der Stadt bewertet.

Dies zeigt, dass bei der Planung von Gewerbegebieten ein großes ökologisches Gestaltungspotenzial für die Verantwortlichen der Wirtschaftsförderung möglich ist. Ferner ist von Bedeutung, dass die bisherigen Beispiele erkennen lassen, dass bei vielen Unternehmen und Betrieben großes Interesse an solchen Modellen bzw. Konzeptionen besteht. Es führt vielfach zu einem Imagegewinn für die Unternehmen und Betriebe und es kommt zu einer innovativen und zukunftsorientierten Atmosphäre, die durch entsprechende ökologisch orientierte Technologieparks und Beratungsinstitutionen noch gefördert werden kann. Obwohl die beiden Fallstudien zu München und Konstanz schon wichtige Elemente des Konzeptes „Eco-Industrial Parks" enthalten, soll im Folgenden diese Konzeption, die vor allem in den USA und Kanada entwickelt wurde, noch vorgestellt werden.

Das Konzept „Eco-Industrial Parks"

Frosch und Gallopolous stellten 1989 in einer Veröffentlichung das Konzept „Industrial Ecosystem" vor, das seither in vielen Variationen weiterentwickelt wurde. Der zentrale Ausgangspunkt wird von Ihnen wie folgt beschrieben (Frosch, Gallopolous 1989, S.144):

„...the traditional model of industrial activity - in which individual manufacturing processes take in raw materials and generate products to be sold plus waste to be disposed of - should be transformed into a more integrated model: an industrial ecosystem. In such a system the consumption of energy and materials is optimized, waste generation is minimized and the effluent of one process ... serve as the raw material for another process."

Ihre Untersuchung basierte im Prinzip auf dem Konzept stofflicher Kreisläufe im Kontext von

„life cycles". Daraus entwickelte sich schließlich das Konzept der Eco-Industrial Parks (Lowe 1997, S.58). Eco-Industrial Parks basieren auf der Grundidee, dass Industrie- und Dienstleistungsunternehmen in einem Gewerbegebiet bzw. Industriepark gemeinsam ein Konzept zur Bewältigung der anstehenden Umweltprobleme entwickeln sollten. Als wesentliche Bereiche werden hierbei Energie, Abwasser und Abfallbeseitigung bzw. Recycling aufgeführt. Das Ziel ist, dass die Kooperation der teilnehmenden Unternehmen dazu führt, dass gemeinsame Lösungsstrategien zu einem höheren Nutzen im Sinne von Kosteneinsparungen führen als Lösungsstrategien, die jedes einzelne Unternehmen zu bewältigen hat.

Als sehr erfolgreiches Beispiel wird in diesem Zusammenhang häufig Kualundborg, ein Industriepark in Dänemark, genannt (Côté, Smolenaars 1997, S.68). Es gibt jedoch auch in Deutschland interessante und erfolgversprechende Projekte wie z.B. jenes des Heidelberger Industriegebietes Pfaffengrund-Nord, in dem 14 Unternehmen involviert sind. Dieses Projekt wird von dem Institut für Umweltwirtschaftsanalysen (IOWA) Heidelberg durchgeführt (Sterr 1997, S.68 ff). Das Ziel dieses Projektes ist, auf der Grundlage des 1996 in Kraft getretenen Kreislaufwirtschafts- und Abfallgesetzes durch ein zwischenbetriebliches Netzwerk von kleinen und mittelständischen Unternehmen ökonomische Vorteile durch positive Skaleneffekte und Datentransparenz zu realisieren.

Das Projekt zum „Aufbau eines zwischenbetrieblichen Stoffverwertungsnetzwerks im Heidelberger Industriegebiet Pfaffengrund-Nord" hat klar gezeigt, dass nicht nur Großunternehmen, sondern auch KMUs an einer zukunftsorientierten Stoffkreislaufwirtschaft in stärkerem Maße teilhaben können als dies bisher noch in aller Regel wahrgenommen wird. Durch eine koordinierte, kreislaufwirtschaftlich orientierte Ausgestaltung abfallwirtschaftlicher Beziehungen über ein zwischenbetriebliches Stoffverwertungsnetzwerk lassen sich ökonomische und ökologische Interessen aller Beteiligten optimieren und somit auch komparative Kostennachteile abbauen.

Resümee

Es konnte gezeigt werden, dass die umweltorientierte kommunale Wirtschaftsförderung im Kontext einer kommunalen Umweltpolitik bzw. der „Lokalen Agenda 21" ein relativ neues Themenfeld bzw. Forschungsgebiet ist. Hierzu gibt es eine Vielzahl von Ansätzen und Konzepten, die in einigen Kommunen schon erfolgreich praktiziert werden. Unter dem Kriterium der Verbesserung der ökologischen und ökonomischen Effizienz kommt dem Konzept des „Eco-Industrial Park" eine besondere Bedeutung zu. Insgesamt ist jedoch davon auszugehen, dass die erfolgreiche Umsetzung von Konzepten einer umweltorientierten kommunalen Wirtschaftsförderung ganz wesentlich zu einem Wettbewerbsfaktor zwischen Kommunen werden wird.

2. Neue Rollenverteilung

Die Bandbreite der anstehenden Planungsaufgaben erfordert eine Veränderung der Planung, insbesondere eine Verbesserung der Kommunikationsstrukturen und der Interaktion zwischen den unterschiedlichen Beteiligten. Stadtentwicklungsplanung, die nach fachlichen und politischen Kriterien in kleinen Kreisen betrieben wird mit der Beschränkung auf eine minimale Öffentlichkeitsbeteiligung, wie sie gesetzlich vorgegeben ist, kann den Anforderungen an Nachhaltigkeit, insbesondere wenn hierunter auch die soziale Nachhaltigkeit verstanden wird, nicht gerecht werden. Für die zukunftsfähige Stadtentwicklung muss der Bürger nicht nur Planungsgegenstand sein, er sollte vielmehr zum Akteur werden, der seine Belange aktiv in den Planungsprozess einbringen und sie dort vertreten kann.

„Der Mensch hat sich als Gemeinschaftswesen entwickelt, und es kann ihm ohne Kontakt mit anderen Menschen weder physisch noch psychisch wohlergehen. Mehr als jede andere Gattung üben wir uns in kollektivem Denken, wobei wir eine Welt von Kultur und Werten schaffen, die zu einem integralen Teil unserer natürlichen Umwelt wird. Deshalb lassen sich biologische und kulturelle Eigenarten der menschlichen Natur nicht voneinander trennen. Die Menschheit entstand durch den Prozess des Schaffens von Kultur, und sie braucht diese Kultur für ihr Überleben und ihre weitere Evolution. Die menschliche Evolution schreitet also fort durch das Zusammenspiel der inneren und äußeren Welt, von Individuen und Gemeinschaften, von Natur und Kultur. Alle diese Bereiche sind lebende Systeme in wechselseitiger Einwirkung aufeinander mit ähnlichen Strukturen der Selbstorganisation." [146]

Der Gedanke der Nachhaltigkeit entwirft ein neues Bild der Demokratie, in der das Prinzip der Delegation zunehmend ersetzt wird durch das Prinzip der Partizipation. Auch in einem partizipatorischen Planungsprozess muss es Regeln und Kompetenzen geben, auch hier wird der Experte für Sachfragen benötigt; aber es treten andere Experten hinzu, deren Gegenstand Bewusstseinsprozesse und Bewusstseinsbildung in der Bevölkerung sind. Nachhaltige Stadtentwicklung bedeutet Abschied von der sektoralen Expertenplanung und Hinwendung zu flexiblen und integrativen Konzepten.

Gerade in Zeiten sich wandelnder Wertesysteme erfordert die Entwicklung und Diskussion von Planungszielen einen hohen Stellenwert. Der politische Diskurs muss intensiver und offener geführt werden, als dies bislang im Zusammenhang mit der Delegation von Verantwortung bei Wahlen der Fall ist.

Planer müssen verstärkt in dieser Hinsicht ausgebildet werden. Die Fähigkeiten zur Diskussion und Argumentation, zu Reflexion und Selbstkritik, zur Behauptung und Entscheidung, zur Austragung von Konflikten ebenso wie zur Schließung von Kompromissen müssen als Bildungsziele gefördert werden.

Der Experte muss zum Anwaltsplaner werden für Belange, die sich im Kräftespiel der Marktwirtschaft nicht angemessen artikulieren können.

Partizipatorische Konzepte müssen auf Kontinuität ausgelegt sein. Im Zeitalter der Medien besteht die Gefahr, dass Partizipation nur zum Aushängeschild für Bürgernähe der Politik wird. Partizipation setzt Vertrauen in die Bürger voraus und die Bereitschaft, nicht in jedem Fall auf eigenen Positionen zu verharren. Hier liegt eine große Verantwortung bei den Politikern, die sich im Umgang mit partizipatorischen Konzepten nicht immer leicht tun.

Beispiele für partizipatorische Ansätze in der Planung bieten Lokale Agenda Prozesse, Runde-Tische und Planungswerkstätten, wie sie in den letzten Jahren verstärkt in der kommunalen Praxis zum Einsatz kamen. Planungswerkstätten mit ihrem Ansatz der offenen Planung sind ein

[146] Capra, 1988, S. 331

Beispiel für die hohe Akzeptanz in der Bevölkerung und für eine Integration der Betroffenen und ihrer Belange in den Planungsablauf.
Im englischsprachigen Raum wird die Methode der Planungswerkstatt, oft als community planning bezeichnet, vielfach praktiziert, was teilweise in einem anderen Planungssystem begründet liegt.

„'Community Planning' hat ... eine neue Planungskultur begründet, in deren Mittelpunkt die Menschen stehen: die Betroffenen sitzen ‚am Steuer', durch innovative Interessenpartnerschaften werden Erneuerungsinitiativen handlungsfähig. Experten stehen vor allem beratend zur Seite. So sollen langfristigere und nachhaltigere Erfolge in der Stadtentwicklung erzielt werden als durch herkömmliche Methoden des Planens." [147]

Exkurs Dietmar Reinborn:
Stadtentwicklung und Bürgerbeteiligung

Wiederentdeckung der Bürgerbeteiligung

Der Planungsprozess auf den verschiedenen Ebenen der Stadtentwicklung ist wesentlich durch die „Abwägung unterschiedlicher Interessen" geprägt. Dabei sind die gesetzlich verbindlichen Planungsebenen, also die Bauleitplanung mit Flächennutzungs- und Bebauungsplanung, im Wesentlichen auf die rechtliche Absicherung des Grundbesitzes fixiert. Die allgemeinen Abwägungstatbestände sind überwiegend kommunalpolitisch motiviert. Dieser Aspekt spielt bei der informellen, „nicht-formalisierten Bürgerbeteiligung", also der nicht gesetzlich vorgeschriebenen und nicht reglementierten Beteiligung, eine entscheidende Rolle. Im Zusammenhang mit der „Lokalen Agenda 21" werden seit einigen Jahren diese Ansätze einer intensiven Bürgerbeteiligung aus den siebziger Jahren über das rechtlich vorgeschriebene Maß hinaus wiederentdeckt.

Alle Kommunen wurden bei der Konferenz der Vereinten Nationen (UN) in Rio de Janeiro 1992 aufgefordert, zur Verwirklichung des Aktionsprogramms „Lokale Agenda 21" beizutragen und insbesondere an diesem Prozess die Bürgerinnen und Bürger sowie die kommunalen Verwaltungen zu beteiligen.

Wie damals in der Zeit der allgemeinen Demokratisierungsdebatte (Willy Brandt: „Mehr Demokratie wagen") sind für eine Bürgerbeteiligung bei der Stadtplanung insbesondere zwei Zielrichtungen Ausschlag gebend:

- Erstens muss im planerischen Entscheidungsprozess deutlich gemacht werden, wer wie stark von geplanten Maßnahmen begünstigt oder benachteiligt wird. Erst dies ermöglicht auch eine sachliche Diskussion über Alternativen und Planungsänderungen.
- Zweitens müssen sich die planenden und ausführenden Behörden schon frühzeitig mit unterschiedlichen Gruppeninteressen auseinandersetzen. Dieses wird heute ganz entscheidend durch die gesetzliche Verpflichtung zur frühzeitigen Bürgerbeteiligung unterstützt. In Zeiten der Projektentwickler und des „Investoren-Städtebaus" werden leicht die Planungen von denen bestimmt, die große Versprechungen machen und ihre Interessen auch politisch nachdrücklich vertreten. Das bedeutet aber oft, Lösungen zu akzeptieren, die schwächere Bevölkerungsgruppen und die Interessen der Allgemeinheit benachteiligen oder ihnen sogar widersprechen (vgl. Lauritzen 1972, S. 21)

Seit Inkrafttreten des Bundesbaugesetzes (BBauG) 1960 hat sich die Bürgerbeteiligung bei der Bauleitplanung gesetzlich weiterentwickelt. Dabei sind allerdings auch zeitweilige Stagnationen oder gar Rückentwicklungen im „Beteiligungsbewusstsein" der planenden Verwaltung festzustellen, so z.B. durch die „Beschleunigungsnovelle" zum BBauG 1979 zur

[147] Zadow, 1997, S. 14

Vereinfachung von Baugenehmigungen und Bebauungsplanänderungen.
Folgende Phasen lassen sich dabei aufzeigen, die sich in der Gegenwart teilweise überlagern.

Phasen der gesetzlichen Bürgerbeteiligung bei der Bauleitplanung:

- Phase 1 ab 1960
  Verfahrensrechtschutz: Information und Anhörung der (Verfahrens-) Beteiligten. Auslegung der Pläne sowie Anregungen und Bedenken.
- Phase 2 ab 1971
  Planungsdemokratisierung: Breite öffentliche Information und Erörterung der Planungen. Einflüsse des Städtebauförderungsgesetzes 1971 auf das allgemeine Planungsrecht durch Legitimationszwang und Demokratisierung der Entscheidungsprozesse. Effektivierung von Planung und Umsetzung.
- Phase 3 ab 1976
  Aktivbeteiligung: Aufsuchende und aktivierende Mitwirkung durch Einführung der frühzeitigen Bürgerbeteiligung (Zweistufigkeit) 1976. Motivation und Mobilisation des bürgerschaftlichen Potenzials.
- Phase 4 ab 1984
  Sparbeteiligung: Einfache Stadterneuerung 1984, Baugesetzbuch (BauGB) 1986, Maßnahmengesetz zum BauGB 1990 und Investitionserleichterungs- und Wohnbaulandgesetz 1993 mit Reduzierung der Anforderungen an die Bürgerbeteiligung.
- Phase 5 ab 1998
  Normbeteiligung: Neufassung des BauGB mit Straffung der Bürgerbeteiligung und Aufgabe von Ausnahmen des Maßnahmengesetzes. Verfahrensnotwendige Beteiligung und geringe Einbeziehung in den Entscheidungsprozess bei Aufgabe voriger starker Einschränkungen (vgl. Selle 1996, S. 69).

Mit der Rückentwicklung der gesetzlich festgeschriebenen Bürgerbeteiligung ist aber auch ein Schwinden der Mitwirkungsbereitschaft festzustellen. Andererseits haben sich andere Formen der Beteiligung, wie Planungswerkstätten und Städtebauforen, entwickelt, die häufig auch von der planenden Verwaltung oder kommunal geförderten Institutionen initiiert wurden. Während die Animation zur Beteiligung an Planungen noch vor etwa 10 bis 15 Jahren eine wichtige Voraussetzung für ein Engagement von Bürgern war, hat sich die Situation gegenwärtig etwas verbessert. Die vielen Gruppen zur „Lokalen Agenda 21", insbesondere in kleinen Städten und Gemeinden, die sich intensiv in die Probleme der Kommunen einmischen und an Planungen zu deren Entwicklung aktiv beteiligen, sind dafür ein deutliches Zeichen.

Der schon seit einigen Jahren viel diskutierte Begriff von der „Planungskultur" bekommt somit über die professionellen „Planerzirkel" hinaus auch für die Kommunalpolitik eine praktische Bedeutung. Die Bürgerbeteiligung entfernt sich langsam von ihrem Image des notwendigen Übels und wird als notwendiger demokratischer Bestandteil des Planungs- und Entscheidungsprozesses wiederentdeckt. Im Sinne einer positiven Anknüpfung an diese Planungskultur-Diskussion sollen nachfolgend die wesentlichen Gründe für eine Bürgerbeteiligung sowie ihre verschiedenen Formen und Wirkungen aufgezeigt und durch ein aktuelles Beispiel eines Planungsprozesses für einen Rahmenplan zur Stadtentwicklung mit integrierter Umweltplanung verdeutlicht werden.

Warum eigentlich Bürgerbeteiligung?

Die Diskussion um das Thema „Bürgerbeteiligung an der Planung" ist gegenwärtig von einem Widerspruch geprägt. Einerseits versprechen Kommunalpolitiker den Bürgern mehr Mitwirkungsmöglichkeiten und andererseits befürworten nicht wenige Stadtplaner eine „Entpolitisierung" der Stadtplanung mit einer stärkeren Hinwendung zu gestalterisch-technischen und verfahrensbeschleunigenden Aspekten.

Kritik und Ansatzpunkte

Waren bei der Auslegung von Bauleitplänen früher noch „Anregungen und Bedenken" möglich, so hat sich das allein auf eine positive Aussage von „Anregungen" reduziert. Es geht um eine „frühzeitige Unterrichtung über die Absicht der Gemeinde hinsichtlich der Neugestaltung oder Entwicklung eines Gebiets", also eine reaktive Beteiligung. Der Gesetzestext weist ausdrücklich auf die Möglichkeiten hin, wann das Verfahren der Auslegung verkürzt werden kann. Bürgerbeteiligung ist aber immer auch eine öffentliche Auseinandersetzung mit abweichenden Meinungen und auch heftiger bis polemisch vorgetragener Kritik. Das entspricht dem Selbstverständnis der öffentlich Handelnden und deren Durchsetzungsbestreben beschlossener Planungen, wodurch Bürgerbeteiligung schnell zu einem notwendigen Übel wird, deren Umfang nur noch von Opportunitätsgründen, d.h. von der Vehemenz der Bürgerproteste, bestimmt wird. Aber selbst zunehmende Aktivitäten von Bürgerinitiativen bewirken nicht so leicht eine Änderung dieser Grundhaltung. Der Vorwurf von Partikularinteressen und Investitionsverhinderung (s. Maßnahmengesetz) ist dann gängiges Mittel der „Obrigkeit", Bürgeraktionen im Rahmen einer isolierten Diskussion um Legalität und Legitimität der Bürgerinitiativen ins politische Abseits zu stellen.

Das wirft die Frage auf, ob eine repräsentative Demokratie der Bürgerbeteiligung bedarf, bzw. ob diese überhaupt zulässig ist. Schließlich hat der Bürger in regelmäßigen Abständen die Möglichkeit, durch Wahlen seine Vertreter für die Kontrolle des öffentlichen Verwaltungshandelns, quasi als Kontrolleur der Kontrolleure, zu bestimmen. Das ist der Hintergrund, weshalb in Politik und Verwaltung oft Argumente gegen eine Einbeziehung der Bürger in den Planungsprozess artikuliert werden, die hier vorangestellt werden sollen. Die Bürgerbeteiligung sei

- zeitaufwendig, da sich Mitarbeiter der Verwaltungen und Politiker in mehreren Versammlungen und in zahlreichen Einzelgesprächen immer wieder über Ziele und Umfang von Planungen äußern müssten;
- ineffizient, weil von den Bürgern nur Partikularinteressen vorgebracht und die Belange der „Allgemeinheit" von ihnen nicht berücksichtigt würden. Daher bringe die Bürgerbeteiligung selten substantielle Verbesserungen der Planungen;
- kostenaufwendig, wenn aus den beiden vor genannten Gründen durch zusätzlichen Verwaltungsaufwand doch kein besseres Planungsergebnis zu erzielen sei. Deshalb wirke die Bürgerbeteiligung auch eher
- investitionsverzögernd oder gar -verhindernd, da meistens die zügige Maßnahmendurchführung dadurch gefährdet würde oder im „Interesse der Allgemeinheit" liegende Projekte nicht zur Ausführung kämen.

Diese Argumente sind Ausdruck eines Selbstverständnisses der Verwaltung, das nicht die Bürger als „Befehlende" - womit dann wirklich von „öffentlichem Dienst" gesprochen werden könnte -, sondern als „Befehlsempfänger" betrachtet. Diese „Herrschaft der Verwaltung" (Bürokratie) ist allerdings auch für den gefügigsten Bürger nicht immer ertragbar, da eigentlich eine „Herrschaft des Volkes" (Demokratie) Ausdruck des politischen, besonders des kommunalpolitischen Lebens sein sollte. Hierin ist ein erster wichtiger Komplex der Gründe für die Bürgerbeteiligung zu sehen (vgl. Aich 1977, S. 10-13).

Gründe für Bürgerbeteiligung

In dem zuvor geschilderten Zusammenhang sollen kurz die Gründe für die Bürgerbeteiligung aufgezeigt werden, bevor dann deren unterschiedliche Funktionen im Stadtplanungsprozess verdeutlicht und an einem Beispiel illustriert werden. Dabei soll besonders die nicht-formalisierte Bürgerbeteiligung betrachtet werden, die zumeist als Gratifikation einer „gnädigen Bürokratie" an die Bürger verstanden wird.

Kommunalpolitische Gründe der Bürgerbeteiligung stehen im engen Zusammenhang mit der Funktion der kommunalen Selbstverwaltung, weil damit erst die meistens als Floskel gebrauchte „Bürgernähe" der Verwaltung Gestalt annehmen kann. Wesentliche Punkte dazu sind:
- Beteiligung des Bürgers an der Erfüllung öffentlicher Aufgaben,
- Verbreiterung der Basis für ein politisches Engagement,
- sachgerechte und selbstverantwortliche Lösung von Zielkonflikten,
- Aufspüren und Eliminieren von Fehlerquellen in der öffentlichen Verwaltung,
- Gestaltung der ortsbezogenen Lebensverhältnisse in bürgerschaftlicher Mitverantwortung (vgl. Deutsches Verwaltungsblatt 1973, S.622).

Diese Forderungen lassen sich keineswegs dadurch realisieren, dass man ihre Ausübung allein auf „repräsentative Vertreter" überträgt. Hier ist die direkte Bürgermitwirkung als wesentlicher Bestandteil der Kommunalpolitik angesprochen, denn es geht um die Gestaltung des örtlichen Gemeinwesens, das sich in den physischen Gegebenheiten manifestiert.

Fachliche Gründe der Bürgerbeteiligung an der Stadtplanung haben deshalb auch darin ihren Ansatzpunkt. Der Begriff „Stadtplanung" suggeriert nämlich - von Fachleuten unterstützt -, ein Stadtteil oder gar eine ganze Stadt könne geplant werden. Bestenfalls kann aber ein Plan ein technisch-gestalterisches Leitbild - die letzten Jahre haben eindrucksvoll gezeigt, wie stark Leitbilder Modeerscheinungen unterworfen sind - des Endzustandes fixieren, das dann technisch umgesetzt wird. Das, was Städte und Stadtteile wirklich ausmacht, die durch das soziale Geflecht geprägte und durch viele individuelle und kollektive Handlungen geschaffene „Patina" über der technischen Struktur, ist dadurch nicht herstellbar.

Die vielen neuen und „unwirtlichen" Vorstädte lassen diese Defizite immer deutlicher werden, was auch Rückwirkungen auf die Sanierungsmaßnahmen hat, die bisher meistens in der Beseitigung dieser „Patina" bestanden, um an deren Stelle eine „städtebauliche Ordnung" zu setzen. Stadtplanung sollte deshalb die Schaffung eines technischen Provisoriums sein, das erst durch die Wünsche und die Mitwirkung der Bewohner, die am besten ihre Lebenssituation beurteilen und verändern können, seine zunehmend konkreter werdende, aber sich immer wieder wandelnde Gestalt als Lebensraum annimmt. Aber widerspricht das nicht unserem Rechtssystem, das doch offenbar klare Bestimmungen enthält, die das „Wer und Wie" der Stadtplanung festlegen?

Rechtliche Gründe für die Bürgerbeteiligung werden meistens von der Diskussion um Richtlinien, Normen und „technische Standards" verdrängt und sind so immer mehr in Vergessenheit geraten. Anders als das nicht auf Planung bezogene Recht, das allgemeine und abstrakte Normen für das menschliche Zusammenleben in Form von Anweisungen an eine unbekannte Vielzahl von Fällen setzt, ist die Planung und letztlich der Plan auf einen konkreten Fall bezogen. Damit wird aber von der Planung keineswegs ein enger Entscheidungsspielraum festgelegt, der für einzelne Maß-

nahmen prinzipiell nur eine richtige Entscheidung zulässt. Der Grundgedanke einer materiellen Richtigkeitskontrolle muss deshalb auf die Verfahrens- und Missbrauchskontrolle durch die Gerichte beschränkt werden. Dieser Mangel an sachlicher Rechtssicherheit eröffnet damit Missbrauchsmöglichkeiten, die nur durch eine stärkere Beteiligung und Kontrolle der Betroffenen im Planungsprozess aufgefangen werden können. Das muss aber zwangsläufig Auswirkungen auf die Gestaltung des Planungsprozesses haben (vgl. Reinborn 1974, S. 197-202).
Planungstheoretische und planungspraktische Gründe ergeben sich dann, wenn durch die Bürger nicht nur eine getroffene Entscheidung kontrolliert werden soll, sondern zum Zwecke der Gewährleistung einer sachlichen Rechtssicherheit eine Einbeziehung des Bürgers bereits in die Entscheidungsvorbereitung erforderlich wird. Dadurch erst können Interessenkonflikte der verschiedenen Beteiligten aufgedeckt, diskutiert und eventuell durch einen Kompromiss ausgeglichen werden. Bürgerbeteiligung verliert so das Odium der nachträglichen destruktiven Kritik.

Für die Planungspraxis bedeutet das keineswegs, wie bei den Gegenargumenten erwähnt, Zeitverlust, sondern das Verfahren kann dadurch mitunter beschleunigt werden. Werden Interessengegensätze aber bei der Planung verdrängt oder negative Folgen verheimlicht, treten meistens doch Zeitverzögerungen auf, da dann nicht mehr auf einer sachlichen, sondern nur noch auf einer formaljuristischen Ebene argumentiert werden kann. Die langwierigen und für beide Seiten, Verwaltung und Bürger, unerfreulichen Verwaltungsgerichtsverfahren sind dann die ultima ratio.

Formen und Funktionen der Beteiligung

Gerade die neuen Schwerpunktaufgaben einer ökologischen Stadtplanung haben den Legitimationsdruck der Verwaltung gegenüber den Bürgern noch weiter erhöht und sogar zu einer Verunsicherung der „amtlichen Planer" geführt. Dazu kommen die Anpassungsschwierigkeiten an Beteiligungsformen, die nicht kodifiziert sind. Deshalb sollen zunächst einmal kurz die Unterschiede zwischen der formalisierten und der nicht-formalisierten Beteiligung benannt werden. Gerade die nicht-formalisierte Bürgerbeteiligung ist ein dynamischer, teilweise auch iterativer Prozess. Danach folgt eine Zusammenstellung verschiedener Funktionen der Bürgerbeteiligung, die jeweils an bestimmte Formen der Einbeziehung von Nichtfachleuten in den Stadtplanungsprozess gebunden sind.

Formalisierte und nicht-formalisierte Bürgerbeteiligung

Die Beteiligung von mehr oder weniger direkt Betroffenen an Planungen in Gemeinden und Städten kann rechtlich in sehr unterschiedlichem Rahmen erfolgen. Dabei lässt sich zwischen der formalisierten und der nicht-formalisierten Bürgerbeteiligung unterscheiden:

Die formalisierte Bürgerbeteiligung an der Stadtplanung ist gesetzlich vorgeschrieben oder, was hier mit einbezogen werden soll, aus einer gewissen Tradition heraus „ortsüblich", wie z. B. regelmäßige Bürgerversammlungen. Sie umfasst aber keineswegs alle Teile der Kommunalplanung, sondern beschränkt sich vorwiegend auf die Bauleitplanung. Die Form ist dabei vom Gesetzgeber nur durch grobe Zielvorgaben umrissen, wodurch es der jeweiligen Gemeinde überlassen ist, den Umfang der Beteiligung selbst festzulegen oder ganz darauf zu verzichten. Die Initiative zu den entsprechenden Planungen geht überwiegend von öffentlichen Stellen, zumeist der Verwaltung, oder potenten Bauträgern und Unternehmen aus, so dass die Bürgerbeteiligung selten mehr als eine „Verkaufsfunktion" erhält.

Die nicht-formalisierte Bürgerbeteiligung zielt dagegen nicht darauf ab, fertige Konzepte dem Bürger gegenüber durchzusetzen, sondern in einem intensiven Beteiligungsprozess mit echter, aktiver Mitwirkung der Bürger solche Konzepte den artikulierten Wünschen und Bedürfnissen entsprechend erst zu entwickeln. Der Umfang der in Frage kommenden Planungen muss dabei nicht unbedingt die Dimension von Stadt- oder Stadtteilentwicklungsplänen, Wohnumfeldverbesserungs- und Verkehrsberuhigungsplänen haben. Selbst verhältnismäßig kleine Spielplatz- und Grünflächengestaltungen oder einzelne Wohnstraßenumwandlungen bedürfen einer weitgehenden Einbeziehung der Bürger, da diese Maßnahmen die Lebensbedingungen des Einzelnen maßgeblich mit prägen.

Die offiziellen kommunalen Planer haben hierbei allerdings kaum eine initiierende Rolle zu spielen, denn sie sollen in erster Linie die Vorschläge und Anregungen der Bürger nach fachlichen Gesichtspunkten zu Konzepten verarbeiten. Ideal ist es, wenn in diesem Verfahren eine aktive Bürgergruppe - am besten von unabhängigen Fachleuten unterstützt - zwischengeschaltet ist. Bürgervereine, Bürgerinitiativen oder andere bürgerschaftliche Gruppen können diese Funktion übernehmen.

Funktionen der Bürgerbeteiligung im Stadtplanungsprozess

Das Akzeptieren der Gründe für die Bürgerbeteiligung bedeutet noch keine Festlegung ihrer Funktion im Planungsprozess. Die vielfältigen Möglichkeiten der Einbeziehung des Bürgers in kommunale Planungen reichen von der einfachen Information über das beabsichtigte Verwaltungshandeln bis hin zur Umsetzung von artikulierten Bürgerwünschen und -bedürfnissen in geeignete Maßnahmen. In dieser Bandbreite kann die Bürgerbeteiligung folgende Funktionen haben:

Verkaufsfunktion oder „Public-Relations-Beteiligung" muss wohl das genannt werden, was meistens von Verwaltungen als „Beteiligung" - manchmal sogar widerstrebend - praktiziert wird. In erster Linie sollen dadurch Planungen den Bürgern schmackhaft gemacht werden, wobei meistens dieselben Mittel - Hochglanzprospekte, Plakate und Zeitungsanzeigen - wie bei der Produktwerbung verwendet werden, um Planungsprojekte zu „verkaufen". Auch die Presse ist gerne bereit, „offiziellen Verlautbarungen" entsprechenden Platz einzuräumen, so dass selbst kleinere Maßnahmen gebührend gewürdigt werden. Ziel ist es aber immer nur, mitzuteilen, was „höheren Orts" beschlossen worden ist, so dass der Widerspruch der Bürger dabei kaum eingeplant ist. Außerdem eignet sich dieses Vorgehen ausgezeichnet zur Darstellung der Verwaltungsleistung, quasi als Legitimation der eigenen Existenzberechtigung.

Formen der Beteiligung: Öffentliche Bekanntmachung, Befragung, Ausstellung, Anhörung u.ä.

Kontrollfunktion oder Sicherung vor Rechtsansprüchen wird in Form von „Anregungen" (das neue BauGB 1998 kennt jetzt keine „Bedenken" mehr), die von den Bürgern „vorgebracht" werden können, bei Bauleitplanverfahren gehandhabt. Die Möglichkeit dazu wird für eine begrenzte Zeit (ein Monat) meistens in „amtlichen Mitteilungen" verkündet. Dadurch werden einerseits Planungen auf Fehler und unberücksichtigte rechtliche Tatbestände kontrolliert, und andererseits nachträglich vorgebrachte Rechtsansprüche ausgeschlossen. Diese Beteiligungsform hat die Funktion der Sicherung der Planung als „Absicherung der Verwaltung" und wird oft mit der Verkaufsfunktion oder anderen Formen als Abschluss der Planungsphase kombiniert.

Formen der Beteiligung: Anhörung, Beteiligung der Träger öffentlicher Belange, Auslegung der Planung mit Vorbringen von Anregungen (und Bedenken) u.ä.

Konfliktvermeidungsfunktion oder „Frühwarnsystem" bekommt die Bürgerbeteiligung, wenn die Verwaltung mit erheblichen Einsprüchen der Bürger rechnet oder deren Reaktion vorher nicht zu kalkulieren vermag. Durch Vorabinformationen über geplante Maßnahmen kann so die „Stimmung der Bürger ausgelotet" werden, oder es werden andere bzw. veränderte Problemlösungsansätze abgefragt. Diese Beteiligungsform dient aber nur dazu, Konflikte aufzusparen und durch geeignete Planungsänderungen zu vermeiden. Eine Auseinandersetzung damit ist nicht beabsichtigt, so dass die Bürgerbeteiligung die Funktion einer „Alarmglocke" oder einer „Notbremse" erhält (Reinborn 1977, S. 178 ff).

Formen der Beteiligung: Kurse und Bildungsarbeit (Volkshochschule usw.), Planungs- und Beratungsstellen, Gemeinwesenarbeit, Beiräte, Planungskommissionen, Anwaltsplanung u.ä. Während bei den drei vorgenannten Formen die Initiative zur Bürgerbeteiligung von der Verwaltung oder - seltener - vom Gemeindeparlament ausgeht, der Informationsfluss also hauptsächlich von oben nach unten verläuft, soll nachfolgend die Funktion der vorwiegend von Bürgern eigeninitiierten Beteiligung angesprochen werden.

Innovationsfunktion oder Bürgerbeteiligung als „Treibsatz" bekommt in der gegenwärtigen Stadtplanungsdiskussion im Zusammenhang mit der „Lokalen Agenda 21" eine zunehmende Bedeutung, da die „Planungsbürokraten" nur noch selten mit großangelegten Maßnahmen der Stadterweiterung und Flächensanierung wie in den zurückliegenden Jahrzehnten operieren können. Bei Minderung der verfügbaren Ressourcen sehen sie sich mit einer Zielunsicherheit konfrontiert, in der sie sich von den Bürgern „Innovationsstöße" erhoffen, die sich zudem noch als „Respektierung des Bürgerwillens" verkaufen lassen. Dabei darf aber keineswegs der übliche Rahmen gesprengt werden, so dass nur solche Bürgerwünsche und Bürgeraktionen berücksichtigt werden, die keine grundlegenden Änderungen der „amtlichen" Stadtplanungspolitik erfordern.

Formen der Beteiligung: Stadt(teil)foren, Planungswerkstätten (wenige Tage), Bürgerarbeitsgruppen (über einen längeren Zeitraum), Planungs-Zellen (Prinzip der Gerichts-Schöffen) u.ä.

Selbsthilfefunktion oder Ansatz zur Selbstplanung ist der nächste Schritt einer Bürgerbeteiligung, die „von unten" initiiert ist und „Planungsanstöße" der Betroffenen in konkrete Maßnahmen umsetzt. Hier bedarf es bei Verwaltung und Politikern des größten Maßes an Mitgestaltungszugeständnissen für die Bürger, was sogar Mitentscheidung bedeuten kann. Natürlich kann diese Form der Selbstplanung nicht umfassend sein, da den Bürgern die notwendigen Fachkenntnisse meistens fehlen. Diese lassen sich aber weitgehend durch von den Bürgern ausgewählte Spezialisten (z.B. „Anwaltsplaner") vermitteln, so dass zusammen mit der großen Sachkenntnis, nämlich dem Wissen von der örtlichen Problemstruktur, ein für die Planung optimales Ergebnis und nach der Realisation ein hoher Identifizierungsgrad mit den Maßnahmen bei den Bürgern zu erreichen ist.

Formen der Beteiligung: Bürgervereine, Vereine für bestimmte Planungsprobleme, Bürgerinitiativen und Bürgergruppen u.ä.

Beteiligungsprozess und Beteiligte

Die nicht fachlich vorgebildeten Beteiligten an einem Planungsprozess orientieren sich bei ihrem Vorgehen eher an der unmittelbaren Erlebniswelt und zunächst weniger an rationalen, eingeübten Methoden. Deshalb ist insbesondere die anfängliche „emotionale" Phase von großer Bedeutung für den Beteiligungsprozess, denn individuelle Vorstellungen sollen schließlich in allgemeingültige Planungswünsche und Konzeptansätze umgewandelt werden. Bei dem phasenweisen Ablauf einer nicht-formalisierten, also im kommunalpolitischen Alltag auch weniger geübten Bürgerbeteiligung ist eine Teilnahme nicht immer ganz einfach. Verschiedene Hemmnisse bei den Beteiligten erschweren den Einstieg in die Diskussionen und auch inhaltlichen Auseinandersetzungen oder verhindern sogar ein Mitwirken.

Phasen der nicht-formalisierten Bürgerbeteiligung

Der Ablauf einer nicht-formalisierten Bürgerbeteiligung lässt sich im Wesentlichen in folgende Phasen unterteilen, wobei selbstverständlich jeder Einzelfall Abweichungen davon bewirken wird.

„Emotionale" Phase: Die Bürger einer Stadt oder eines Stadtgebiets haben jeder für sich oder in kleinen Gruppen z.T. sehr unterschiedliche Erfahrungen mit ihrer Umweltsituation gemacht, so dass auch eine Artikulation von Problemen entsprechend individuell ausfallen muss. Es bedarf deshalb einer Gelegenheit zum Austausch dieser Vorstellungen, um die Mehrheit der Bürger tangierende Grundprobleme feststellen zu können. Bürgerversammlungen und ähnliche Treffen sind als Ausgangspunkt zur Übertragung von emotionalen Artikulationen in eine sachliche Situationsanalyse von größter Bedeutung, wobei es hilfreich sein kann, wenn erste Problemformulierungen oder generelle Lösungsansätze zur Diskussion gestellt werden. Die meistens vorgebrachte Fülle von Vorschlägen muss dann in einen fachlich geordneten Zusammenhang gebracht werden.

Zielphase: Zur Konzeptionierung von Zielvorstellungen oder -plänen, die langfristig angelegt sein sollen, ist es erforderlich, in kleinen Gruppen zu arbeiten. Diese Gruppen sollten dabei von unabhängigen Fachleuten (Stadt-, Verkehrsplaner, Sozialarbeiter oder andere für das jeweilige Problem relevante „Spezialisten") unterstützt und beraten werden. Die Arbeitsmöglichkeiten können von der Stadtverwaltung, der Volkshochschule oder ähnlichen Institutionen zur Verfügung gestellt werden. Die erzielten Arbeitsergebnisse müssen aber immer wieder bei größeren Versammlungen diskutiert und evtl. modifiziert werden, bevor ein Zielrahmen für eine Problemlösung verabschiedet werden kann. In dieser Phase müssen sich die Verwaltung und die politischen Vertreter der Diskussion stellen und dürfen dabei nicht voreingenommen sein, damit sie nicht in eine Abwehrhaltung hineingeraten, wodurch Bürgervorschläge leicht mit dem Argument von den „Sachzwängen" abqualifiziert werden. Die offiziellen Planer sollten vielmehr das Ideenpotenzial der Bürger nutzen, die durch tagtägliche Erfahrungen über die beste Orts- und Situationskenntnis verfügen.

Konzeptphase: Der Zielrahmen muss nun in konkretes Maßnahmenkonzept umgesetzt werden, das möglichst mehrere Zeitstufen umfassen sollte. Häufig wird sich dabei zeigen, dass eine große Anzahl von Verbesserungsmaßnahmen schon „auf den Nägeln brennt" und ohne viel Aufwand an Kosten und Zeit zu realisieren ist. Zur Erreichung einer Identifizierung mit diesen Maßnahmen ist es notwendig, diese mit den Bürgern ausführlich zu besprechen und soweit wie möglich auch hier eine Beteiligung und sogar Eigenleistungen der Bürger vorzusehen. Die Bereitschaft dazu ist meistens größer als es von einer sich für „allzuständig" betrachtenden Verwaltung vermutet wird. Die weiteren Maßnahmen sollten in dieser Phase ebenfalls andiskutiert, aber erst nach den ersten

Maßnahmendurchführungen, wenn deren Auswirkungen erkennbar werden, konkret gefasst werden.

Durchführungs- und Kontrollphase: Die Maßnahmendurchführung wird schon aus Kostengründen hauptsächlich bei den zuständigen Verwaltungsstellen liegen. Der in der Konzeptphase festgelegte Anteil der Eigenleistungen der Bürger sollte jetzt aber auf jeden Fall in vollem Umfang berücksichtigt werden, nicht zuletzt, um auch den Bürgern ein „Erfolgserlebnis" ihrer eigenen Planungs- und Durchführungsanstrengungen zu vermitteln. Von der Patenschaft für Bäume bis hin zur tätigen Mithilfe bei der Umgestaltung von Spielplätzen bieten sich vielfältige Möglichkeiten an, die zudem schon während der Durchführung eine Kontrolle auf nicht vorhersehbare oder übersehene negative Auswirkungen der Maßnahmen einschließen. Die Bürger selbst sind eben doch viel näher am „Ort des Geschehens" als die offiziellen Planer der Verwaltung. Die Phasen der nicht-formalisierten Bürgerbeteiligung sind allerdings keineswegs als einmaliger Vorgang in einer Richtung zu verstehen, sondern sie sind Bestandteile eines je nach Problemumfang sich mehrmals rückkoppelnden Prozesses. Dabei ist die Aufgabe der Fachleute in den Ämtern nicht die Information über ihre Arbeit, sondern die Verarbeitung der Vorschläge und Wünsche der Bürger zu fachgerechten Plänen im Interesse der Betroffenen.

Hemmnisse für die Bürgerbeteiligung

Die Bürgerbeteiligung, in welcher Form auch immer, kann nur dann ihrer Funktion gerecht werden und damit auf den Stadtplanungsprozess positiv wirken, wenn bei den Beteiligten entsprechende Voraussetzungen vorhanden sind. Nicht selten sind diese aber gegenwärtig und örtlich verschieden durch mehr oder weniger schwerwiegende Hemmnisse in ihrem erforderlichen Ausmaß eingeschränkt. Das bezieht sich keineswegs nur auf die Bürger, denen oft vorschnell Beteiligungslethargie vorgeworfen wird, sondern ebenso auf Verwaltung und Kommunalpolitiker.

Hemmnisse bei der Verwaltung sind nicht zuletzt durch ihre historisch gewachsene Struktur begründet, wodurch besonders heute ein deutlicher Zwiespalt zwischen vollziehender und planender Verwaltung zutage tritt. Das Erbe des „Obrigkeitsstaats", der den Bürger als „Untertan" und nicht als mündiges Mitglied eines „souveränen Volkes" betrachtete, hat mit zu einer Verselbständigung der Verwaltung gegenüber der Öffentlichkeit beigetragen. So gerät nicht selten in Vergessenheit, in wessen Auftrag und zu wessen Nutzen gehandelt werden soll. Die Verwaltungstätigkeit wird dann zum Selbstzweck (Bürokratismus), der grundlegende Probleme unberücksichtigt lässt und dafür Details einer perfektionistischen Behandlung unterzieht. Dieses durch zahlreiche Richtlinien und Verordnungen abgesicherte Vorgehen macht so eine Kontrollfunktion durch die Öffentlichkeit nahezu unmöglich. Selbst die politischen Gremien, als gewählte Kontrolleure, tun sich schwer, diese Aufgabe wahrzunehmen, da die Verwaltung durch fachliche Spezialisierung einen Informationsvorsprung erhalten hat, der es ihr ermöglicht, durch gezielte Teilentscheidungen Sachzwänge zu schaffen oder gar Entscheidungen durch Informationskanalisierung fast willkürlich zu manipulieren.

Hemmnisse bei den Politikern resultieren deshalb auch aus dem Spannungsverhältnis zwischen ihrem Entscheidungsbestreben und dem Verselbständigungsdrang der Verwaltung. Sie haben fortwährend mit dem Inkompetenz-Vorwurf bei der Behandlung technischer Probleme zu kämpfen, so dass sie - außer vor Wahlen - gar nicht so sehr an einem Dialog und überhaupt nicht an sachlichen oder politischen

Auseinandersetzungen mit den Bürgern interessiert sind. Außerdem bedeutet die Bürgerbeteiligung immer auch die frühzeitige Festlegung auf Zielvorstellungen und Maßnahmen, deren Einhaltung dann später überprüft werden kann. Deshalb neigen Politiker eher zu einer unverbindlichen Zieldiskussion oder sie überlassen das Feld, wie bei der formalisierten Bürgerbeteiligung der Bauleitplanung, gleich der Verwaltung.

Hemmnisse bei den Bürgern sind schließlich der Grund dafür, dass sich an dieser Einstellung vorerst nur wenig oder nichts ändert bzw. ändern muss, denn eine ihre Interessen und Bedürfnisse selbständig artikulierende Bevölkerung ist noch lange nicht gegeben. Bei den Bürgern existiert auch weiterhin eine „Humanbarriere", zu deren Überwindung folgende Grundbedingungen erforderlich wären:

- Soziale Gewandtheit, die Fähigkeit, zum richtigen Zeitpunkt das Richtige zu tun;
- soziale Zwanglosigkeit, die Fähigkeit, sich bei sozialen Kontakten wohl zu fühlen und Interaktionen anzuregen, und
- soziales Selbstbewusstsein, die Fähigkeit, bei Interaktionen vom eigenen Handeln überzeugt zu sein (vgl. Gronemeyer, S. 35).

Diese Eigenschaften sind aber bisher überwiegend nur bei den ohnehin privilegierten Bevölkerungsschichten, auch als „aktive Öffentlichkeit" bezeichnet, anzutreffen. Dieser aktiven Öffentlichkeit fällt deshalb meistens die Aufgabe zu, quasi stellvertretend die Mehrheitsinteressen der Bürger nachhaltig zu unterstützen.

Intensive Bürgerbeteiligung bei der Stadtentwicklungsplanung

Einen Blick in die Zukunft einer Stadt zu wagen, ihre mögliche räumliche, wirtschaftliche, soziale sowie ökologische Entwicklung abzuschätzen und daraus Wünsche, Empfehlungen und denkbare Trends abzuleiten, ist ein schwieriges Unterfangen. Deshalb sollte bei der Stadtentwicklungsplanung bewusst eine breite öffentliche Diskussion angestrebt und dazu eine intensive Bürgerbeteiligung in Arbeitsgruppen als „Keimzelle" der bürgerschaftlichen Auseinandersetzung vorgeschaltet werden. Über etwa ein halbes Jahr sollen sich Bürgerinnen und Bürger mit der Vergangenheit, Gegenwart und Zukunft ihrer Stadt, mit ihren Stärken und Schwächen sowie mit Fragen, Bewertungen, Konzepten und Empfehlungen für die weitere Entwicklung des kommunalen Gemeinwesens beschäftigen.

Bürgerbeteiligung mit Arbeitsgruppen

Der Rahmen für die Bürgerbeteiligung mit Arbeitsgruppen zu verschiedenen Themenkomplexen wird von zwei öffentlichen Veranstaltungen zu Beginn und am Ende der Arbeit gebildet. Während die Auftakt-Veranstaltung noch eine Problemschilderung aus Planersicht mit der Vorstellung der Vorgehensweise ist, wird die Abschlussveranstaltung von den Bürgerinnen und Bürgern als „Laienplaner" bestritten. Es werden die Ergebnisse der Arbeitsgruppen vorgetragen und mit den nichtbeteiligten Bürgern diskutiert, bevor ein Schlussbericht verfasst wird.

Für die Arbeit der Arbeitsgruppen sollten keine planerischen Vorgaben gemacht werden. Den Teilnehmern werden aber alle vorhandenen Materialien zur Verfügung gestellt und in Expertenanhörungen alle erforderlichen Informationen gegeben. Die Bürgerinnen und Bürger - weitgehend ohne spezielle fachliche Vorkenntnisse - sollten aufgrund der eigenen Betroffenheit, der Ortskenntnis, der individuellen und jeweiligen gruppenspezifischen Zielsetzungen und der vorgelegten Materialien sowie der gemachten Aussagen verschiedener Fachplaner die vorhandene Situation analysieren und bewerten, Fragen stellen, Lösungsansätze erörtern und

daraus eigene Vorschläge ableiten.
Diese intensive Bürgerbeteiligung kann gleichzeitig auch ein wichtiger Teil des Prozesses der Lokalen Agenda 21 sein. Wichtig ist dabei aber, dass ein klar umrissenes Arbeitsprogramm, ein realistischer kommunalpolitischer Aufgabenkomplex und ein überschaubarer Zeitrahmen festgelegt werden. Immerwährende Diskussionen über einen nicht absehbaren zeitlichen Rahmen überfordern die meisten beteiligungswilligen Bürger. Außerdem ist es erforderlich, konkrete Ergebnisse der eigenen Arbeit zu formulieren und als Erfolgserlebnis in die kommunalpolitische Diskussion einzubringen. Das schließt aber keineswegs aus, dass der Beteiligungsprozess weiter geht, aber mit einem mehr oder weniger großen Wechsel bei den Teilnehmern.

Beispiel für intensive Bürgerbeteiligung mit Arbeitsgruppen

Für die Stadt Senden an der Iller (in der Nähe von Neu-Ulm) wurde im Rahmen der Erstellung eines Rahmenplans zur Stadtentwicklung 1997 eine Bürgerbeteiligung mit Arbeitsgruppen vorgeschaltet. Zu diesem Zeitpunkt lagen noch keine planerischen Konzepte oder Teilergebnisse vor. Nach Ankündigungen und Ausführungen zur Bürgerbeteiligung in der örtlichen Presse und im Amtsblatt fand eine Auftaktveranstaltung statt, zu der ein vierseitiges Faltblatt verteilt wurde, in dem zu den Inhalten und der Form der Bürgerbeteiligung Ausführungen gemacht wurden. Danach konnten sich die Bürgerinnen und Bürger für zwei Arbeitsgruppen „Stadtentwicklung und Stadtgestalt" sowie „Umweltplanung und Verkehr" melden.
In den beiden Arbeitsgruppen haben 35 Bürgerinnen und Bürger mitgewirkt:
Jeder Bürger und jede Bürgerin der Stadt Senden konnte sich zu den Arbeitsgruppen der Bürgerbeteiligung melden. Fachkenntnisse oder eine direkte Betroffenheit waren keine Voraussetzung, aber auch kein Grund, nicht mitzumachen. Bedeutsam war allein die Bereitschaft, für die Zukunft von Senden Zeit zu opfern. Dies taten die Teilnehmerinnen und Teilnehmer in erheblichem Umfang: Die verschiedenen Veranstaltungen, Sitzungen, zusätzliche Besprechungen und Gespräche erforderten einen durchschnittlichen Zeitaufwand von 40 bis 60 Stunden je Teilnehmer. Einzelne haben sicherlich noch mehr Zeit investiert.

Als Informationsgrundlage wurde dann den Mitgliedern der Arbeitsgruppen eine kleine Broschüre mit Arbeitsmaterialien als fachlicher Einstieg an die Hand gegeben. Sie sollten Tatbestände zur bisherigen Entwicklung aufzeigen und durch alternative Entwicklungsmöglichkeiten zur Auseinandersetzung anregen. Dabei wurden bewusst keine Bewertungen oder einseitige Konzepte vorgegeben. Die Arbeitsmaterialien umfassten:

- Einleitung zu den Zusammenhängen von Stadtentwicklungsplanung und Umweltplanung mit Schemaplan „Stadt- und Naturraum",
- Zahlen und Daten zur Entwicklung Sendens bei Bevölkerung, Wirtschaft und Flächen mit Tabellen und Grafiken,
- Bestandsanalysen zu den Themen Naturraum (Topografie, Geologie, Schutzgebiete, Biotopverbundplanung), Nutzung, Verkehr und Stadtbild, jeweils mit entsprechenden Plandarstellungen, und schließlich
- Entwicklungslinien und Szenarien mit den Alternativen „Verdichtung", „Ergänzung" und „Ausweitung", jeweils kurz beschrieben, aber nicht bewertet.

Ein Übersichtsplan im Maßstab 1: 20 000 zeigte die vielfältigen räumlichen Elemente und den regionalen Zusammenhang von Besiedlung, Verkehrsstrassen und Landschaftsraum und sollte als Grundlage für eigene Planungsüberlegungen dienen.
Die beiden Arbeitsgruppen haben sich in

insgesamt 15 getrennten und drei gemeinsamen Sitzungen mit ihren Themenkomplexen beschäftigt. Dabei wurde in folgenden methodischen Schritten vorgegangen:
- „Brainstorming" zum Sammeln und Festlegen von Themenbereichen.
- Sortieren und Zuordnen der „Themenbereiche" zu Untergruppen der Arbeitsgruppen.
- „Expertenbefragung" von Gutachtern, Verwaltung und Planern, die fachliche Informationen gaben und Zusammenhänge darstellten.
- Innerhalb der Themenbereiche erfolgte eine Auflistung von „Stärken" und „Schwächen", die Festlegung des „Handlungsbedarfs" und eine „Zielformulierung" sowie die Erarbeitung eines „Maßnahmen-Katalogs".
- Abstimmung und Koordination der übergreifenden Themenbereiche zwischen beiden Arbeitskreisen. Gemeinsame Gliederung und Ausarbeitung der Ergebnisse.

Erfahrungen und Erkenntnisse

Während der Diskussion der Arbeitsgruppen wurde deutlich, was sich bereits vorher in der stadtpolitischen Erörterung abgezeichnet hatte: Lösungen zu den vielfältigen Problemen und planerischen Erfordernissen können nicht mit einem Schlag herbeigeführt werden. Eine solche Erwartung in die Bürgerbeteiligung zu setzen, wäre sicherlich überzogen gewesen. Das schmälert aber keineswegs die Arbeit der Gruppen und die hohe Qualität der Ergebnisse. Die Aussagen in dem Schlussbericht sind selbstverständlich auch auf bekannte Lösungsansätze zurückzuführen, aber in aller Regel setzen sie sich sehr differenziert mit den Einzelheiten von Problemlagen sowie Verbesserungsmöglichkeiten und deren Auswirkungen auseinander. Da die Zusammensetzung der Arbeitsgruppen keineswegs repräsentativ war, konnte das Ergebnis der Bürgerbeteiligung auch nicht das breite Spektrum der allgemeinen Meinung abdecken. Mit dieser intensiven und offenen Bürgerbeteiligung wurde deshalb auch die breite Diskussion um die zukünftige Stadtentwicklung von Senden nicht abgeschlossen. Eigentliches Ziel dieser basisdemokratischen Arbeit sollte es sein, aus der Bürgerschaft heraus Ideen zu entwickeln, Vorstellungen und Wünsche zu diskutieren und sie in Ziele, Maßnahmen und Leitsätze zu fassen. Selbstverständlich konnte es bei dieser Bürgerbeteiligung nicht darum gehen, ein perfekt-professionelles, fachlich und technisch ausgereiftes Konzept vorzulegen. Deshalb konnte und sollte bei dieser Suche nach Visionen nicht in allerletzter Linie die Frage der Machbarkeit und Finanzierbarkeit im Vordergrund stehen. Gefragt waren Leitbilder für die Zukunft – die eigentliche Entscheidung über Prioritäten, Umsetzung und Finanzierung konnte und musste das dafür zuständige Gremium, der Stadtrat, treffen.

Stadtentwicklung und Planungskultur

Die Ausdifferenzierung insbesondere der städtischen Gesellschaft sowie die zunehmende Vielfalt verschiedener Lebensstile und Gruppeninteressen bedingen verbesserte Formen der Diskussion über die allgemein gewünschte Stadtentwicklung und die Maßnahmen zu deren Verwirklichung. Obwohl die Handlungsspielräume sowie die räumlichen und finanziellen Ressourcen heute wesentlich geringer sind als vor dreißig Jahren, zwingt Planung auch weiterhin „zur Entscheidung und zum Handeln. Weder scheinbar wertneutral-wissenschaftliche Verfahrensweisen noch der vermeintliche Zwang von Sachgesetzlichkeiten können verhindern, dass die Beurteilung gesellschaftlicher Bedürfnisse und ihre Umsetzung in Planungsentwürfe nicht unabhängig von Gruppeninteressen und sozialen Bindungen des Planers erfolgen kann" (Lauritzen 1972, S. 33).

Das auch heute noch zentrale Thema der Demokratisierung der Stadtplanung ist die Frage: „Wie kann das Verwaltungshandeln durchsichtiger und transparenter gemacht werden, wie kann es so verändert werden, dass Planungsentscheidungen als Ergebnis offener politischer Auseinandersetzungen unter Beteiligung aller Betroffenen gefällt werden" (Lauritzen 1972, S. 27). Diese Frage ist sicherlich nicht abschließend und allgemeingültig zu beantworten, denn jede Zeit hat ihre Form der Bürgerbeteiligung. Auf der einen Seite stehen dabei die zu diskutierenden Planungsprobleme und auf der anderen Seite die Bereitschaft der Stadtbewohner, sich mehr oder weniger intensiv an der Diskussion um Lösungen und Planungen zu beteiligen.

Die öffentliche Auseinandersetzung um die besten Zukunftsentwürfe erfordert aber von allen Beteiligten intensives Engagement und größte Toleranz. Nicht jeder Vorschlag von Planungslaien stößt auf die ungetrübte Zustimmung von Fachleuten, die eben oft eine andere Vorstellung von der Richtung der Stadtentwicklung haben. Aber auch engagierte Bürgergruppen verschließen nicht selten die Augen vor gesellschaftlichen Entwicklungen und Mehrheitsentscheidungen, die ihnen nicht genehm sind.

Die Verantwortung für die eigene Stadt gebietet es aber, dass die verschiedenen Meinungen über die Stadtentwicklung nicht unversöhnlich nebeneinander stehen. Neben dem offenen Dialog ist besonders die Bereitschaft zum fairen Kompromiss bei Planungsentscheidungen ein wesentliches Element der Planungskultur.

Die „Neue Charta von Athen 1998" des Europäischen Rats der Stadtplaner erklärt im Sinne einer verbesserten Planungskultur, dass sie bestrebt sei, „die Bürgerinnen und Bürger in den Mittelpunkt der Planung zu stellen". Die Stadtplanung „arbeitet unmittelbar mit den häufig im Konflikt stehenden Kräften der städtischen Gesellschaft. Sie funktioniert am effektivsten bei der Erkennung von Problemfeldern und bei der Förderung von Kommunikation zwischen professionellen Fachleuten, der Bevölkerung und einzelnen Gruppen und Interessen" (Neue Charta... 1999, S. 14/15). Die Diskussion um Stadtentwicklung und Planungskultur knüpft mit ihrer Argumentation unmittelbar an die Postulate der 70er Jahre an. „Der Ausdruck von Rechten, Bedürfnissen und Wünschen der Bürger, besonders in bezug auf Themen, die das tägliche Leben und die Qualität des örtlichen Umfeldes betreffen, kann nicht allein durch ein System von gewählten Repräsentanten auf lokaler und zentraler Ebene erfolgen. ... Innovative Formen der Beteiligung sollten auf der unterst möglichen Ebene einsetzen, um einen unmittelbaren Zugang der Bürger zu ermöglichen und diese zu einer aktiven Beteiligung an Planungsentscheidungen zu ermutigen" (Neue Charta... 1999, S. 16/17). Diese Zielrichtung verfolgt auch die Lokale Agenda 21, die im Rahmen eines intensiven bürgerschaftlichen Diskussionsprozesses über die Zukunft einer Stadt die Verknüpfung von ökonomischen und ökologischen Belangen in sozialer Verantwortung fordert. Bei der zuvor geschilderten intensiven Bürgerbeteiligung in Senden wurde mit der Verbindung von Umweltplanung und ökologischer Stadtentwicklung ein wichtiger Schritt in Richtung einer neuen Planungskultur gemacht.

3. Planungsprozesse

Die gegenwärtigen und künftigen Aufgaben weisen den Kommunen neue Funktionen zu. Dabei gehören Leitbildentwicklung und Planungsmanagement, Mediation und Moderation von Diskussionsprozessen zu den zentralen Feldern der kommunalen Planung der Zukunft. In vielen Städten und Gemeinden werden diese Funktionen bereits ausgeübt und im Rahmen der Lokale Agenda Prozesse [148], die sich zum Ziel die nachhaltige Entwicklung der Kommunen gesetzt haben, mit Inhalten gefüllt. Die Vielfalt der praktizierten Prozesse zeigt, dass es keine vorgefertigten Lösungen geben kann. Jede Kommune muss nach ihren spezifischen Lösungsansätzen suchen. Diese Prozesse zeigen auch, dass die Bereitschaft zur Übernahme von Verantwortung in Teilen der Bevölkerung vorhanden ist. Die hohen Erwartungen, die seitens der Bevölkerung in diese Prozesse gesetzt werden, zeigen aber auch, wie sorgsam Politik und Verwaltung mit dem lokalen Engagement ihrer Bewohner umgehen sollten. Der Erfolg der Lokale Agenda Prozesse hängt nicht zuletzt vom Willen der Politiker ab, die Empfehlungen der Bürger wahrzunehmen und ernst zu nehmen und sie nach Möglichkeit in die Tat umzusetzen.

Der Abschied von der Expertenplanung bedeutet, Planung als Lernprozess zu begreifen. Diese Lernprozesse können durch Schlüssel- oder Leitprojekte in Gang gesetzt werden. Leitprojekte haben durch ihren exemplarischen Charakter einen hohen Identifikationswert und sollen zur Nachahmung in anderen Bereichen animieren. Nötig ist auch die Abkehr vom finalen Plan, der für bestimmte Zeiten Gültigkeit besitzt. Zur Berücksichtigung sich wandelnder Anforderungen an die Planung bedarf es der Organisation von Planfortschreibungen in kürzeren Zeitabständen und bei entsprechendem Bedarf. Planungsprozesse bedürfen zusätzlicher Instrumente in Form von Förderungen.

Bei wachsendem Anteil des Bestandes an den künftigen Planungsaufgaben müssen die Kommunen und Gebietskörperschaften ihre Handlungsfähigkeit bewahren bzw. ihre Einflussmöglichkeiten steigern. Sie müssen in die Lage versetzt werden, Wandel ohne quantitatives Wachstum zu organisieren.

„Wir Städte und Gemeinden erkennen an, dass die Zukunftsfähigkeit weder eine bloße Vision noch ein unveränderlicher Zustand ist, sondern ein kreativer, lokaler, auf die Schaffung eines Gleichgewichts abzielender Prozess, der sich auf sämtliche Bereiche der kommunalen Entscheidungsfindung erstreckt." [149]

„Wir Städte und Gemeinden sind zuversichtlich, dass wir über die Kraft, das Wissen und das kreative Potenzial verfügen, um eine zukunftsbeständige Lebensweise zu entwickeln und unsere Städte auf das Ziel der Dauerhaftigkeit und Umweltverträglichkeit hin zu gestalten und zu verwalten." [150]

„Wir Städte und Gemeinden sichern zu, das gesamte verfügbare politische und planerische Instrumentarium für einen ökosystembezogenen Ansatz kommunaler Verwaltung zu nutzen. Dazu werden wir eine breite Palette von Instrumenten einsetzen, u.a. die Erhebung und Verarbeitung von Umweltdaten; die Umweltplanung, ordnungspolitische, wirtschaftliche und kommunikative Instrumente wie Satzungen, Steuern und Gebühren, Instrumente zur Sensibilisierung der Öffentlichkeit sowie zur Bürgerbeteiligung. Wir wollen neue Systeme der Kommunalen Naturhaushaltswirtschaft einführen, um mit unseren natürlichen Ressourcen ebenso haushälterisch umzugehen wie mit unserer künstlichen Ressource ‚Geld'." [151]

---

[148] vgl. hierzu Charta von Aalborg

[149] Charta von Aalborg, Teil I.4

[150] Charta von Aalborg, Teil I.12

[151] Charta von Aalborg, Teil I.14

4. Ausblick

Die Ökologisierung der Städte erfordert eine Revitalisierung und Reaktivierung von landschaftsökologischen Funktionen. Erst wenn beides zusammengeht - Stadtentwicklung und Landschaftsentwicklung - kommt eine Ökologisierung der Planung in Gang.
Hierfür bedarf es großräumiger Konzepte, die nicht an den Grenzen der kommunalen Selbstverwaltung und Selbstherrlichkeit Halt machen. Die Möglichkeiten und Grenzen der Selbstverwaltung müssen unter Umständen in neuen Organisationsstrukturen überprüft werden. Mit Kirchturmpolitik allein kann das Schmelzen der Polkappen nicht verhindert werden. Es besteht eine große Notwendigkeit zur schnellen Anwendung vorhandener Prinzipien und Techniken.
Für eine ökologisch orientierte Nachhaltigkeit in der Stadtentwicklungsplanung werden benötigt:
- fundierte Grundlagen zur Bewertung der Tragfähigkeit und Belastbarkeit unserer Ökosysteme;
- Zieldiskussion für die räumliche Entwicklung auf breiter Basis;
- regional angepasste Konzepte für Energie- und Stoffkreisläufe;
- eine auf regionaler Ebene besser abgestimmte Planung;
- effiziente Dichte zur Auslastung von Infrastrukturen;
- eindeutige Parameter zur Erfassung der Nachhaltigkeit in der Baulandpolitik der Kommunen (Flächenhaushaltspolitik);
- eine auf Nachhaltigkeit ausgerichtete Steuerpolitik.

Dringender denn je ist die Notwendigkeit zur Koordination, zur Kooperation und zur Partizipation. Dieses demokratische Grundverständnis umzusetzen ist eine Zukunftsaufgabe, mit der heute bereits begonnen werden sollte und kann.

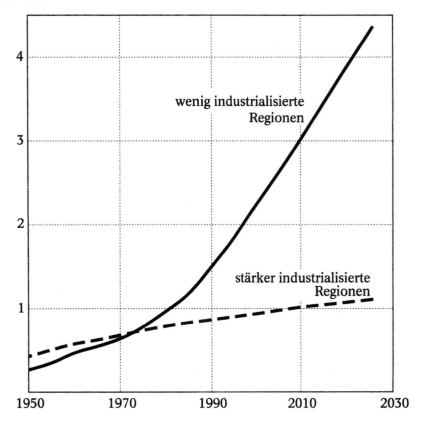

In den wenig industrialisierten Regionen der Dritten Welt werden die Stadtbevölkerungen exponentiell zunehmen, in den Industrieländern wachsen die Städte nur noch langsam und nahezu linear.
In der Dritten Welt betrug die Verdoppelungszeit der Stadtbewohner bislang rund 20 Jahre; deren Städte dehnten sich also rascher aus, als die Weltbevölkerung zugenommen hat. [152]

In weiten Teilen der Erde läuft derzeit eine Entwicklung, die gegenläufig ist zur Periurbanisierung in unseren Breiten. Dort ballen sich immer mehr Menschen auf immer enger werdendem Raum zusammen.
Gerade dort wird offensichtlich, welche Probleme sich daraus sozial und ökologisch ergeben. Ursache sind vielfach die ökonomisch bedrohlichen Zustände in den Ländern, in denen ein Überleben auf dem Lande unmöglich wurde.

[152] Meadows, 1993, S. 37

„1959 hatte nur New York mehr als zehn Millionen Einwohner. Inzwischen gibt es fünfzehn solcher Riesenstädte, elf davon in den Entwicklungsländern. Und ihre Zahl wird weiter steigen, die Verstädterung schreitet unaufhaltsam voran. Man schätzt, dass im Jahr 2000 fast die Hälfte der Menschheit in Großstädten leben wird. Im Jahr 2025 werden es nahezu achtzig Prozent sein. Doch die Metropolen sind dem Ansturm nicht gewachsen. Eine Stadt wie Karatschi zum Beispiel, die von den britischen Kolonialherren mit einer Infrastruktur für maximal zweihunderttausend Einwohner ausgestattet wurde, hat heute zehn bis zwölf Millionen Einwohner. Längst ist die Stadt unregierbar, zum Brennpunkt sozialer Spannungen und kaum vorstellbarer Umweltbelastungen geworden. Sie erstickt in schlechter Luft, ertrinkt im Müll, vergiftet sich mit dreckigem Wasser. Gleiches gilt für Kalkutta oder Lagos, für Mexiko-Stadt oder Rio. Trotzdem hält der Zustrom vom Land in die Metropolen an. Fast die Hälfte des Bevölkerungswachstums in den Städten ist auf Zuwanderer zurückzuführen. Sie hoffen auf eine neue Chance, suchen Arbeit, Wohnung und sozialen Aufstieg. Was sie erwartet sind Slums, Arbeitslosigkeit, Kriminalität, weitere Verelendung." [153]

Vor dem Hintergrund der weltweiten Entwicklung müssen wir uns fragen, ob die derzeit bei uns entwickelten (Detail-) Lösungen zur Bewältigung der ökologischen Probleme der Städte geeignet sind, in Länder der sog. Dritten Welt exportiert zu werden. Oder ist es nicht gerade so, dass aufgrund der fehlenden Finanzmittel in den Entwicklungsländern andere Wege beschritten werden müssen, die u.U. ökologisch und ökonomisch sinnvoller sind? Wird nicht der "unterentwickelte" Teil der Welt zum Vorbild für unsere „zivilisierte" Welt?

Der Einfluss der Industrieländer selber auf das weltweite Geschehen ist relativ gering. Aber die Industrieländer können und müssen ihre Vorbild- und Vorreiterfunktion nutzen, um die

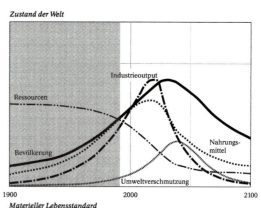

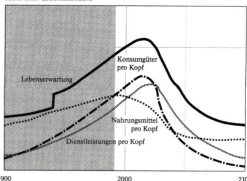

Bei diesem Computerlauf verhält sich die Menschheit auch weiterhin wie gewohnt, solange das möglich ist. Es kommt nicht zu entscheidenden Veränderungen. Bevölkerung und Industrie wachsen weiter, bis schließlich Umweltbelastung und Mangel an natürlichen Ressourcen nicht mehr zulassen, dass der Kapitalsektor die erforderlichen Investitionen vornimmt. Das Industriekapital zerfällt rascher, als es durch Investitionen erneuert werden kann. Damit geraten auch die Nahrungsmittelversorgung und die Gesundheitsdienste in den Zustand des Zerfalls. Die Lebenserwartung nimmt ab, die Zahl der Sterbefälle steigt. (Szenario1: Standardlauf). [154]

künftige Entwicklung in den noch nicht hoch entwickelten Ländern in eine nachhaltige Richtung zu lenken. Wie dringend diese Beeinflussung ist, zeigen die Szenarien, die mit Hilfe einer Systemanalyse durchgeführt wurden. Die Komplexität der Problematik zeigt, dass in vielen Bereichen bereits früher hätte begonnen werden müssen, um eine stabile Entwicklung zu ermöglichen.

[153] Laubig, R. StZ, 15.6.96

[154] Meadows, 1993, S. 166

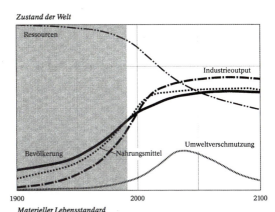

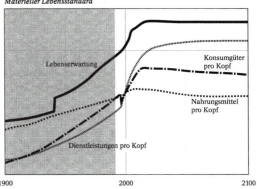

Die Bevölkerung und der Industrieoutput werden hier ähnlich eingeschätzt wie in Szenario 9. Dazu werden Technologien eingesetzt zur Schonung der Ressourcen, zum Schutz der kultivierten Landflächen, zur Hebung der landwirtschaftlichen Erträge und zur Bekämpfung der Umweltverschmutzung. Die Bevölkerung steigt langsam auf 7,7 Milliarden bei einem beträchtlichen Lebensstandard und mit einer hohen Lebenserwartung, während gleichzeitig die Umweltverschmutzung zurückgeht. Der Zustand ist mindestens bis 2100 aufrechterhaltbar. (Szenario 10: Geburtenbeschränkung, Produktionsbeschränkung und Technologien zur Emissionsbekämpfung, Erosionsverhütung und Ressourcenschonung ab 1995). [155]

Die bisherige Handlungsweise gefährdet die Koexistenz der Menschen auf der Erde.
Auch die meisten Szenarien mit veränderten Rahmenbedingungen weisen eine hohe Destabilisierung im Verlauf des 21. Jahrhunderts auf. Bei den verschiedenen Computerläufen zeigt sich, dass die Änderung von bisherigen Handlungen bereits zu einem früheren Zeitpunkt hätten erfolgen müssen, um die Destabilisierungen zu mildern. Die Prognosen legen den Schluss nahe, dass der richtige Zeitpunkt für eine Veränderung bereits verpasst wurde. Vielfältige Anstrengungen sind erforderlich, die weit über das Handlungsfeld des Stadtplaners und Architekten hinausgehen. Die Szenarien im Bericht des Club of Rome zeigen deutlich, dass vor allem politische Entscheidungen getroffen werden müssen. Sie zeigen aber auch, dass insgesamt ein anderes Prozedere erforderlich ist, an dem jeder partizipieren kann und muss.

„Nachhaltige Entwicklung setzt einen tiefgreifenden Wandel von Wirtschaft und Gesellschaft voraus. Gleichwohl sollte sie nicht ‚von oben' verordnet werden. Sie basiert viel eher auf dem Prinzip der Selbstorganisation, d.h. der gezielten Nutzung der systemimmanenten Entwicklungsdynamik von Natur, Gesellschaft und Wirtschaft. Nachhaltigkeit kann nicht als Programm erstellt und umgesetzt werden, sondern nur als Prozess eingeleitet und verwirklicht werden. Aufgabe der Politik ist dabei nicht nur das direkte Gestalten von Einzelbereichen. In einer freiheitlichen und pluralistischen Gesellschaft wie der Deutschlands muss es zu einer bislang nie da gewesenen engen Zusammenarbeit zwischen den Akteuren in der Politik und der Eigeninitiative der Betroffenen kommen." [156]

Modellprojekte als Experimentierfelder sind erforderlich, in denen Konzepte überprüft, Kooperationen getestet und Handlungsmöglichkeiten ausgelotet werden. Nicht das Spiel der freien Kräfte bietet Chancen für einen ökologischen Strukturwandel der Planung, sondern das gezielte Experiment. Das Spiel als Teil des Erkenntnisgewinns muss Bestandteil des planerischen und politischen Handelns werden. Das Experiment muss einen viel höheren Stellenwert in der Ausbildung künftiger Planer

[155] Meadows, 1993, S. 240

[156] Umweltbundesamt, 1997 a, S. 5 f

und Manager erhalten, als dies heute der Fall ist. Wir brauchen eine Reform des Lernens und Lehrens, indem wir uns von der Scholastik einzelner Glaubensrichtungen verabschieden. Wir brauchen eine Offenheit für Neues, in der das Nichtwissen eine bessere Chance erhält. Eine ökologische Stadtentwicklung ist nur möglich, wenn wir Menschen als Einzelpersonen wie als Gesellschaft unser Verhältnis zur Natur neu definieren im Sinne eines Miteinanders. Diese Definition kann nicht ex cathedra erfolgen, sie muss im gesellschaftlichen Dialog und Diskurs gesucht werden.

Das macht ökologisch orientierte Planung so schwierig, weil unvorhersehbar, gleichzeitig aber auch so spannend, wenn man bereit ist, sich auf einen offenen Prozess einzulassen. Die Ökologie einer vernetzten Welt beinhaltet mehr offene Fragen als Antworten, deshalb müssen wir uns den Fragen widmen und nicht versuchen, begrenzte und begrenzende Leitbilder zu verordnen. Dies gilt insbesondere für unser Verhältnis zu unserer Umwelt bzw. zur Natur. Die Befolgung einzelner Rezepte zur Erreichung einer bestimmten Ökologisierung des Planens und Bauens lässt die Komplexität unserer Beziehungen zur Natur und der Wirkungen der Natur auf uns oftmals außer Acht.

Literatur
Allgemein verwendete Literatur zum Thema

Adam, K.; Grohe, T. (Hrsg.):
Ökologie und Stadtplanung, Erkenntnisse und Beispiele integrierter Planung, Köln 1984

Adrian, H.:
Stadt und Region - Konzentration oder Dekonzentration; in: Informations-Zentrum Beton GmbH (Hrsg.): Stadtstrukturen - Status quo und Modelle für die Zukunft, Düsseldorf 1997

Albers, G.:
Stadtplanung - Eine praxisnahe Einführung, Darmstadt 1992

Bargholz, J. (Hrsg.):
Ökotopolis. Katalog zur Ausstellung „Bauen mit der Natur", Aktuelle Ansätze ökologisch orientierter Bau- und Siedlungsweisen in der BRD, Köln, 1984

Bayerische Akademie für Naturschutz und Landschaftspflege:
Leitbilder - Umweltqualitätsziele - Umweltstandards, Laufener Seminarbeiträge 4/94, Laufen 1994

Becker, H.; Jessen, J.; Sander, R. (Hrsg.):
Ohne Leitbild? - Städtebau in Deutschland und Europa, Stuttgart, Zürich, 1998

Benevolo, L.:
Die Stadt in der europäischen Geschichte, München, 1993

Bergmann, E.; Gatzweiler, H.P.; Güttler, H.; Lutter, H.; Renner, M.; Wiegandt, C.-C.:
Nachhaltige Stadtentwicklung; in: Informationen zur Raumentwicklung, Heft 2/3, 1996

Besser, T.; Kittelberger, M.; Schunk, F.:
Energetische Siedlungsplanung mittels Computersimulation - am Beispiel Stuttgart-Hoffeld; Großer Entwurf am Lehrgebiet Ökologische Planung der Universität Kaiserslautern, 1996

Boeddinghaus, C.:
Verstädterung und Weltklima; in: Institut für Landes- und Stadtentwicklungsforschung des Landes Nordrhein-Westfalen (Hrsg.): Ökologisch nachhaltige Entwicklung von Verdichtungsräumen - Umweltqualitätsziele als Entscheidungsgrundlage für Stadtplanung, Regionalentwicklung und Wohnungsbau, Dortmund, 1993, S. 26 - 30

Bonny, H.W.:
Funktionsmischung - zur Integration der Funktionen Wohnen und Arbeiten; in: *Becker, H.; Jessen, J.; Sander, R.* (Hrsg.): Ohne Leitbild? - Städtebau in Deutschland und Europa, Stuttgart, Zürich, 1998, S. 241 - 254

Brech, J. (Hrsg.):
Neue Wege der Planungskultur, Darmstadt, 1993

Breuste, J.:
Stadtökologie und Stadtentwicklung: Das Beispiel Leipzig, Ökologischer Zustand und Strukturwandel einer Großstadt in den neuen Bundesländern. Angewandte Umweltforschung Band 4, 1. Auflage, Berlin, 1996

Buchwald, K.; Engelhardt, W. (Hrsg.): Umweltschutz - Grundlagen und Praxis, Bonn 1993

Bundesforschungsanstalt für Landeskunde und Raumordnung (Hrsg.):
Konversion, Flächennutzung und Raumordnung, Materialien zur Raumentwicklung Heft 59, Bonn, 1993

Bundesforschungsanstalt für Landeskunde und Raumordnung (Hrsg.):
Nutzungsmischung im Städtebau, Materialien zur Raumentwicklung Heft 6/7, Bonn, 1995

Bundesministerium für Raumordnung, Bauwesen und Städtebau (Hrsg.):
Stadtökologie, umweltverträgliches Wohnen und Arbeiten, Ratingen, 1995

Bundesministerium für Raumordnung, Bauwesen und Städtebau (Hrsg.):
Umweltgerechtes Bauen und ökologisches Planen, Bonn, 1994

Bundesministerium für Raumordnung, Bauwesen und Städtebau (Hrsg.):
Zukunft Stadt 2000, Abschlussbericht der Kommission Zukunft Stadt 2000, Bonn, 1994

Burger, J.:
Die Wächter der Erde - Vom Leben sterbender Völker, Hamburg 1991

Capra, F.:
Wendezeit - Baustein für ein neues Weltbild, München 1988
Charta der Europäischen Städte und Gemeinden auf dem Weg zur Zukunftsbeständigkeit (Charta von Aalborg), Brüssel 1994
van Dieren, Wouter (1995):
Mit der Natur rechnen - Der neue Club-of-Rome-Bericht, Basel
Dütz, Armand; Märtin, H.:
Energie und Stadtplanung, Leitfaden für Architekten, Planer und Kommunalpolitiker, Berlin, 1982
Ermer, K., Mohrmann, R., Sukopp, H.:
Stadt und Umwelt, Umweltschutzgrundlagen und Praxis 12, Bonn, 1994
Europäische Umweltagentur:
Die Umwelt in Europa - Der zweite Lagebericht, Luxemburg, 1998
Feldtkeller, A.:
Französisches Viertel Tübingen - „Mischen Sie mit!"; in: *Becker, H.; Jessen, J.; Sander, R.* (Hrsg.):
Ohne Leitbild? - Städtebau in Deutschland und Europa, Stuttgart, Zürich, 1998, S. 269-278
Ganser, K.:
Natur frisst Stadt; in: DAB 9/97, S. 1249-1250
Ganser, K.:
Die ökologische, ökonomische und sozialverträgliche Stadt - eine Utopie?; in:

InformationsZentrum Beton GmbH (Hrsg.):
Stadtstrukturen - Status quo und Modelle für die Zukunft, Düsseldorf 1997
Ganser, K., Hesse, J., Zöpel, Ch. (Hrsg.): Die Zukunft der Städte. Forum Zukunft Band 6, Baden-Baden, 1991
Gelfort, P., Jädicke, W., Wollmann, H.:
Ökologie in den Städten. Stadtforschung aktuell Band 39, Basel, Boston, Berlin, 1993
Gestring, N.; Heine, H.; Mautz, R.; Mayer, H.-N.; Siebel, W.:
Ökologie und urbane Lebensweise, Braunschweig, Wiesbaden 1997
Girardet, H.:
Das Zeitalter der Städte - Neue Wege für eine nachhaltige Stadtentwicklung, 1996
Gonzalo, R.:
Energiebewusst Bauen, Wege zum solaren und energiesparenden Planen, Bauen und Wohnen, Mainz, 1994
Grohe, T.:
Ökologische Orientierung - ein ganzheitliches Problem. Stadterfahrung und Stadtgestaltung. Bausteine zur Humanökologie, Studienbrief 5, Teil I, Tübingen 1988
Haber, W.:
Ökologische Grundlagen des Umweltschutzes; in: *Buchwald, Engelhardt,* Bonn, 1993, Band 1

Hahn, E.:
Ökologischer Stadtumbau, konzeptionelle Grundlagen, Beiträge zur kommunalen und regionalen Planung 13, Frankfurt/ Main, 1992
Hahn, E.:
Siedlungsökologie - ein Beitrag zum gesellschaftspolitischen Wandel der Mensch-Umwelt-Beziehung; in: *Bargholz,* Julia, S. 10-11, 1984
Hahn, E.:
Ökologischer Stadtumbau. Acht Orientierungen und die Notwendigkeit lokalen Handelns; in: *Ganser, K., Hesse, J., Zöpel, Ch.* (Hrsg.): Die Zukunft der Städte. Forum Zukunft Band 6, Baden-Baden, 1991, S. 132 - 159
Hecking, G.; Baehr, V.; Baldermann, J.; Knauß, E.; Seitz, U.:
Bevölkerungsmobilität und kommunale Planung - Konsequenzen kleinräumlicher Bevölkerungsmobilität für die kommunale Infrastruktur, Stuttgart, 1977
Herzog, Th. (Hrsg.):
Solar energy in architecture and urban planning, München, 1996
Hölzinger, J.:
Die Vögel Baden-Württembergs, Karlsruhe 1987
Humpert, K.(Hrsg.):
Stadterweiterung Freiburg Rieselfeld - Modell für eine wachsende Stadt, Stuttgart, 1997

Literatur **195**

InformationsZentrum Beton GmbH (Hrsg.):
Stadtstrukturen - Status quo und Modelle für die Zukunft, Düsseldorf 1997

Institut für Landes- und Stadtentwicklungsforschung des Landes Nordrhein-Westfalen (ILS) (Hrsg.):
Autofreies Leben, Konzepte für die autoreduzierte Stadt. ILS-Schriften 68, Dortmund, 1992

Institut für Landes- und Stadtentwicklungsforschung des Landes Nordrhein-Westfalen (ILS) (Hrsg.):
Beiträge zur Stadtökologie. ILS-Schriften 71, Dortmund, 1993

Institut für Landes- und Stadtentwicklungsforschung des Landes Nordrhein-Westfalen (ILS) (Hrsg.):
Grünbuch Planung, ILS-Schriften, Dortmund, 1994

Institut für Landes- und Stadtentwicklungsforschung des Landes Nordrhein-Westfalen (ILS) (Hrsg.):
Ökologisches Planen, Bauen und Wohnen. ILS-Schriften 29, Dortmund, 1989

Institut für Landes- und Stadtentwicklungsforschung des Landes Nordrhein-Westfalen (ILS) (Hrsg.):
Ökologisch nachhaltige Entwicklung von Verdichtungsräumen. ILS-Schriften 76, Dortmund, 1993

Internationale Bauausstellung Emscher Park: Katalog der Projekte 1999, Gelsenkirchen 1999

Irion, I., Sieverts, T.:
Neue Städte, Experimentierfelder der Moderne, Stuttgart, 1991

Jessen, J.:
Stadtmodelle im europäischen Städtebau - Kompakte Stadt und Netz-Stadt; in: *Becker, H.; Jessen, J.; Sander, R.* (Hrsg.):
Ohne Leitbild - Städtebau in Deutschland und Europa, Stuttgart, Zürich, 1998, S. 489 - 504

Kallen, C.; Libbe, J.; Becker, D.; Zschocke, Ch.; Trenz, St.; Dehmel, U.:
Umweltcontrolling im Bereich der öffentlichen Hand; UBA-Texte 8/99, Berlin., 1999

Klasmann, J.:
Der Preis der Vielfalt; in: Psychologie heute, Psyche und Stadt, August 1996, S. 28 - 34

Kennedy, M.; Kennedy, D. (Hrsg.): Handbuch ökologischer Siedlungs(um)bau - Neubau- und Stadterneuerungsprojekte in Europa, Berlin 1998

Kernig: (Vortrag vor der UNO, übersetzt von Dr. Wolff)

Koch, M.; Höch, H; Langner, R.:
Vorbelastung des Raumes als Grundlage der räumlichen Planung und der Bewertung von Einzelprojekten; Forschungsbericht im Auftrag des Bundesministers für Forschung und Technologie, Stuttgart 1988

Koch, M.; Sage, S.:
Siedlungsstruktur und Ökologie; in: Schnitt - Beispiele aus der Siedlungsstruktur von Baden-Württemberg. Katalog zum Architektur- und Städtebaukongreß der Landesregierung Baden-Württemberg, Stuttgart 1987

Koch, M.:
Städtebau zwischen Komplexität und Komplexen; in: *Schwarz, U.*:
Risiko Stadt - Perspektiven der Urbanität, Hamburg 1994, S. 223 - 230

Koch, M.:
Nellingen Barracks; in: Garten + Landschaft 5/95, S. 15-18

Landeshauptstadt Stuttgart: Kommunaler Umweltbericht - Naturschutz und Landschaftspflege, Stuttgart 1997

Mäckler, C.:
Das Ende der Zersiedelung; in: Senatsverwaltung für Stadtentwicklung, Umweltschutz und Technologie (Hrsg.), Stadtforum Nr. 23, S. 6 Berlin 1996

Meadows, D.H.; Meadows, L.; Randers, J.: Die neuen Grenzen des Wachstums, Hamburg, 1993

Ministerium für Ernährung, Landwirtschaft, Umwelt und Forsten,
Umweltverträglichkeitsprüfung A81, Leonberg-Gärtringen, 1984

Ministerium für Umwelt und Verkehr Baden-Württemberg, Landesanstalt für Umweltschutz Baden-Württemberg: Umweltdaten 95/ 96, Karlsruhe 1997
Ministerien der Finanzen und Ministerium für Umwelt und Forsten Nordrhein-Westfalen (Hrsg.): Kostengünstiges und ökologisches Bauen, Bonn, 1994
Ministerium für Umwelt und Forsten Nordrhein-Westfalen (Hrsg.): Ökologisch orientiertes Planen und Bauen, Mainz, 1995
Mohrmann, R.: Umweltpolitische Ziele; in: *Buchwald, K.; Engelhardt, W.*: Umweltschutz - Grundlagen und Praxis, Bonn 1994
Nachbarschaftsverband Stuttgart (Hrsg.): Klimaatlas - Klimauntersuchung für den Nachbarschaftsverband Stuttgart und angrenzende Teile der Region Stuttgart, Stuttgart 1992
Neddens, M.: Ökologisch orientierte Stadt- und Raumentwicklung. Eine integrierte Gesamtdarstellung, Wiesbaden, Berlin, 1986
Peters, H.-J.: Leitbilder, Umweltqualitätsziele und Umweltstandards aus rechtlicher Sicht; in: *Bayerische Akademie für Naturschutz und Landschaftspflege*: Leitbilder - Umweltqualitätsziele - Umweltstandards, Laufener Seminarbeiträge 4/94, Laufen 1994, S. 153 - 158
Planungsbüro Koch (1984): Umweltverträglichkeitsprüfung A 81 - Leonberg-Gärtringen; Stuttgart
Rat von Sachverständigen für Umweltfragen: Umweltgutachten 1994. Für eine dauerhaft-umweltgerechte Entwicklung, Bonn 1994
Reinborn, D.: Städtebau im 19. und 20. Jahrhundert, Stuttgart, Berlin, Köln, 1996
Richter, K., Bongartz, M.: Modellprojekt „Ökologische Stadt der Zukunft"; in: UVP-report 3/92, S. 132-134
Ritter, E.: Stadtökologie, Konzeptionen, Erfahrungen, Probleme, Lösungswege. Zeitschrift für angewandte Umweltforschung, Sonderheft 6/1995, Berlin, 1995
Rosemann, J.: Leitbild oder Strategie? Zur Diskussion der städtebaulichen Planung in den Niederlanden; in: *Becker, H.; Jessen, J.; Sander, R.* (Hrsg.): Ohne Leitbild? - Städtebau in Deutschland und Europa, Stuttgart, Zürich, 1998, S. 350 - 366
Ruano, M.: Ökologischer Städtebau, Stuttgart-Zürich, 1999

Schama, S.: Der Traum von der Wildnis - Natur als Imagination, München 1996
Schäfers, B., Köhler, G.: Leitbilder der Stadtentwicklung, Wandel und jetzige Bedeutung im Expertenurteil. Beiträge zur gesellschaftswissenschaftlichen Forschung Band 7, Pfaffenweiler, 1989
Schayck, E. van: Ökologisch orientierter Städtebau, Düsseldorf, 1996
Schmid, W., Jacsman, J.: Ökologische Planung - Umweltökonomie. Institut für Orts-, Regional- und Landesplanung der ETH Zürich, Schriftenreihe zur Orts-, Regional- und Landesplanung , Zürich, 1995
Schubert, D.: Agenda 21 - vom Papier zur Realität? Die (Un-)Möglichkeit nachhaltiger Stadt- und Raumentwicklung; in: Raum-Planung 73, Juni 1996, S. 68-74
Schwarz, U.: Risiko Stadt - Perspektiven der Urbanität, Hamburg 1994
Senator für Umweltschutz und Stadtentwicklung (Hrsg.): Funktionsmischung, Zur Möglichkeit der Re-Integration der Funktionen und der Nachfrage nach multifunktionalen Wohn- und Unternehmensstandorten. Bremen, 1994

Senatsverwaltung für Stadtentwicklung, Umweltschutz und Technologie Berlin (Hrsg.):
Dichte als Voraussetzung, Stadtforum-Journal, Nr. 23, 1996
Sennett, R.:
Fleisch und Stein, Berlin 1995a
Sennett, R.:
Interview in Psychologie heute, 3/95 (1995b), S. 36-38
Sieverts, T.:
Zukunftsaufgaben der Stadtplanung, Stuttgart, 1992
Sieverts, Th.:
Steinerne Stadt - Gartenstadt - Stadtlandschaft - und danach?; in:
InformationsZentrum Beton GmbH (Hrsg.):
Stadtstrukturen - Status quo und Modelle für die Zukunft, Düsseldorf 1997
Sieverts, Th.:
Zwischenstadt - zwischen Ort und Welt, Raum und Zeit, Stadt und Land (2. Aufl.); Braunschweig, Wiesbaden 1998
Speer, A.:
Die intelligente Stadt, Stuttgart, 1992
Stadt Mainz (Hrsg.):
Modellvorhaben des Experimentellen Wohnungs- und Städtebaus, Dokumentation und Auswertung des städtebaulichen Ideenwettbewerbs. Amt für Stadtentwicklung und Statistik, Mainz, 1996

Stadt Stuttgart:
Kommunaler Umweltbericht - Naturschutz und Landschaftspflege, Stuttgart 1997
Stadtverwaltung Landau i.d. Pfalz:
Bürgerinformation zum Entwurf des Flächennutzungsplans der Universitätsstadt Landau i.d. Pfalz, 1998
Stanzel, B.:
Solar assisted heating of a housing area in Friedrichshafen, Proceedings EuroSun 96, DGC-Sonnenenergie Verlags-GmbH, München, Sep. 1996, S. 382-387
Statistisches Landesamt Baden-Württemberg:
Daten zur Umwelt 1996, Band 527, Stuttgart 1997
Statistisches Landesamt Baden-Württemberg:
Ergebnisse der Flächenerhebung 1997 nach Gemeinden und Gemarkungen, Band 520 Heft 3, Stuttgart 1998
Steinbeis-Transferzentrum:
Energiekonzeptstudie für das Neubauvorhaben „Scharnhauser Park, Erweiterungsgebiet" in Nellingen/ Ostfildern, Stuttgart, 1994
Steinebach, G., Herz, S., Jacob, A.:
Ökologie in der Stadt- und Dorfplanung, Ökologische Gesamtkonzepte als planerische Zukunftsvorsorge. Stadtforschung aktuell Band 40, Basel, Boston, Berlin, 1993

Stubenvoll, A.:
Solarwärme auf Vorrat; Neckarsulm erprobt den ersten Erdsondenwärmespeicher Deutschlands; in: ECO-Regio 1-2/ 1998, S. 6-9
Sukopp, H., Wittig, R. (Hrsg.):
Stadtökologie, Berlin 1990
Topp, H.H.:
Verkehrskonzepte für Stadt und Umland zwischen Krisenmanagement und Zukunftsgestaltung. Fachkongreß der Konrad-Adenauer-Stiftung am 12/13.2.1992 in Stuttgart
Topp, H.H.:
Welchen Beitrag kann Stadt- und Landesplanung zur Verkehrsvermeidung leisten?; in: Schriftenreihe der Deutschen verkehrswissenschaftlichen Gesellschaft e.V., Band 177, Bergisch Gladbach, 1995
Umweltbundesamt (Hrsg.):
Umweltentlastung durch ökologische Bau- und Siedlungsweisen, Band 1, Planungsvorschläge für bauliche Maßnahmen, Wiesbaden, Berlin, 1984
Umweltbundesamt (Hrsg.):
Umweltentlastung durch ökologische Bau- und Siedlungsweisen, Band 2, Auswirkungen, Wiesbaden, Berlin, 1984
Umweltbundesamt:
Nachhaltiges Deutschland - Wege zu einer dauerhaftumweltgerechten Entwicklung, Berlin 1997a

Umweltbundesamt:
Daten zur Umwelt - Der Zustand der Umwelt in Deutschland, Berlin, 1997b
Unger, G.:
Funktionsmischung zwischen Wunsch und Markt; in: *Becker, H.; Jessen, J.; Sander, R.* (Hrsg.): Ohne Leitbild? - Städtebau in Deutschland und Europa, Stuttgart, Zürich, 1998, S. 261 - 268
Wentz, M.:
Wohn-Stadt. Die Zukunft des Städtischen, Frankfurter Beiträge Band 4, Frankfurt/ Main, 1994
Winning, H.-H.:
in: Politische Ökologie Heft 44/96
Wirtschaftsministerium Baden-Württemberg (Hrsg.):
Ökosiedlung „Auf der Staig" Donaueschingen, Stuttgart 1994
Wirtschaftsministerium Baden-Württemberg (Hrsg.):
Solarfibel - Städtebauliche Maßnahmen; Solare und energetische Wirkungszusammenhänge und Anforderungen, Stuttgart 1998
Wüstenrot Stiftung Deutscher Eigenheimverein e.V.(Hrsg.):
Zukunft Stadt 2000, Stand und Perspektiven der Stadtentwicklung, Stuttgart, 1993
Zadow, A.v.:
Perspektivenwerkstatt - Hintergründe und Handhabung des „Community Planning Weekend", Berlin 1997

Zlonicky, P.:
Städtebau in Deutschland - aktuelle Leitlinien; in: *Becker, H.; Jessen, J.; Sander, R.* (Hrsg.): Ohne Leitbild? - Städtebau in Deutschland und Europa, Stuttgart, Zürich, 1998, S. 153 - 166

Vertiefende Literatur zu den Exkursen

Exkurs von Hartmut Topp

BfLR - Bundesforschungsanstalt für Landeskunde und Raumordnung (1995):
Nutzungsmischung im Städtebau. Informationen zur Raumentwicklung Nr. 6/7
Collin, J.; Müller, P.; Rüthrich, W.:
Das LADIR-Verfahren zur Bestimmung stadtverträglicher Belastungen durch Autoverkehr. Schlussbericht zum ExWoSt-Forschungsprojekt des Bundesministeriums für Raumordnung, Bauwesen und Städtebau, 1993
Dörnemann, M. et al:
Verkehrsvermeidung - Siedlungsstrukturelle und organisatorische Konzepte. Materialien zur Raumentwicklung der Bundesanstalt für Landeskunde und Raumordnung Nr. 73, 1995
DVWG - Deutsche Verkehrswissenschaftliche Gesellschaft:
Welchen Beitrag kann Stadt- und Landesplanung zur Verkehrsvermeidung leisten? DVWG-Schriftenreihe Nr. B 117, 1995
EU-Kommission Verkehr:
Faire und effiziente Preise im Verkehr - Politische Konzepte zur Internalisierung der externen Kosten des Verkehrs in der Europäischen Union. Grünbuch, 1995
Garben, M. et al:
Studie zur ökologischen und stadtverträglichen Belastbarkeit der Berliner Innenstadt durch den Kfz-Verkehr. Arbeitshefte „Umweltverträglicher Straßenverkehr" der Senatsverwaltung für Stadtentwicklung und Umweltschutz, Berlin, 1993
Haag, M.:
Notwendiger Autoverkehr in der Stadt. Grüne Reihe des Fachgebietes Verkehrswesen der Universität Kaiserslautern Nr. 35, 1996
Maesel, M.:
Verkehrliche Auswirkungen der Zentralisierung von Dienstleistungseinrichtungen - untersucht an der Schließung von Postämtern. Diplomarbeit im Fachgebiet Verkehrswesen der Universität Kaiserslautern, 1994
Mörner, J. von; Müller, P.; Topp, H.H.:
Entwurf und Gestaltung innerörtlicher Straßen. Schriftenreihe „Forschung Straßenbau

und Straßenverkehrstechnik" des Bundesministeriums für Verkehr, Bonn, 1984
Topp, H. H.:
Verkehrsmanagement in USA. Der Nahverkehr 11, Nr. 4, 1993

Exkurs von Theo G. Schmitt

ATV:
Bau und Bemessung von Anlagen zur dezentralen Versickerung von nicht schädlich verunreinigtem Niederschlagswasser, ATV-Regelwerk, Arbeitsblatt A 138, 1990
ATV:
„Planung von Entwässerungsanlagen, Neubau-, Sanierungs- und Erneuerungsmaßnahmen", ATV-Regelwerk, Merkblatt M 101, 1996a
ATV:
„Regenwasserbehandlung im Trennsystem", 2. Arbeitsbericht der ATV-AG 1.4.3, Korrespondenz Abwasser, Heft 8, 1996b
Bullermann, M.:
Regenwassernutzung im Rahmen einer ökologisch orientierten Regenwasserbewirtschaftung, in: 4. Umwelttage Kaiserslautern, Schriftenreihe des Fachgebietes Siedlungswasserwirtschaft, Universität Kaiserslautern, Heft 8, 1995
Ellis, J.B.: Integrated approaches for achieving sustainable development of urban storm drainage, in: Innovative Technologies in Urban Storm Drainage (NOVATECH '95), Wat. Sci.&Tech., Vol. 32, No.1, 1995
Geiger, W.F., Dreiseitl, H.:
Neue Wege für das Regenwasser, München, 1995
Schmitt, T.G.:
Siedlungswasserwirtschaft an der Schwelle zum 21. Jahrhundert, Korrespondenz Abwasser, Heft 10, Oktober 1993
Schmitt, T.G.:
Integrated Storm Water Management in Urban Areas, Journal European Water Pollution Control, Elsevier Publisher, May 1996
Sieker, F., Verworn, H.R. (Hrsg.): Proceedings 7th International Conference on Urban Storm Drainage, Hannover, Germany, September 9-13, 1996
Uhl, M.:
Umsetzung der Regenwasserbewirtschaftung im städtischen Bereich, in: Neuer Umgang mit Regenwasser, 4. Umwelttage Kaiserslautern, Schriftenreihe des Fachgebietes Siedlungswasserwirtschaft, Universität Kaiserslautern, Heft 8, 1995
NN:
Beseitigung des Niederschlagswassers von befestigten Verkehrsflächen aus der Sicht des Gewässerschutzes, Bayerisches Landesamt für Wasserwirtschaft, Merkblatt Nr. 4.3-4, 1991
NN:
Entsiegeln und Versickern, Hessisches Ministerium für Umwelt, Energie und Bundesangelegenheiten, 1993

Exkurs von Olaf Hildebrandt

Bundesforschungsanstalt für Landeskunde und Raumordnung (BfLR):
Städtebaulicher Bericht. Nachhaltige Stadtentwicklung. Herausforderung an einen ressourcenschonenden und umweltverträglichen Städtebau, Bonn 1996
Deutsches Institut für Urbanistik (Hrsg.); Fischer, A.; Kallen, C.:
Klimaschutz in Kommunen; Leitfaden zur Erarbeitung und Umsetzung kommunaler Klimakonzepte, Berlin, 1997
Feist, W.:
Grundlagen der Gestaltung von Passivhäusern, Passivhaus-Bericht Nr. 18, Darmstadt, 1996
Fisch, N; Kübler, R.; Lutz, A., Hahne, E.:
Solare Nahwärme - Stand der Projekte; in: Sonnenenergie & Wärmetechnik, 1/94
Hertle, H.; Kallen, C.:
Kommunale Wärmepässe in der Praxis; in: der städtetag 3/1998

Hildebrandt, O; Krämer, C.:

Möglichkeiten der Energieeinsparung durch privat- und öffentlich-rechtliche Verträge für kommunales Wohnbauland. Erfahrungen bundesdeutscher Großstädte - Verfahrensvorschlag für Köln, Köln, 1998
Hildebrandt, O; Krämer, C.:
Einflussgrößen der Schadstoffminderung im Städtebau - Energieeinsparung in Gebäuden. Informationen zur Raumentwicklung; in:
Bundesforschungsanstalt für Landeskunde und Raumordnung:
Schadstoffminderung in städtebaulichen Wettbewerben, Heft 4/5., Bonn 1997
Huber, J.; Müller, G.; Oberländer, St.:
Das Niedrigenergiehaus, Stuttgart-Berlin-Köln 1996
Hessisches Ministerium für Umwelt, Energie, Jugend, Familie und Gesundheit (Hrsg.), Institut Wohnen und Umwelt:
Energieeinsparpotenziale im Gebäudebestand, Wiesbaden 1990
Hessisches Ministerium für Umwelt, Energie, Jugend, Familie und Gesundheit (Hrsg.), Institut Wohnen und Umwelt:
Heizenergie im Hochbau, Leitfaden Energiebewusste Gebäudeplanung, Wiesbaden 1995
Klima-Bündnis/ Alianza del clima (Hrsg.):
77 Klima-Bündnis-Ideen, Beispiele aus der kommunalen Bildungs- und Öffentlichkeitsarbeit zum Nachdenken, Nachlesen, Nachahmen und Nachschlagen, Frankfurt a.M. 1997
Leuchtner, J.; Reitebuch, O.; Schüle, R.; Ufheil, M.:
Thermische Solaranlagen - Marktübersicht 1992, Freiburg i.Br. 1992
Lutz, A.:
Energiekonzepte für Neubaugebiete; in:
KEA-Klimaschutz- und Energieagentur Baden-Württemberg:
Band 1 der KEA-Schriftenreihe zum Klimaschutz Karlsruhe 1996
Ministerium für Arbeit, Soziales und Stadtentwicklung, Kultur und Sport des Landes Nordrhein-Westfalen und Stadt Köln, Amt für Umweltschutz und Lebensmittelüberwachung (Hrsg.): Planen mit der Sonne - Arbeitshilfe für den Städtebau, Düsseldorf und Köln, 1998
Niedersächsische Energieagentur (Hrsg.):
Energetische Optionen bei der Planung von Neubaugebieten: Ein Leitfaden für Kommunen, Hannover 1996
Rentz, M.:
Saisonale Wärmespeicher und solare Nahwärmeversorgung in Siedlungsgebieten, Darmstadt 1996
Roller, G.; Gebers, B.:
Umweltschutz durch Bebauungspläne: Ein praktischer Leitfaden, Kommune und Umwelt, Freiburg, 1995
Stadt Köln (Amt für Umweltschutz); Müller, R.:
UVP-Bewertungshandbuch der Stadt Köln, Köln 1996
Witt, J.:
Nahwärme in Neubaugebieten. Neue Wege zu kostengünstigen Lösungen; Freiburg, 1995

Exkurs von Michael von Hauff

Côté, R.P., Smolenaars, Th.:
Supporting pillars for industrial ecosystems, in: Elsevier science Vol. 5, No. 1-2, 1997
Feser, H.-D., Flieger, W.:
Kommunale Umweltpolitik: Handlungsspielräume und Hindernisse, in:
Feser, H.-D., von Hauff, M. (Hrsg.): Kommunale Umweltpolitik, Regensburg 1996
Grabow, B., Henckel, D.:
Kommunale Wirtschaftspolitik, in:
Roth, R., Wollmann, R. (Hrsg.): Kommunalpolitik - Politisches Handeln in der Gemeinde, Bundeszentrale für Politische Bildung, Bonn 1993
Hamm, B.: Ökologie und die Zukunft der Stadt, in: *Altner, G. u.a.* (Hrsg.): Jahrbuch Ökologie 1999, München 1998
v. Hauff, M.:

Nachhaltiges Wirtschaften als Herausforderung für die Zukunft, in: *v. Hauff, M.* (Hrsg.): Zukunftsfähige Wirtschaft. Ökologie- und sozialverträgliche Konzepte, Regensburg 1998
Hollbach-Grömigk, B.:
Kommunale Wirtschaftsförderung in den 90er Jahren - Ergebnisse einer Umfrage, Deutsches Institut für Urbanistik, Berlin 1996
Lowe, E.A.:
Creating by-product resource exchanges: strategies for eco-industrial parks, in: Elsevier science Vol. 5, No. 1-2, 1997
Lucas, B.R. (Hrsg):
Ziele und Handlungsfelder einer ökologischen Wirtschaftsförderung in Schleswig-Holstein, Berlin 1992
Majer, H.:
Umsetzungsstrategien für regionale Nachhaltigkeit, in: *Feser, H.-D., v. Hauff, M., Kruse, B.* (Hrsg.):
Umweltverträgliche Logistik- und Verkehrskonzepte, Regensburg 1997
Quante, M.:
Umweltschutz in den Kommunen, in: Aus Politik und Zeitgeschichte, B50/96
Sterr, Th.:
Potenziale zwischenbetrieblicher Stoffkreislaufwirtschaft bei kleinen und mittelständischen Unternehmen: UmweltwirtschaftsForum. 5 Jg. Dez. 1997

Exkurs von Dietmar Reinborn

Aich; P. (Hrsg.) u. a.:
Wie demokratisch ist Kommunalpolitik. rororo aktuell 4124, Reinbeck 1977
Borghorst; H.:
Bürgerbeteiligung in der Kommunal- und Regionalplanung: eine kritische Problem- und Literaturanalyse. Heggen, Leverkusen 1976
Gronemeyer, R.:
Integration durch Partizipation? Frankfurt am Main 1973
Kunze; R.:
Planen mit Bürgern für Bürger. In: Jahrbuch Stadterneuerung 1993, Berlin
Lauritzen, L. (Hrsg.): Mehr Demokratie wagen. Beiträge zur Beteiligung der Bürger an Planungsentscheidungen. Hannover 1972.
Neue Charta von Athen 1999. Richtlinien des Europäischen Rats der Stadtplaner (ECTP/CEU) zur Planung von Städten. Hrsg. von der Vereinigung für Stadt-, Regional- und Landesplanung; Berlin 1999
Reinborn, D.:
Kommunale Gesamtplanung. Dissertation, Hannover 1974
Reinborn, D.:
Bürgerinitiativen: Anstoß oder Notbremse öffentlicher Planung? In: transfer 4, Planung in öffentlicher Hand, Westdeutscher Verlag, Opladen 1977
Selle; K.:
Planung und Kommunikation. 1996

Quellen zu den Beispielen

Konstanz: Allmannsdorf Jungerhalde Nord
PLANUNG+UMWELT: Umweltverträglichkeitsstudie Konstanz - Allmannsdorf, Baugebiet Jungerhalde - Nord, Stuttgart 1991

Korntal-Münchingen
PLANUNG+UMWELT: Klimauntersuchung in Münchingen, Stuttgart 1995

Münsingen
PLANUNG+UMWELT: Landschaftsökologisches Gutachten - Baugebiet „Ob dem Kirchtal" - Münsingen, Stuttgart 1990
Büro für Landschafts- und Freiraumplanung Prof. C. Bott: Grünordnungsplanerischer Teil. - In: Stadt Münsingen: Bebauungsplan „Ob dem Kirchtal II", Münsingen 1992.

Landau i.d. Pf.
Koch, M.; Höch, H.: UVP zum Flächennutzungsplan - Ein Konzept für die Stadt Landau in der Pfalz; in: uvp-report 3/91, S. 107 - 111
Koch, M.: Die UVP in der Flächennutzungsplanung als Baustein einer vorsorgenden Umweltplanung und -kontrolle in der Stadt Landau i.d. Pf. - Konzept und erste Erfahrungen; in: Kistenmacher, H.: Werkstattberichte Nr. 23, Umweltverträglichkeitsprüfung (UVP) in der Flächennutzungsplanung, Kaiserslautern 1994, S. 31 - 42
Stadtverwaltung Landau i.d. Pfalz: Bürgerinformation zum Entwurf des Flächennutzungsplans der Universitätsstadt Landau i.d. Pfalz, 1998
PLANUNG+UMWELT, Büro H.P. Schmitt: Landschaftsplanung für die Stadt Landau i.d. Pf.. Stuttgart-Annweiler, 1996

Esslingen: Hohenkreuz
Adelmann, N.: Siedlung Zaunäcker in Esslingen; in: Das Einfamilienhaus, 1/97, S. 118 - 124
ARCHINOVA: Bauvorhaben Esslingen, Stadtökologische Siedlung Zaunäcker
IBS, Ingenieurbüro Schuler: Energieverbrauchsauswertung der Stadtökologischen Siedlung Zaunäcker in Esslingen-Hohenkreuz, Ludwigsburg 1996
Kolb, B.: Aktueller Praxisratgeber für umweltverträgliches Bauen, 19. Sammellieferung, März 1996
Laufner+Ernst: Stadtökologische Siedlung Zaunäcker, Esslingen, 1994; in: Jahrbuch Architektur und Stadt, S. 174 ff., 1995
Stadt Esslingen: Ideen- und Realisierungswettbewerb Zaunäcker/Hohenkreuz mit den Schwerpunkten Stadtökologie und umweltgerechtes Bauen; Esslinger Wettbewerbe Heft 1, Esslingen a.N.

Mosbach Waldsteige West II
Große Kreisstadt Mosbach: Wohnungsbauschwerpunkt Waldsteige West II. Ein beispielhaftes Erschließungsprojekt, Mosbach 1996

Donaueschingen: Auf der Staig
ARCHINOVA: Solares Erdhügelhaus, klare Formen, klares Konzept - Neun Erdhügelhäuser in Donaueschingen, Bönnigheim
Bunse, H.: Die „Ökosiedlung Auf der Staig" - ein Versuch der Stadt Donaueschingen, Niedrigenergiebauweisen zu fördern, Donaueschingen 1997
Stadt Donaueschingen (Hrsg.): Kommunales Handlungsprogramm zur Begrenzung der Klimaveränderung, Donaueschingen, 1992; 2. überarbeitete und ergänzte Auflage 1997
Wirtschaftsministerium Baden-Württemberg: Ökosiedlung „Auf der Staig" Donaueschingen, Stuttgart 1994

Friedrichshafen: Wiggenhausen-Süd

Stanzel, B.: Solare Nahwärme in Wiggenhausen-Süd; veröffentlicht unter: Solar assisted heating of a housing area in Friedrichshafen, Deutsche Fassung, Proceedings EuroSun96, München, September 1996, S. 382-387

Stadtplanungsamt Friedrichshafen: Solarthermie 2000 - Solar unterstützte Nahwärmeversorgung Friedrichshafen, Friedrichshafen 1995

Stadtplanungsamt Friedrichshafen: Bebauungsplan „Wiggenhausen Süd", Friedrichshafen

Curitiba

Jäger, U.: Busverkehr in Curitiba; in Geographische Rundschau, Heft 10/ 98, S. 587 - 593

Ruano, M.: Ökologischer Städtebau, Stuttgart-Zürich, 1999, S. 38 ff

Freiburg: Rieselfeld

Humpert, K. (Hrsg.): Stadterweiterung Freiburg Rieselfeld - Modell für eine wachsende Stadt, Stuttgart, 1997

Stadt Freiburg: Qualität im Rieselfeld - Planungsempfehlungen; Bausteine für Qualität im Neuen Stadtteil Rieselfeld der Stadt Freiburg i. Br.; 1995

Stadt Freiburg: Der Stadtteil Rieselfeld in Freiburg - Von der Planung zur Realisierung; Zwischenbilanz 1997 Wettbewerbe aktuell, 5/1992, S. 57 bis 68

Ostfildern: Scharnhauser Park

Atelier Dreiseitl: Kurzfassung zur Regenwasserbewirtschaftung im Scharnhauser Park, Ostfildern; März 1997

Janson und Wolfrun: Scharnhauser Park - Vorentwurf, Stuttgart, Oktober 1995

Janson und Wolfrun: Scharnhauser Park - Öffentliche Freiräume, Stuttgart, September 1997

PLANUNG+UMWELT: Umweltverträglichkeitsstudie - Änderung des Flächennutzungsplanes auf Gemarkung Ostfildern Bereich Nellingen Barracks, Stuttgart 1995

PLANUNG+UMWELT: Ausgleichsprogramm Scharnhauser Park, Stuttgart 1995

PLANUNG+UMWELT: Umweltverträglichkeitsstudie zur Verlängerung der Stadtbahnlinie von Stuttgart-Heumaden nach Ostfildern-Nellingen, Stuttgart 1995

SEG Ostfildern: Der Scharnhauser Park - Ein neuer Stadtteil entsteht; Skizzen eines städtebaulichen Modellvorhabens in Ostfildern, Ostfildern o.J.

SEG Ostfildern: Stadterneuerung und Stadtentwicklung in Ostfildern, Ostfildern o.J.

Stadtentwicklung Südwest (STEG): Stadt Ostfildern „Nellingen Barracks" - Entwicklung des Kasernengeländes, Projektvorbereitung, Stuttgart 1991

Stadt Ostfildern: Bebauungsplan „Scharnhauser Park - Teil 2 und Teil 3", Ostfildern 1996

Stadt Ostfildern: Flächennutzungsplan - Änderung im Bereich der Sonderbaufläche Bund und Verkehrsflächen, Ostfildern 1995

Steinbeis-Transferzentrum: Energiekonzeptstudie für das Stadtentwicklungsgebiet „Scharnhauser Park" in Nellingen/ Ostfildern; Dezember 1994

Steinbeis-Transferzentrum: Anhang zur Energiekonzeptstudie für das Stadtentwicklungsgebiet „Scharnhauser Park" in Nellingen/ Ostfildern; Januar 1995

Wettbewerbe aktuell 11/1992, S. 39

IBA Emscher Park

Internationale Bauausstellung Emscher Park: Katalog der Projekte 1999, Gelsenkirchen 1999

Internationale Bauausstellung Emscher Park: IBA´99 Finale - Kurzinfo mit großer IBA-Landkarte, Gelsenkirchen 1999

Kommunalverband Ruhrgebiet: Parkbericht Emscher Landschaftspark, Essen, 1996

Stadtbauwelt 110, Heft 24, 1991, Berlin

Stadtbauwelt 117, Heft 12, 1993, Berlin

Siegmund Kaub
Umwelt-Ratgeber Bau
Praxishandbuch für Bau- und Immobilienfachleute
2001. 104 Seiten. Kart.
€ 13,80
ISBN 3-17-016477-5

Der Faktor Umwelt spielt in der Bau- und Immobilienwirtschaft eine wachsende Rolle. In lexikalischer Form erläutert dieses Buch die wichtigsten in der Praxis relevanten Begriffe rund um dieses Thema. Die allgemeinverständlichen, auf die Zielgruppe und ihre Berufspraxis zugeschnittenen Begriffserläuterungen sowie eine Vielzahl von Abbildungen ermöglichen eine schnelle erste Orientierung in einer komplexen Materie.

Stephan Oberländer/Judith Huber/Gerhard Müller
Das Niedrigenergiehaus
Ein Handbuch
Mit Planungsregeln zum Passivhaus
2. Auflage 1997. 142 Seiten mit 145 Abb.
Fester Einband/Fadenheftung
€ 30,40
ISBN 3-17-015102-9

Der Stand der Technik erlaubt heute die Realisierung von alltagstauglichen Niedrigenergie- und Passivhäusern ohne wesentliche Mehrkosten und Einbußen an Komfort. Dieses Handbuch liefert dem planenden, ausführenden und bauleitenden Architekten, aber auch dem Bauhandwerker und interessierten Bauherrn praxisnahe und praxisbewährte Information.

Kohlhammer

W. Kohlhammer GmbH · 70549 Stuttgart · Tel. 0711/78 63 - 72 80 · Fax 0711/78 63 - 84 30

Norbert Fisch/Bruno Möws/Jürgen Zieger
Solarstadt
Konzepte, Technologien, Projekte
2001. 244 Seiten. Fester Einband/Fadenheftung
€ 50,–
ISBN 3-17-015418-4

„Das Buch ist als kompetenter Ratgeber für diejenigen zu verstehen, die den Wegbereitern der solarthermischen Nahwärme mit Kurz- und Langzeitspeichern folgen wollen."

bau · beratung · architektur

Francisco Asensio Acero
Öko-Architektur
Aus dem Spanischen von Laila Neubert-Mader
1999. 176 Seiten mit 280 Farbabb.
Leinen mit Schutzumschlag
€ 50,–
ISBN 3-17-016068-0

„Das reich dokumentierte Buch präsentiert in Wort und Bild verschiedene Ansätze des schonenden Umgangs mit der Umwelt – vom rationellen Energieeinsatz mit passiven und aktiven Maßnahmen über innovative Gebäudekonzepte hin zu recyclebaren Baustoffen und zur Hausbegrünung."

Der Architekt

Kohlhammer

W. Kohlhammer GmbH · 70549 Stuttgart · Tel. 0711/78 63 - 72 80 · Fax 0711/78 63 - 84 30